U0309805

3章 楼梯通道天光表现技术

第3章 楼梯通道天光表现技术—线框

12章 办公高层楼宇雪景表现技术

第12章 办公高层楼宇雪景表现

第4章 简约别墅黄昏时分表现技术

第5章 建筑局部天光表现技术

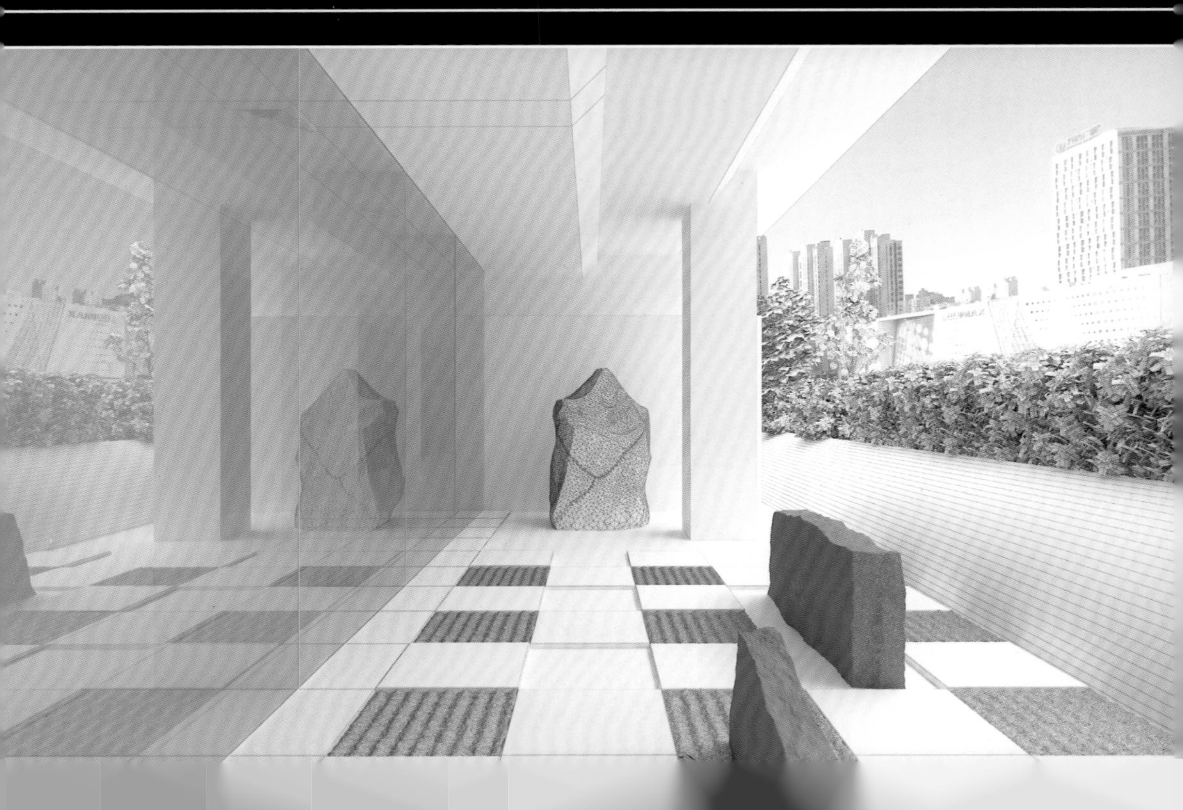

第6章 建筑外观日景表现技术

第8章 古建黄昏时分表现技术

第8章 古建黄昏时分表现技术-框图

第10章 建筑外立面雨景环境表现技术

第10章 建筑外立面雨景环境表现技术–线框

第11章 私人庭院景观清晨时分表现技术

第11章 私人庭院景观清晨时分表现技术-线框

第7章　水景别墅日光表现技术

第7章　水景别墅日光表现技术－线框

第9章　办公多层楼房午后时分表现技术

第9章　办公多层楼房午后时分表现技术－线框

来阳 / 著

3ds Max / VRay

建筑表现全模型渲染技术精粹

清华大学出版社
北 京

内容简介

这是一本全面讲解建筑表现项目案例的技术书籍，以“全模型制作”为技术要点，将笔者多年的工作经验融入其中，深入讲解建筑表现项目案例的制作流程。本书重点讲述了3ds Max灯光、摄影机、材质、VRay渲染等制作技术，并对Forest Pack Pro专业森林插件和 Guruware Ivy蔓藤植物插件进行了详细的参数讲解，帮助读者快速解决植物模型制作问题。本书面向初学者及具备一定软件技术的从业人员，内容以制作项目的工作流程为主线，通过实际操作，使读者熟悉软件的相关命令及使用技巧。

本书附带配套教学资源，内容包括本书案例的工程文件、效果图、贴图文件和多媒体教学。

本书非常适合作为高校和培训机构进行相关专业培训的课程教材，也可以作为在建筑表现公司从事一线制作人员的参考工具用书。另外，本书所有内容均采用中文版3ds Max 2016和VRay 3.0进行编写，请读者注意。

图书在版编目 (CIP) 数据

渲染王 3ds Max / VRay 建筑表现全模型渲染技术精粹 / 来阳 著 . —北京：清华大学出版社，2016（2019.3重印）
ISBN 978-7-302-44163-2

Ⅰ . ①渲… Ⅱ . ①来… Ⅲ . ①建筑设计－计算机辅助设计－应用软件 Ⅳ . ① TU201.4

中国版本图书馆 CIP 数据核字（2016）第 148574 号

责任编辑：陈绿春
封面设计：潘国文
责任校对：胡伟民
责任印制：李红英

出版发行：清华大学出版社
网　　址：http://www.tup.com.cn，　http://www.wqbook.com
地　　址：北京清华大学学研大厦A座　　**邮　　编：**100084
社 总 机：010-62770175　　**邮　　购：**010-62786544
投稿与读者服务：010-62776969，c-service@tup.tsinghua.edu.cn
质 量 反 馈：010-62772015，zhiliang@tup.tsinghua.edu.cn
印 装 者：北京亿浓世纪彩色印刷有限公司
经　　销：全国新华书店
开　　本：188mm×260mm　　**印　张：**17　　**插页：**4　　**字　数：**510千字
（附DVD 1 张）
版　　次：2016年11月第1版　　**印　次：**2019年3月第2次印刷
定　　价：79.00元

产品编号：069675-01

前言

如今，市面上有关三维建筑表现方面的图书种类繁多，让人眼花缭乱。其中，对建筑在不同时间段内、不同天气环境下的表现效果进行细致讲解的图书却很少。为了填补这方面的书籍空缺，秉承着作者上一本书籍《渲染王 3ds Max/VRay 项目案例表现技术精粹》的写作手法，我将尽自己的最大努力将我在工作中所接触到的项目要求融入到这本书里，希望读者通过阅读本书，能够更加熟悉这一行业对一线项目制作人员的技术要求，以及掌握对解决这些技术问题所采取的应对措施。

本书共分为 12 个章节，在章节的先后设计上，遵循“由简至难，循序渐进”的写作原则，当然，读者也可按照自己的喜好直接阅读自己感兴趣的章节来进行学习和制作。

第 1 章讲解了建筑表现的应用及发展、建筑表现技术的工作流程及建筑摄影的相关专业知识。

第 2 章详细讲解了当前 3ds Max 最常用的两大植物类模型制作插件：Forest Pack Pro 专业森林插件和 Guruware Ivy 蔓藤植物插件的参数设置及使用方法。

第 3 章通过楼梯通道这样一个简单狭小空间的表现制作，让读者对使用 3ds Max 进行整个工作项目的制作有一个预热过程，以便对接下来的章节应对自如。

第 4 章的案例为一个国外简约设计的别墅进行表现制作，通过该案例，使得读者在进行建筑表现时注意如何表现出画面所处的时间段。

第 5 章通过对建筑局部的表现效果来为读者讲解非阳光直射下天光环境的照明制作方法。

第 6 章的案例使用到了 Forest Pack Pro 专业森林插件来解决场景中的树木制作问题，在本章节中，还为读者讲解了使用“填充”功能来快速制作走动的人群模型。

第 7 章通过一个别墅的日景表现来为读者讲解水景的质感表现制作技术。

第 8 章为读者讲解了仿古建筑项目的制作表现技术。

第 9 章通过一个多层办公楼的项目案例，来为读者讲解如何制作简单的街景表现。在这一案例中，还为读者详细讲解了使用 Forest Pack Pro 专业森林插件和 Guruware Ivy 蔓藤植物插件来解决花、草、树木及蔓藤植物的制作问题。

第 10 章通过一个高校教学楼的外观表现案例，来为读者讲解了使用粒子系统来解决雨景效果的制作方法。

第 11 章通过一个私人庭院的设计表现，来为读者讲解了使用 Forest Pack Pro 专业森林插件如何制作地面铺装效果。

第 12 章通过高层办公楼的效果表现，来为读者讲解了使用粒子系统解决雪景制作的技术问题。

不知不觉，我的第四本图书要出版了，在本书及上一本书的出版过程中，清华大学出版社的陈绿春编辑为这两本书的出版做了很多工作，在此表示诚挚的感谢。另外，东北师范大学美术学院副教授韩璐为本书提供了精美的建筑照片，在此一并表示谢意。

虽然作者已经尽了最大的努力，但是书中还是难免有不足之处，还请读者朋友们海涵雅正。

对本书有任何意见或者建议，请联系陈老师 chenlch@tup.tsinghua.edu.cn，或者来阳 43344759@qq.com。

来阳 于长春科技学院视觉艺术学院

2016 年 9 月

目录

contents

第 1 章　建筑表现技术概述及建筑摄影相关知识

第 2 章　3ds Max 植物类插件技术

第 3 章　楼梯通道天光表现技术

第 4 章 简约别墅黄昏时分表现技术

第 5 章 建筑局部天光表现技术

第 6 章 建筑外观日景表现技术

第 7 章 水景别墅日光表现技术

第 11 章 私人庭院景观清晨时分表现技术

第 12 章 办公高层楼房雪景表现技术

第1章

建筑表现技术概述及建筑摄影相关知识

1.1 建筑表现的内涵

自古以来，建筑作为人类历史悠久文化的一部分，充分体现了人类对自然的认识、思考及改变。通过对不同时代、不同地区的建筑进行研究，可以看出人类文明的发展，以及当时、当地社会经济形态的演变，并对今后的建筑设计表现产生重要影响。

建筑表现是对建筑及周边环境进行全新设计、旧址改造、建筑修复或古建复原等方式的一种视觉化展示，展示的方法多种多样，比如手绘、计算机制图、沙盘模型等。在本书中，建筑表现仅狭义地被认为是使用诸如 3ds Max 等类似的三维软件在计算机中进行建模、材质赋予、添加灯光、设置摄影机并渲染出图的一系列工作流程。

随着电脑应用技术的普及和软硬件技术的飞速发展，人们对建筑表现的可视化效果要求越来越高，建筑表现正在以传统的手绘方式逐渐向现代的电脑制图方式演变。使用三维软件所制作出来的图像产品不但尺寸精确，而且效果逼真。借助于先进的计算机制图软件，即使是刚刚入行的朋友也可以在短期内制作出合格的建筑表现图像产品，同时，配合强大的后期图像处理软件，电脑制图也可以制作出传统手绘风格的产品。在制作三维建筑模型时，强大的建模工具可以让建筑设计更为具体化，精细到对建筑的任何细节都可以精雕细琢，并以真实、直观的图像完全展示出来，使得三维建筑表现这一制作平台得到了行业内部的高度认可和业界标准。

使用 Autodesk 公司的 3ds Max 产品，使得建筑的设计表现将不再仅仅局限于纸上的一个视角，而是全方位地可以以任何角度将设计师的意图充分展现出来，配合软件的材质及光影计算，渲染出来的逼真画面可以给人以身临其境般的视觉享受，如图 1-1 所示。

图 1-1

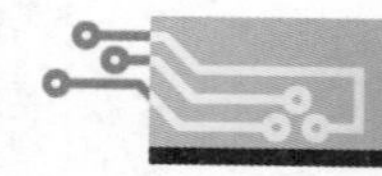

1.2 建筑表现的应用

目前，建筑表现的应用前景十分广阔，主要被应用于建筑工程项目投标、城市规划、房产销售、空间表现、园林景观设计、路桥设计、建筑旧址改造、古建筑复原及电影场景制作等诸多领域，其图像产品涉及到平面广告、影视传媒等诸多行业范围，如图 1-2~ 图 1-5 所示。

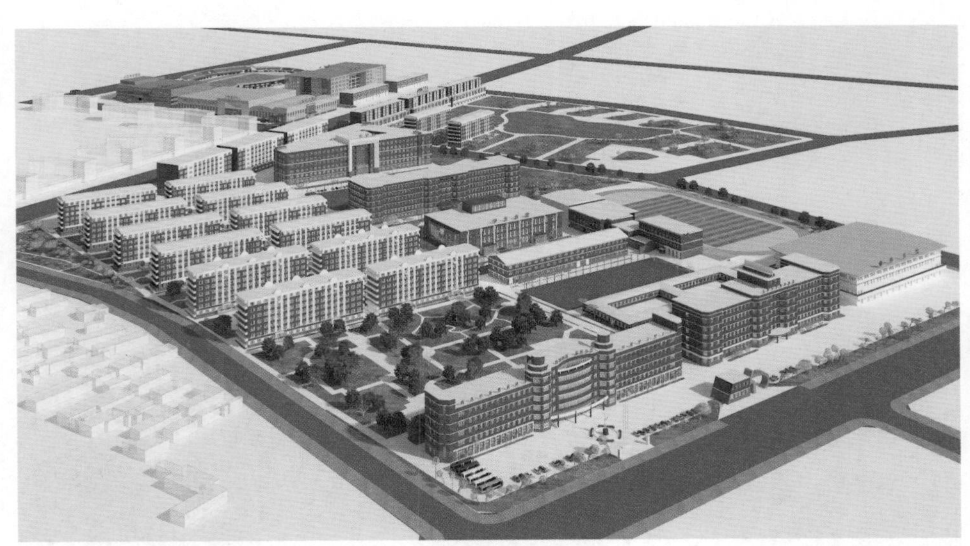
图 1-2

图 1-3

图 1-4

图 1-5

1.3 建筑表现技术的制作流程

建筑表现应遵循一定的工作流程来进行制作。一般来说，小一些的项目如单体建筑表现、建筑局部表现可以由单人来制作完成；而大一些的项目如城市规划、区域鸟瞰图等，则需由一个团队来分工合作完成。建筑表现制作技术的流程表如下所示。

前期准备	步骤 1：资料整理	① 建筑工程 CAD 图纸 ② 建筑周围环境照片 ③ 建筑外立面材质涂料资料
项目制作	步骤 2：模型制作	① 主体建筑模型及贴图制作 ② 周边配楼模型制作 ③ 周边道路设施模型制作
	步骤 3：客户对模型结果进行确认并签字	
	步骤 4：材质灯光	① 材质质感细化制作 ② 灯光设置 ③ 摄影机设置
	步骤 5：客户对效果图表现角度进行确认并签字	
	步骤 6：渲染出图	① 渲染图像 ② 图像后期调整
	步骤 7：客户进行产品确认并签字后，交付产品	

1.4　建筑摄影中的常见取景手法

在学习建筑表现技术之前，了解建筑摄影的一些技巧是非常有必要的，下面的章节就来给读者介绍一下建筑摄影中的取景、时间、天气及光影运用等相关知识。

建筑摄影中，对建筑的取景角度较多，常见的拍摄角度有如下几种。

1.4.1　人视取景

人视取景，顾名思义，即以人的角度来拍摄建筑画面，可简单分为平视和仰视两种方式。

平视角度非常接近人眼目视前方所看到的景象，给人以身临其境般的自然感觉，如图 1-6~图 1-7 所示。

图 1-6

图 1-7

仰视角度常用于对较高的建筑进行拍摄，拍摄地点距离建筑较近。由于在画面构图中，仰视角度来拍摄画面容易体现出线条的汇聚感，故显得所要表现的建筑非常宏伟、高大，如图 1-8~ 图 1-9 所示。

图 1-8　　　　图 1-9

1.4.2　鸟瞰取景

鸟瞰取景也可称为俯视取景，拍摄出来的画面给人一种开阔、气势磅礴的视觉效果。既可以站在高处向下俯视取景，也可以使用专业设备，如航拍无人机飞上天空俯视取景，如图 1-10 所示。

图 1-10

1.4.3　全景拍摄

全景拍摄也是当下比较流行的一种拍摄方式，使用全景拍摄可以在一个平面上完美地展现四周的建筑环境，也可作为在狭窄的空间里来完成拍摄建筑的一种方式。使用全景拍摄画面时所产生的画面变形会使得建筑看起来分外有趣，如图 1-11~ 图 1-13 所示。

图 1-11

图 1-12

图 1-13

1.5 建筑摄影的时间选择

在本节中，笔者将为大家总结一下在一天当中不同时间段内，所拍摄出来的照片效果及特点，了解本节知识有助于在制作建筑效果图时画面所体现出来的时间特征。

1.5.1 上午

在上午的时间段摄影，由于阳光的颜色较为苍白，拍摄出来的建筑画面色彩饱和度较低，建筑亮面与暗面的对比度较强烈，如图 1-14 所示。

图 1-14

1.5.2 中午

中午的时间段阳光接近于垂直照射，使得建筑物在地表的投影最短，影子最清晰，拍摄出来的画面对比度较强，如图 1-15 所示。

图 1-15

1.5.3 下午

在下午对建筑进行拍摄时，阳光在建筑上留有浓重的暖色调，画面的饱和度增加，建筑的阴影也随着阳光的角度而拉长，如图 1-16 所示。

图 1-16

1.5.4 夜晚

当太阳完全下落后，天空光被较弱的月光所代替，对建筑所拍摄出来的画面主要被室内外的人工光源所照亮，如图 1-17 所示。

图 1-17

1.6 建筑摄影中的天气表现

在对建筑进行摄影时，天气的变化也对拍摄出来的画面影响颇大，下面我们来一同了解在不同天气状况下的建筑摄影美感。

1.6.1 晴天

“天空蔚蓝，万里无云”可以说是对晴天最好的诠释。在晴天的环境下对建筑进行拍摄，画面明暗对比强烈，易于塑造建筑的体积感，如图 1-18 所示。

图 1-18

1.6.2　阴天

阴天环境下，天空光线较为阴暗，画面明暗对比较弱，如图 1-19 所示。

图 1-19

1.6.3　雪天

下雪天的天空颜色较灰，拍摄出来的画面色彩单一，如图 1-20 所示。

图 1-20

1.6.4　雾天

雾天所拍摄出来的画面如图 1-21 所示。

图 1-21

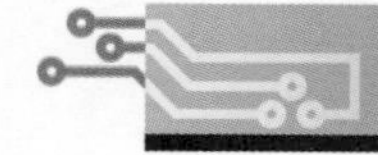

1.7　建筑摄影中的光影应用

1.7.1　顺光拍摄

顺光即指摄影机的方向与光源的方向一致，这种情况下所拍摄出来的建筑画面由于没有强烈的对比关系，很难产生建筑的立体感，如图 1-22 所示。

图 1-22

1.7.2 逆光拍摄

逆光也就是说摄影机的方向正对着强烈的光源，在这种情况下拍摄出来的建筑轮廓清晰，但是整体则显得较为阴暗，如图 1-23 所示。

图 1-23

1.7.3 侧光拍摄

侧光拍摄是摄影中最为常见的拍摄方式，光从一侧照射进画面，使得物体亮面和暗面对比清晰，非常易于体现画面的立体感、空间感和层次感，如图 1-24 所示。

图 1-24

第 2 章

3ds Max 植物类插件技术

2.1 Forest Pack Pro 专业森林插件

Forest Pack Pro 专业森林插件是 Itoo 公司生产的一款专业的在三维软件中以散布的方式快速制作出大面积森林树木的插件。虽然软件名称直译过来为“专业森林”，但是这一款插件所自带的模型库中也包含有草地、花、落叶、石头等其他类型的模型，这意味着我们不仅仅可以通过这一插件制作出森林，也可以制作出高精度成片的花草、园林景观中的置石，以及铺满石头的地面等模型。这一插件的产生让设计师无需再烦恼如何在成片的地面上去摆放随机、大量的三维模型，大大提高了高端效果图及动画的制作效率。图 2-1 所示为使用 Forest Pack Pro 4 专业森林插件包所制作出来的精美图像产品。

图 2-1

2.2 Forest Pro 对象

安装好 Forest Pack Pro 专业森林插件后，打开 3ds Max 软件，在“创建”面板中，将“几何体”的下拉列表切换至“Itoo 软件”，即可看到 Forest Pack Pro 专业森林插件提供了 4 种不同的物体对象给用户选择使用，如图 2-2 所示。

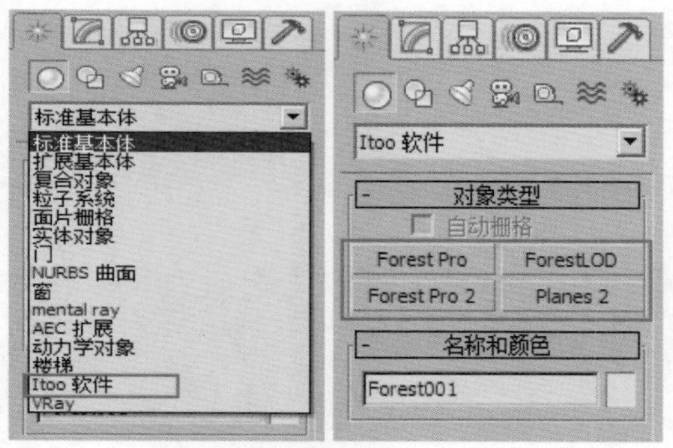

图 2-2

单击 Forest Pro 按钮 Forest Pro ，通过在场景中拾取模型或者闭合的曲线即可快速生成植物模型，图 2-3 所示为拾取几何体模型后所产生的视图模型结果；图 2-4 所示为拾取闭合样条线后所产生的视图模型结果。

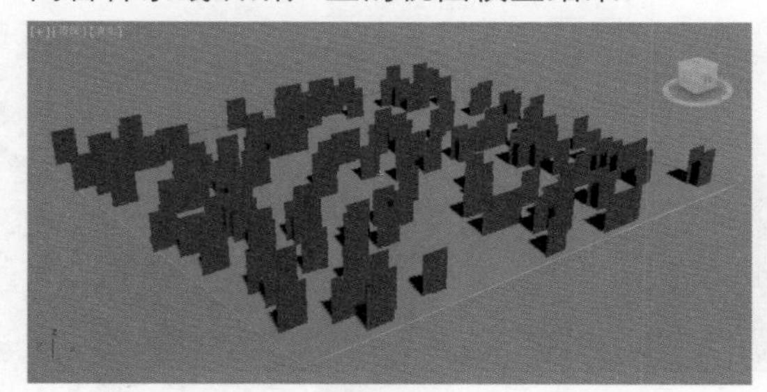

图 2-3

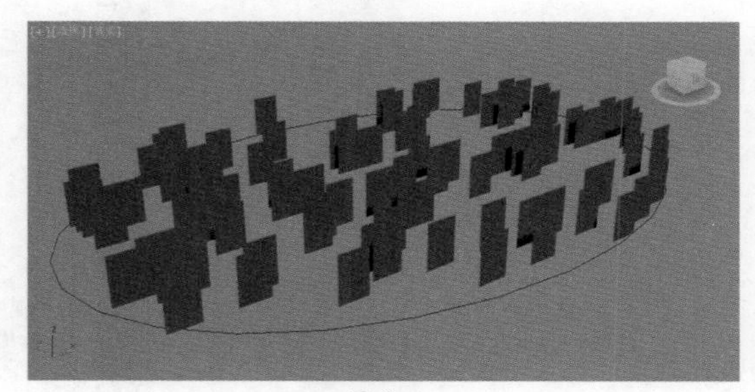

图 2-4

在“修改”面板中，可以看到 Forest Pro 物体有 13 个卷展栏，分别为“关于”卷展栏、“常规”卷展栏、“几何体”卷展栏、“区域”卷展栏、“分布图”卷展栏、“树编辑器”卷展栏、“摄影机”卷展栏、“阴影”卷展栏、“曲面”卷展栏、“变换”卷展栏、“材质”卷展栏、“动画”卷展栏和“显示”卷展栏，如图 2-5 所示。

图 2-5

2.2.1　“关于”卷展栏

单击展开“关于”卷展栏，如图 2-6 所示。此卷展栏内主要显示当前使用 Forest Pack Pro 插件的版本信息、官方网站地址及与当前计算机的授权信息等。

关于
Forest Pro 4.3.6
(c) 2015 Itoo 软件
www.itoosoft.com
授权给:
Administrator
电子邮件
城市:
国家:
电话:
许可证类型　用户:
单机　123
序列号　激活 ID
0213102902　A887D1FD

图 2-6

2.2.2 “常规”卷展栏

单击展开“常规”卷展栏，其命令参数如图 2-7 所示。

图 2-7

工具解析

- 图标大小：定义 Forest Pro 物体图标的大小。
- 随机种子：用来随机影响 Forest Pro 物体内部参数的数值。
- CPU 线程数：默认为当前计算机的 CPU 线程数值，如取消勾选下方的“自动”复选项，则可以设置 Forest Pro 物体所使用的线程数量。
- 禁用弹出窗口：禁止弹出 Forest Pro 物体的包含有建议及警告信息的对话框。
- “搜索更新”按钮：单击此按钮，可以弹出“Itoo 软件更新”对话框，并询问用户是否更新当前所使用的软件，如图 2-8 所示。

图 2-8

- “显示帮助”按钮：单击此按钮，可通过 IE 浏览器打开 Forest Pro 专业森林插件的官方帮助网址，如图 2-9 所示。

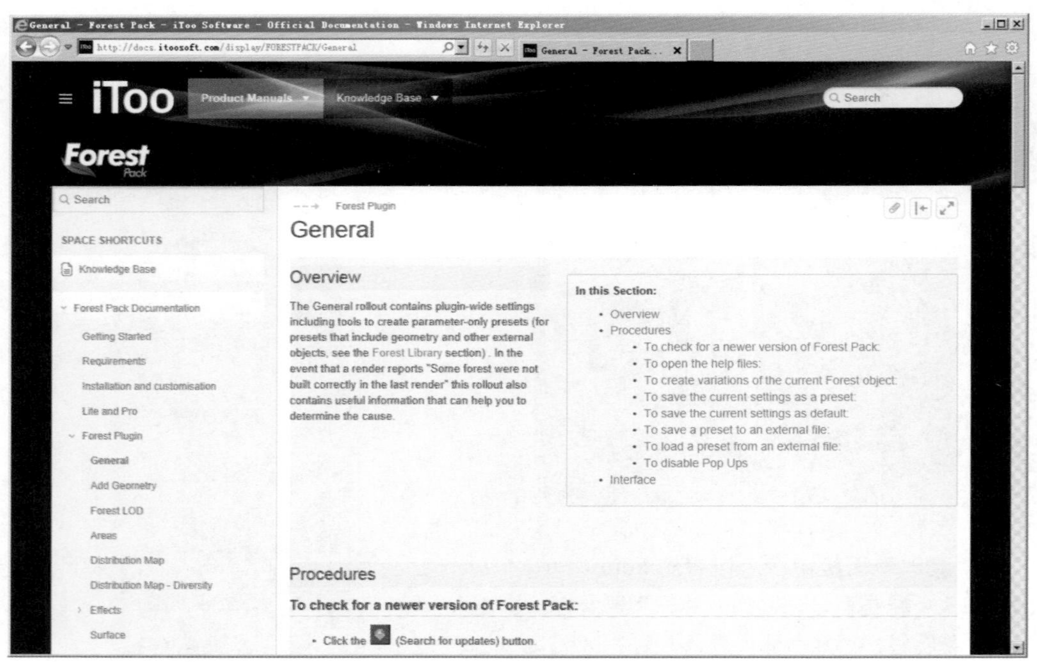

图 2-9

- “统计窗口”按钮：单击此按钮，可打开“Forest 状态”对话框，显示出当前 Forest Pro 物体的统计信息，如图 2-10 所示。

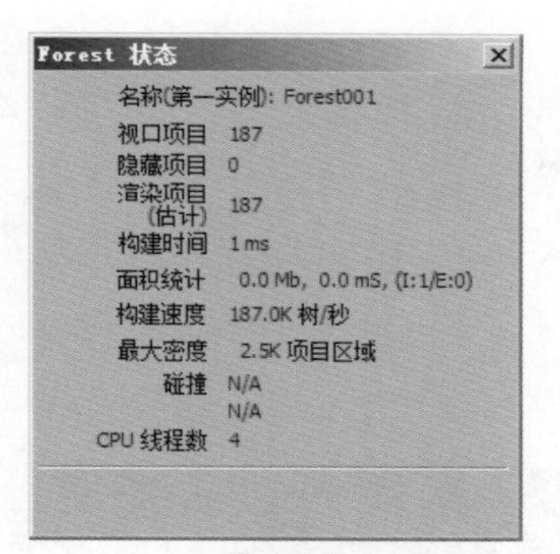

图 2-10

2.2.3 “几何体”卷展栏

单击展开“几何体”卷展栏，其参数命令如图 2-11 所示。

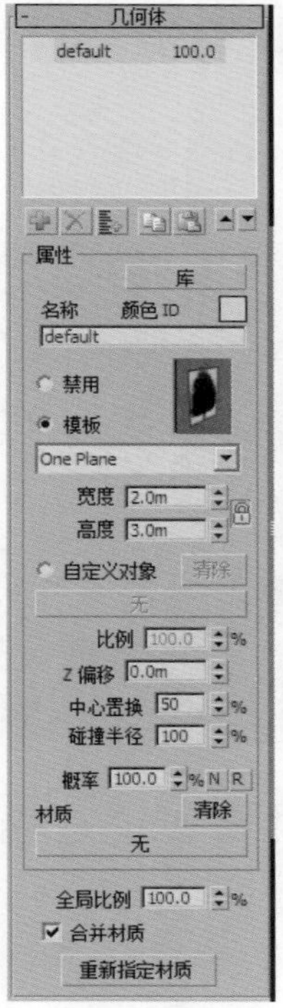

图 2-11

工具解析

- “几何体”文本框：此文本框内允许用户在同一对象上任意添加或删除不同的树木类型。
- “添加新项目”按钮：单击此按钮，可以在“几何体”文本框内添加新的项目以生成新的模型对象。
- “删除项目”按钮：单击此按钮，可以删除“几何体”文本框内的现有项目。
- “添加多个自定义对象”按钮：单击此按钮，可以打开“添加多个”对话框，根据对话框内的对象名称来选择对象，并设置所选择的对象为生长的模型形态。图 2-12 所示为拾取场景中的球体和圆柱体所生成的模型结果。

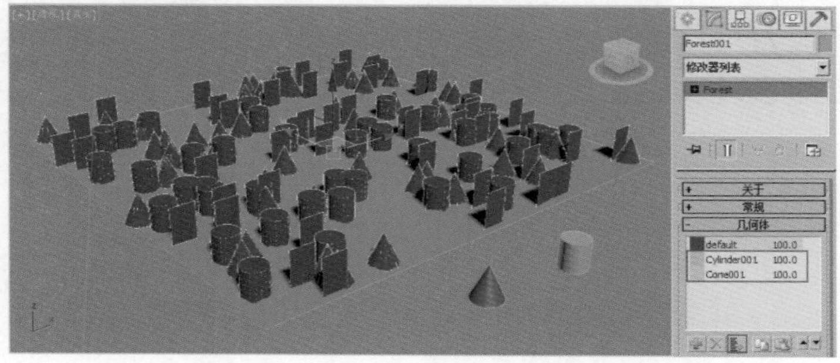

图 2-12

- “库”按钮 库 ：单击此按钮，可以打开 Forest Pro 专业森林插件自带的素材模型库，如图 2-13 所示。

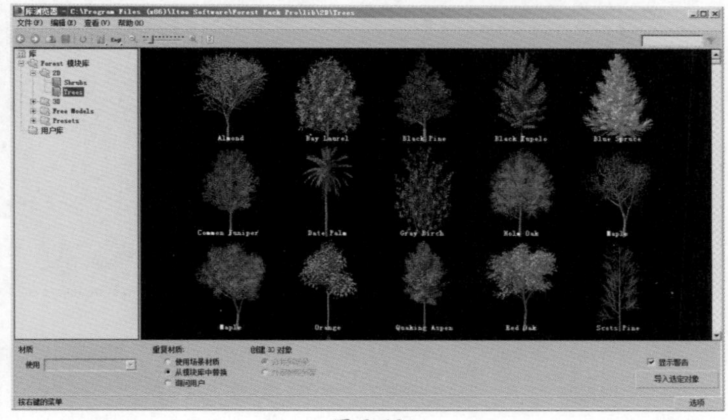

图 2-13

- 名称：显示当前项目的名称。
- 颜色 ID：显示当前项目的颜色。
- 禁用：选中此单选项，将禁用当前项目。
- 模板：选中此单选项，将使用 Forest Pro 专业森林插件所提供的模型模板，“模板”下方的下拉列表中为用户提供了 9 种不同类型的模板以供使用，如图 2-14 所示。图 2-15 所示为这些模板在场景中所显示的不同形态。

One Plane
Two Planes
Three Planes
Four Planes
Curved Plane
Low Animated Plane
Medium Animated Plane
High Animated Plane
Simple 3D Tree

图 2-14

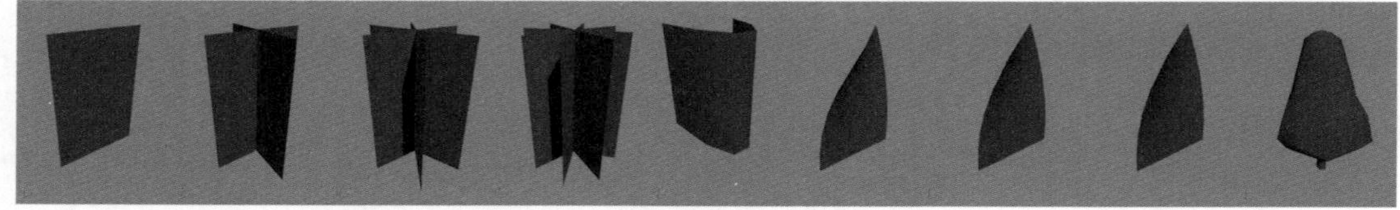

图 2-15

- 自定义对象：选中此单选项，可以使用场景中现有的模型（比如自己做的树木模型）来生成大量的模型集合。
- 比例：当 Forest Pro 物体设置为“自定义对象”选项时，可激活该参数。用来设置自定义模型比例大小。
- z 偏移：设置模型在地面上的垂直偏移值，图 2-16 所示为“z 偏移”值是 0m 和 3m 的对比结果。

图 2-16

- “中心置换”：用来设置模型的中心位置，对于一些轴心点不在模型中心位置的模型特别有效，比如说路灯，如图 2-17 所示。

图 2-17

- 全局比例：用来控制整个 Forest Pro 物体内所有模型项目的比例大小，图 2-18 所示为“全局比例”数值为 60 和 130 的结果对比。

图 2-18

- 合并材质：用来合并当前 Forest Pro 物体内所有模型的材质，如果取消勾选该选项，则仅使用 Forest Pro 物体内的第一个模型项目材质，图 2-19 所示为“合并材质”选项勾选与取消的结果对比。

图 2-19

2.2.4 “区域”卷展栏

单击展开“区域”卷展栏，其命令参数如图 2-20 所示。

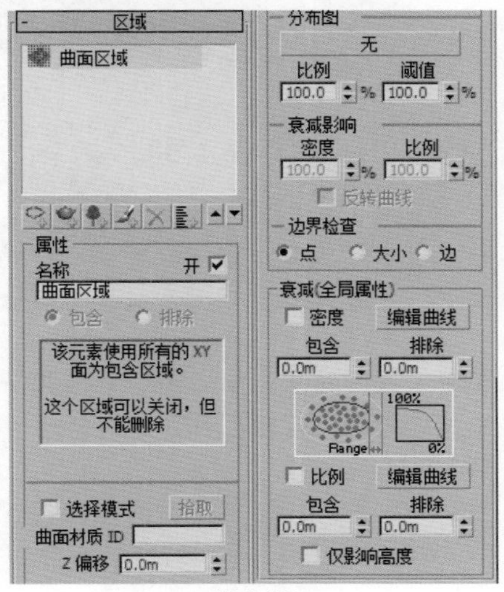

图 2-20

工具解析

- “区域”文本框：通过添加其他对象来设置植物生长的区域范围。
- “添加一个新的样条线区域”按钮：单击此按钮，可拾取场景中的样条线进入“区域”文本框内，并通过设置“排除”选项来移除样条线区域内的植物。图 2-21~ 图 2-22 所示为“排除”前后的模型分布结果对比。

图 2-21

图 2-22

- “添加一个新的对象区域（仅排除）”按钮：单击此按钮，可以添加场景中的几何体对象进入到“区域”文本框内，并根据几何体对象的模型范围来移除几何体模型区域内的植物，如图 2-23 所示。

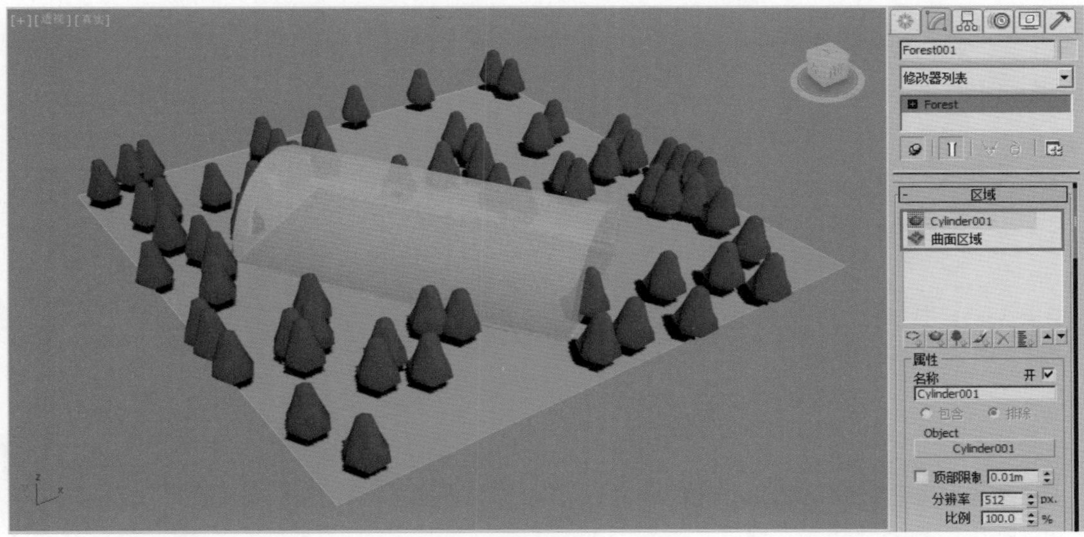

图 2-23

- “添加 Forest 对象为排除区域”按钮：添加场景中的一个 Forest 对象为排除区域来移除几何体模型区域内的植物。
- “添加一个新的绘制区域”按钮：单击此按钮，可通过绘制的区域来移除几何体模型区域内的植物。
- “删除当前的区域”按钮：单击此按钮，删除“区域”文本框内的区域。
- “按名称添加多个样条线 / 对象区域”按钮：单击此按钮，可弹出“添加多个”对话框来添加多个物体对象来移除几何体模型区域内的植物。

“分布图”选项组

- “无”按钮：单击此按钮，可弹出“材质 / 贴图浏览器”对话框，通过选择贴图来设置植物的生长区域。图 2-24 所示为该按钮未设置贴图时的植物分布状况；图 2-25 所示为该按钮设置为“棋盘格”贴图后的植物分布状况。

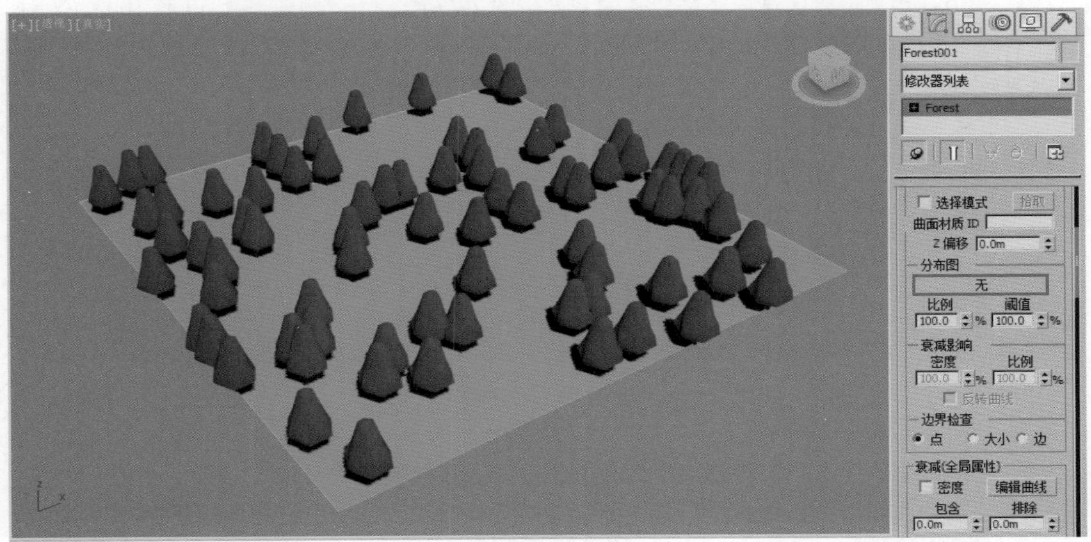

图 2-24

图 2-25

- 比例：用来设置区域内植物生长位置的缩放，图 2-26 所示为“比例”值为 100 和 200 的区别。

图 2-26

- 阈值：用来设置区域内植物生长的密度，图 2-27 所示为“阈值”为 50 和 100 的区别。

图 2-27

“衰减（全局属性）”选项组

- 密度：勾选此选项可控制地面区域边缘植物的分布密度。
- “编辑曲线”按钮编辑曲线：单击此按钮，可弹出“区域密度衰减”对话框，在对话框中通过编辑曲线的形态来控制植物密度，如图 2-28 所示。

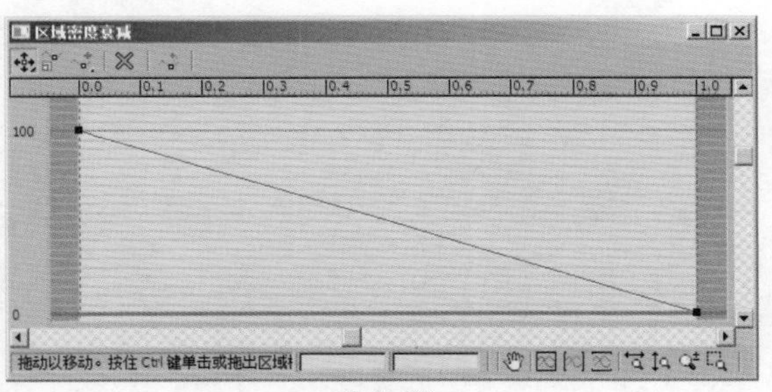

图 2-28

- 包含 / 排除：设置植物的密度衰减范围，图 2-29 所示为“包含”值为 0m 和 10m 的植物分布结果对比。

图 2-29

- 比例：勾选此选项，可控制地面区域边缘植物的大小比例。
- “编辑曲线”按钮 编辑曲线 ：单击此按钮，可弹出“区域比例衰减”对话框，在对话框中通过编辑曲线的形态来控制植物大小，如图 2-30 所示。

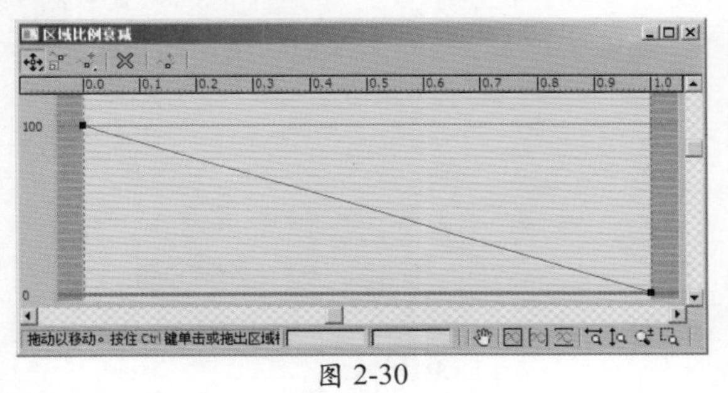

图 2-30

- 包含 / 排除：设置植物的大小衰减范围，图 2-31 所示为“包含”值为 0m 和 10m 的植物分布结果对比。

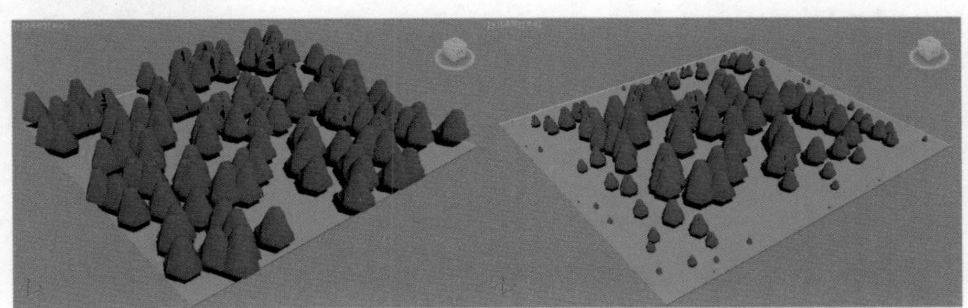

图 2-31

- 仅影响高度：勾选此选项，植物的比例大小仅影响高度，如图 2-32 所示。

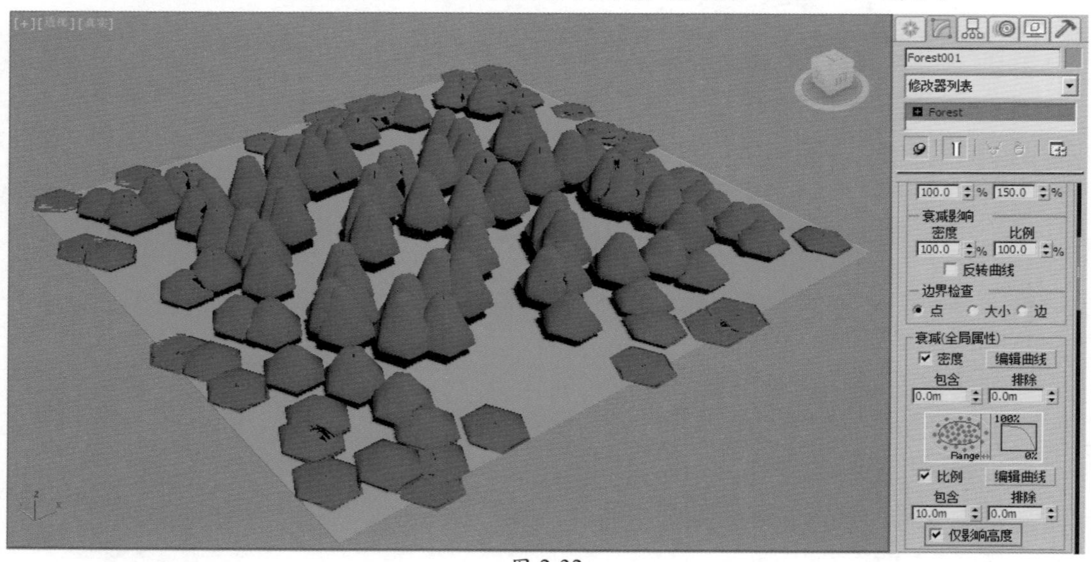

图 2-32

2.2.5 “分布图”卷展栏

单击展开“分布图”卷展栏，其命令参数如图 2-33 所示。

工具解析

► “图像 ”选项组

- “图像”下拉列表：为用户提供了多达 23 种不同的方式可选，如图 2-34 所示。
- 位图：在“位图”下方的按钮上显示有当前所使用贴图的名称，如图 2-35 所示。

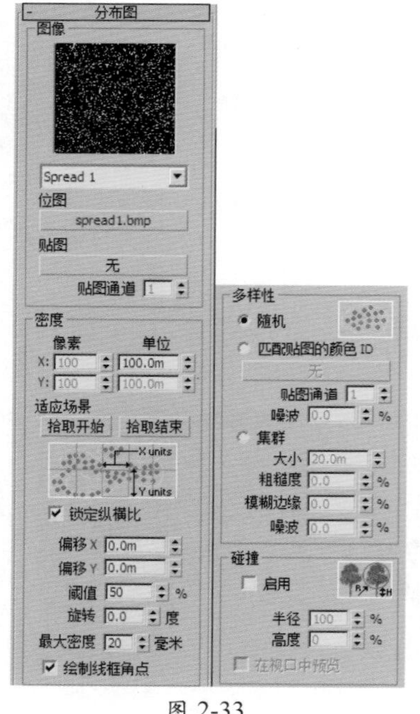

图 2-33

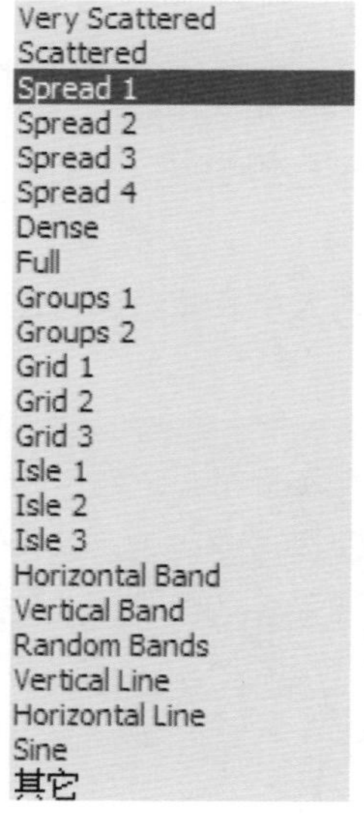

图 2-34

图 2-35

技巧与提示：

单击“位图”下方的按钮，在弹出的“选择分布图像”对话框中，可以看到Forest Pro专业森林插件所提供的其他不同的位图图像，如图2-36所示。使用这些图像，可以快速在地面上种植出一排排或者是一簇簇的植物来，图2-37所示为其中一些位图对植物分布情况所产生的结果对比。

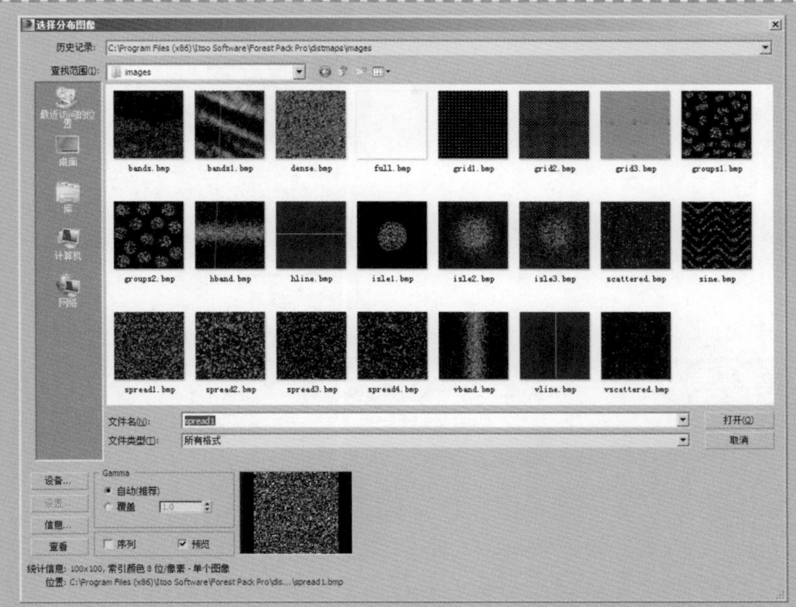

图 2-36

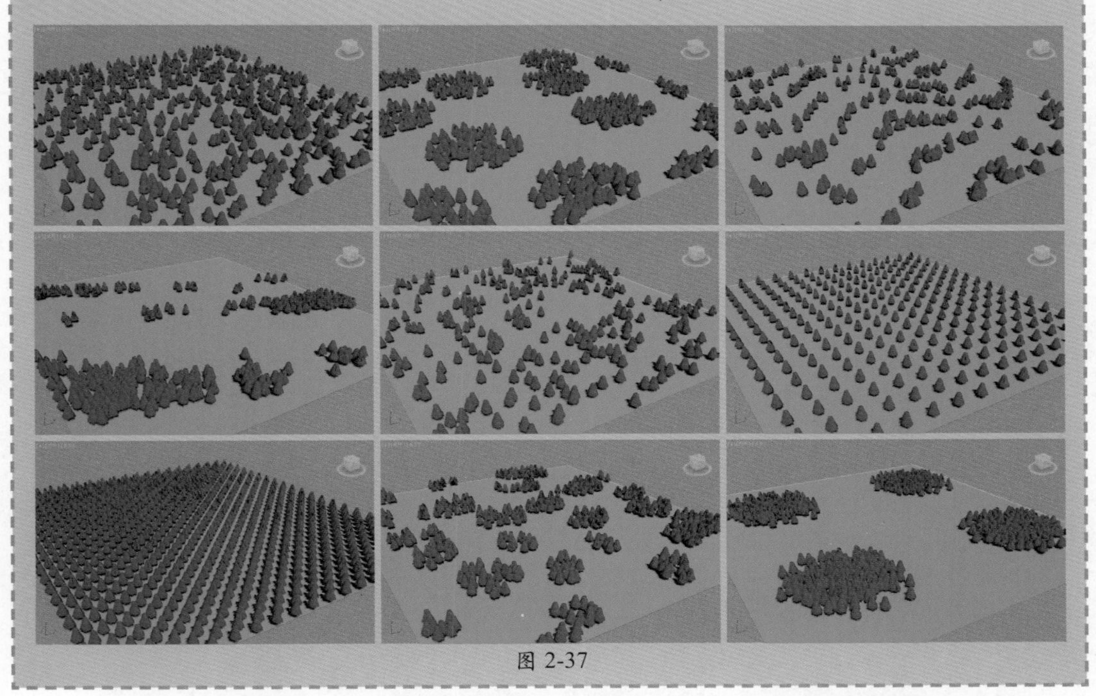

图 2-37

● 贴图：单击“贴图”下方的按钮，则可通过指定贴图的方式来控制植物的分布，指定贴图后，“位图”按钮呈不可用的状态，如图2-38所示。

▶ “密度”选项组

● 像素：用来控制“贴图”所影响的植物生长密度，仅当“分布图”使用“贴图”控制时激活该命令设置。图2-39~图2-40所示为“像素x”值为10和50的植物分布结果对比。

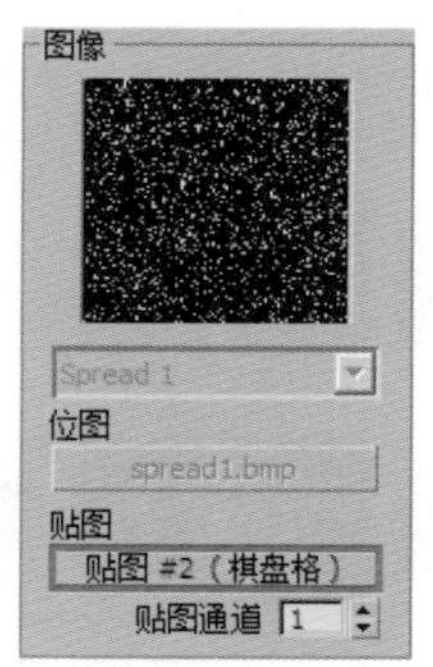

图 2-38

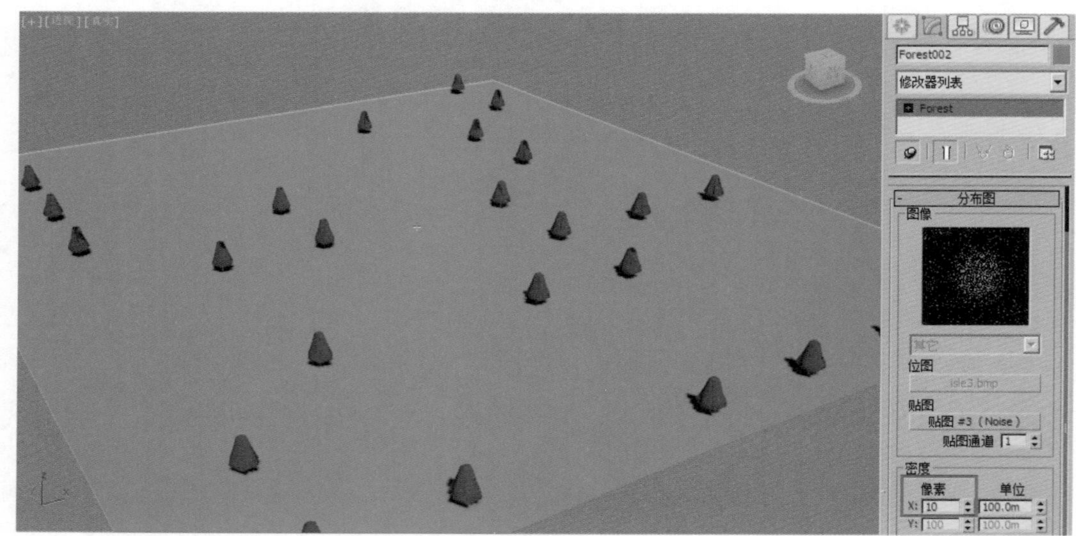

图 2-39

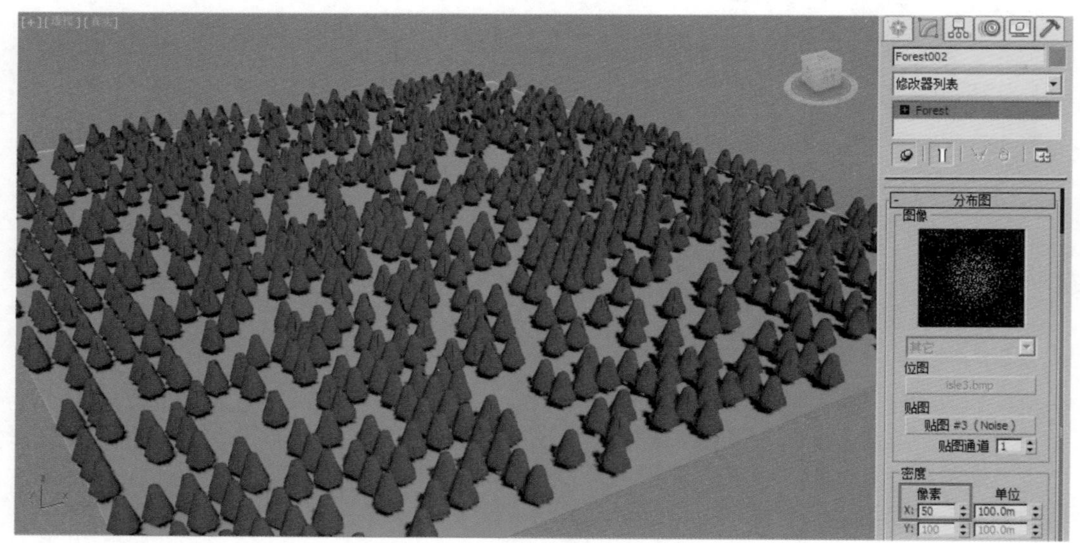

图 2-40

- 单位：用来控制植物分布的密实程度，计算结果与“几何体”卷展栏中的“比例”非常相似。图 2-41~ 图 2-42 所示为“单位 x”值为 100 和 200 的植物分布结果对比。

图 2-41

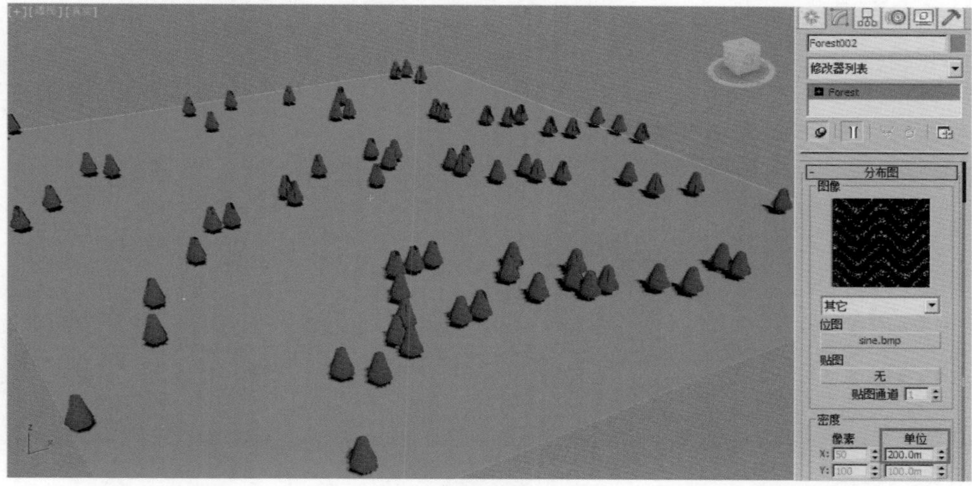

图 2-42

- “拾取开始”按钮 拾取开始 /：单击此按钮，可以在场景中拾取一点来进行植物分布位置上的更改。
- “拾取结束”按钮 拾取结束：单击此按钮，可以在场景中拾取任意一点来进行植物分布密度上的更改，需要注意的是，如果这两个按钮拾取的位置较近时，会弹出“警告”对话框，提示用户设置的植物分布密度过于密集，如图 2-43 所示。同时，在这两个按钮上方的“单位”里会分别显示出根据用户拾取结果所产生的“X/Y”值，如图 2-44 所示。

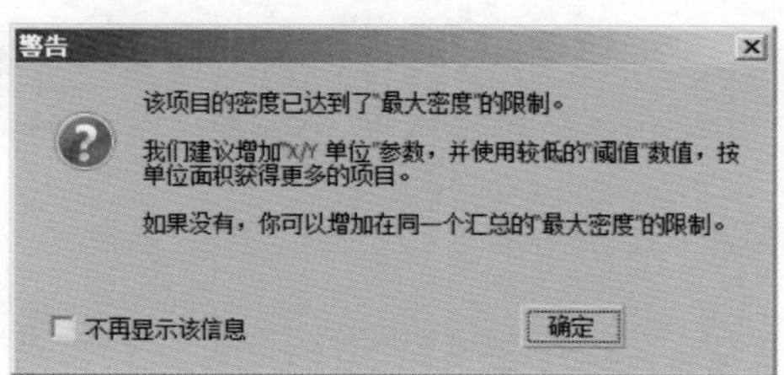

图 2-43

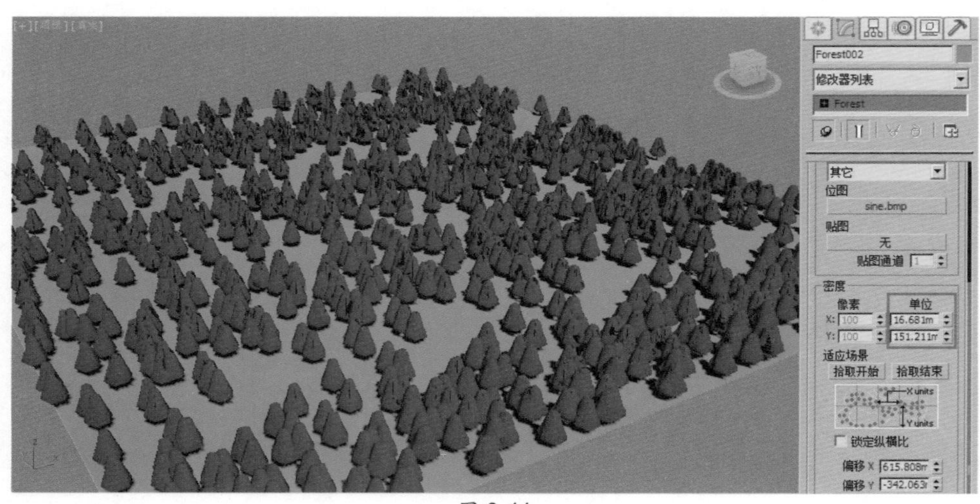

图 2-44

- 锁定纵横比：用来锁定“像素 / 单位”内的 X/Y 比例。
- 偏移 X/Y：用来控制植物分布的 X/Y 方向上的偏移位置。
- 阈值：用来控制植物分布的数量，图 2-45 所示为“阈值”分别为 20 和 60 的植物分布结果对比，此值越大，植物数量越少。

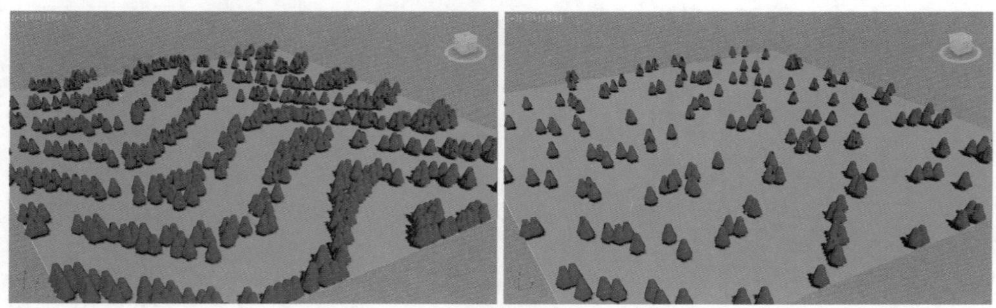

图 2-45

- 旋转：用来控制植物分布形态上的角度变化，图 2-46 所示为“旋转”值是 0 度和 30 度的植物分布结果对比。

图 2-46

- 最大密度：用来设置植物生长所能接受的最大密度限制。

► “碰撞”选项组

- 启用：勾选此选项则启用碰撞计算。

- 半径：用来控制植物碰撞的半径值，图 2-47 所示为“半径”值是 100 和 200 的植物碰撞计算结果对比。

图 2-47

- 在视口中预览：勾选此选项，可以在视口中查看启用了碰撞计算之后的植物分布结果，图 2-48 所示为勾选“在视口中预览”选项前后的碰撞计算结果对比。

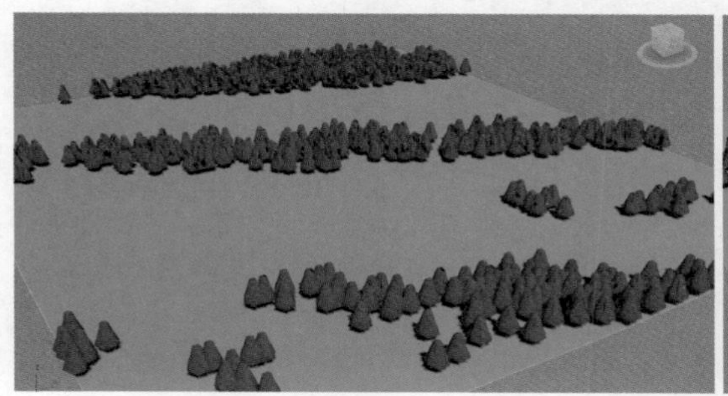

图 2-48

2.2.6 “树编辑器”卷展栏

单击展开“树编辑器”卷展栏，其命令参数如图 2-49 所示。

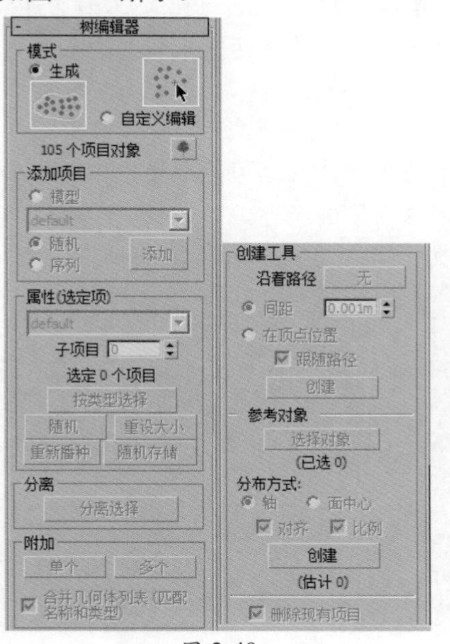

图 2-49

工具解析

▶ “模式”组

- 生成：根据“区域”卷展栏及“分布图”卷展栏内的设置生成植物分布状况。由“自定义编辑”状态更改为“生成”状态时，会弹出 Forest Pack 对话框，同时，“自定义编辑”状态内的所有修改将全部还原，如图 2-50 所示。

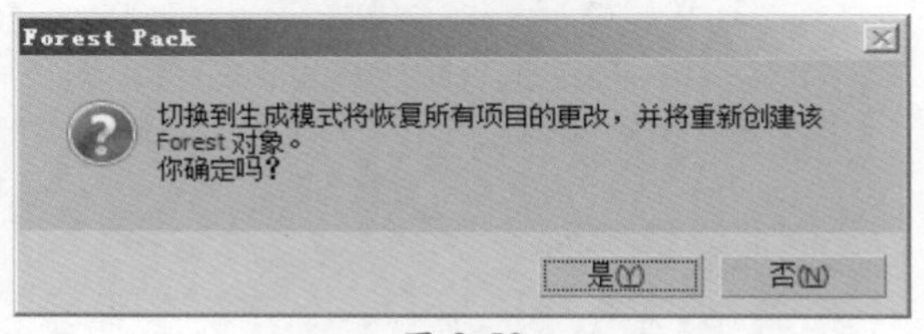

图 2-50

- 自定义编辑：选择此选项后，便可以进入 Forest 的“树”子层级中，更改植物的具体位置。进入“自定义编辑”状态时，会弹出 Forest Pack 对话框，询问用户是否确定进入，如图 2-51 所示。

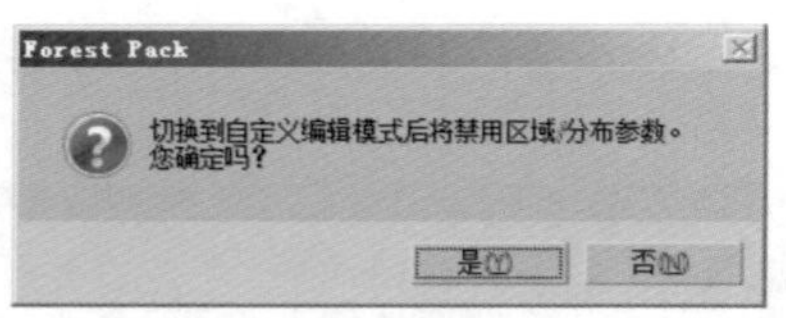

图 2-51

- “树”按钮：单击此按钮，即进入 Forest 的“树”子层级中，可选择植物调整其位置、旋转，以及比例大小，如图 2-52 所示。

图 2-52

- “添加”按钮：单击此按钮，在场景中可以通过单击的方式来添加单体的植物模型。

▶ “分离”组

- “分离选择”按钮：单击此按钮，可以将在“树”子层级中选择的植物单独分离一个 Forest Pro 物体。

▶ “附加”组：

- “单个”按钮：单击此按钮，可以将场景中的其他 Forest Pro 物体附加进来。
- “多个”按钮：单击此按钮，则弹出“附加列表”对话框来同时附加场景中的多个 Forest Pro 物体。

▶ “创建工具”选项组

- 沿着路径：单击“沿着路径”后面的“无”按钮，即可拾取场景中的样条线。拾取完成后，按钮的名称会更改为所拾取样条线对象的名称。
- 间距：控制生成植物的间隔距离，图 2-53 所示为“间距”值是 2m 和 5m 的植物分布对比。

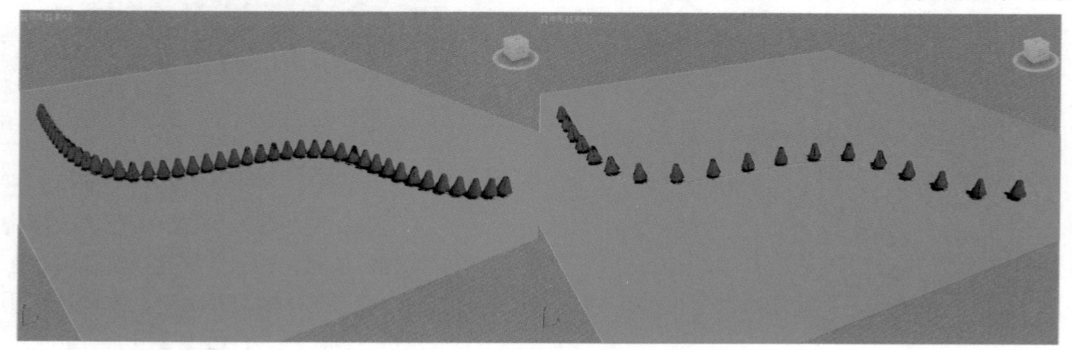

图 2-53

- 跟随路径：植物的方向跟随路径而产生变化，图 2-54 所示为“跟随路径”选项勾选前后的植物方向对比。

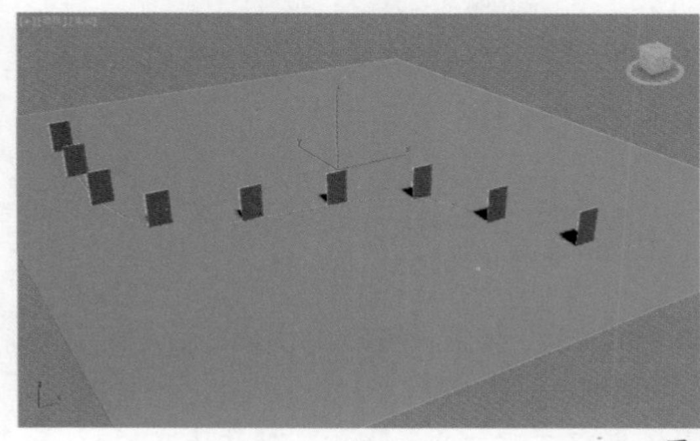
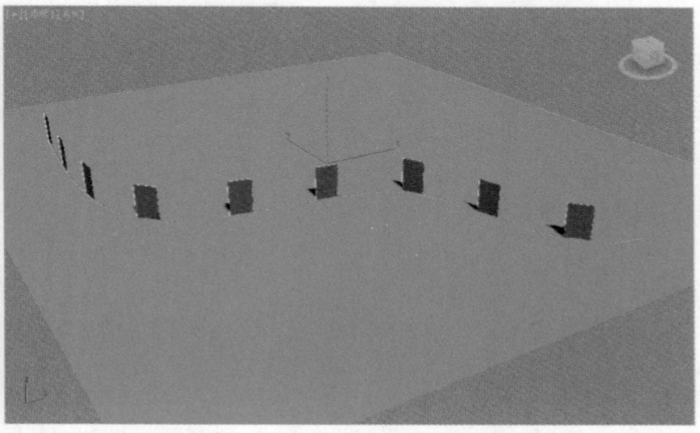

图 2-54

- “创建”按钮 创建 ：单击此按钮，在视口中创建植物。

2.2.7　“摄影机”卷展栏

单击展开“摄影机”卷展栏，其中的参数命令如图 2-55 所示。

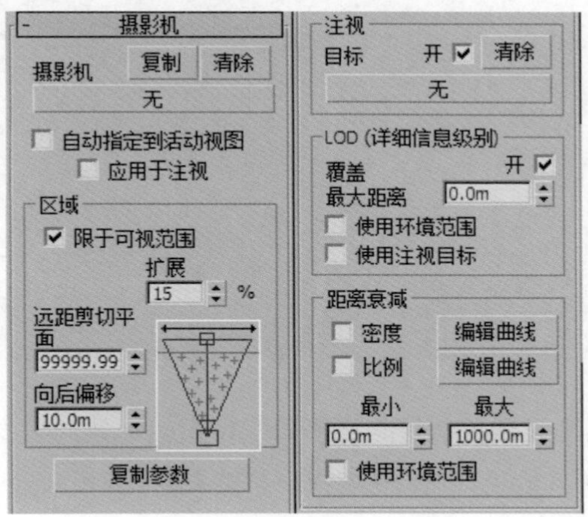

图 2-55

工具解析

- “摄影机”按钮 无 ：单击此按钮，可以拾取场景中的摄影机，同时，按钮的名称显示为该摄影机的名称。图 2-56 所示为在场景中拾取了摄影机前后的植物分布结果对比，可以看出拾取摄影机后，植物仅仅在摄影机所能看到的视野范围内产生。

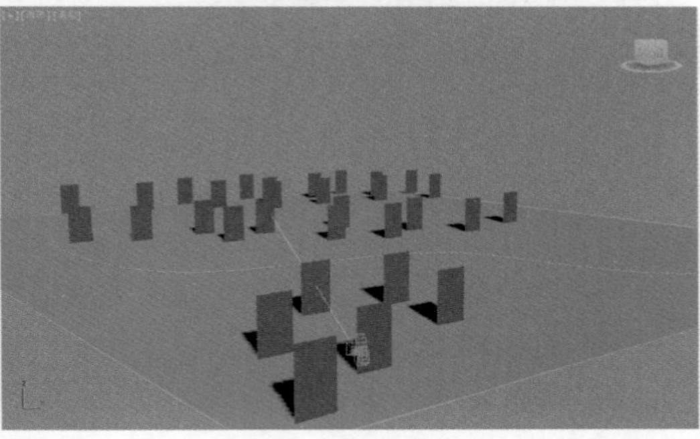

图 2-56

- “复制”按钮复制：单击此按钮，可将摄影机复制给场景中其他的 Forest Pro 物体，并弹出“指定摄影机”对话框来询问用户操作，如图 2-57 所示。

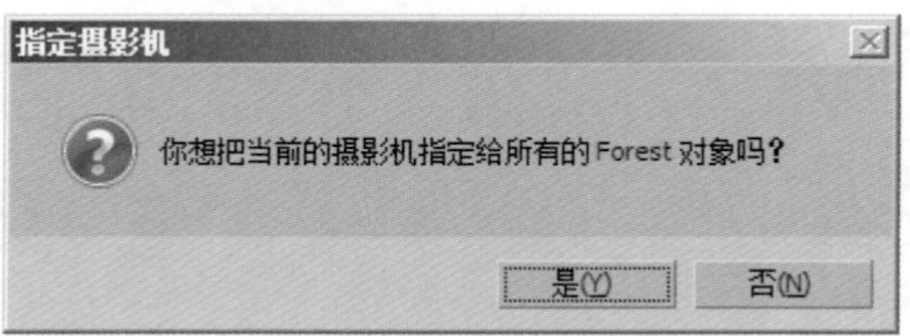

图 2-57

- “清除”按钮清除：单击此按钮，清除该 Forest Pro 物体所拾取的摄影机。

► “区域”选项组

- 限于可视范围：勾选此选项，仅在摄影机的视野范围内产生植物，默认为开启。
- 扩展：控制在摄影机视野范围外一定距离内产生植物分布，图 2-58 所示为“扩展”值是 15 和 45 的植物分布结果比对。

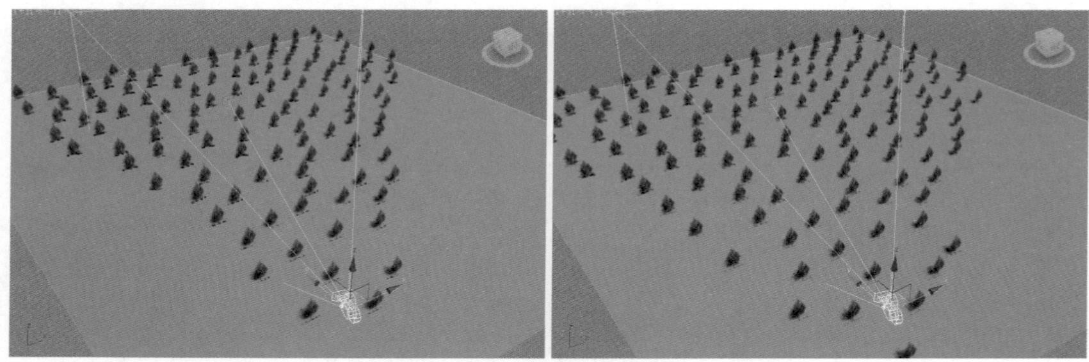

图 2-58

- 远距剪切平面：用来设置剪切掉距离摄影机位置较远处的植物模型，图 2-59 所示为“远距剪切平面”值为 60m 和 20m 的植物分布结果对比。

图 2-59

- 向后偏移：用来控制摄影机后方的植物分布，图 2-60 所示为“向后偏移”值为 10m 和 50m 的植物分布结果对比。

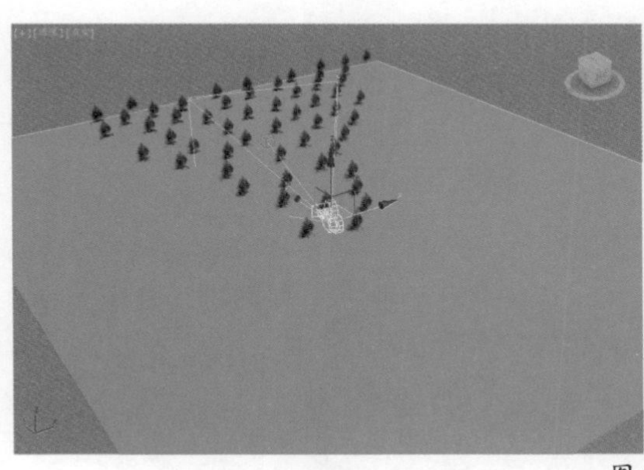

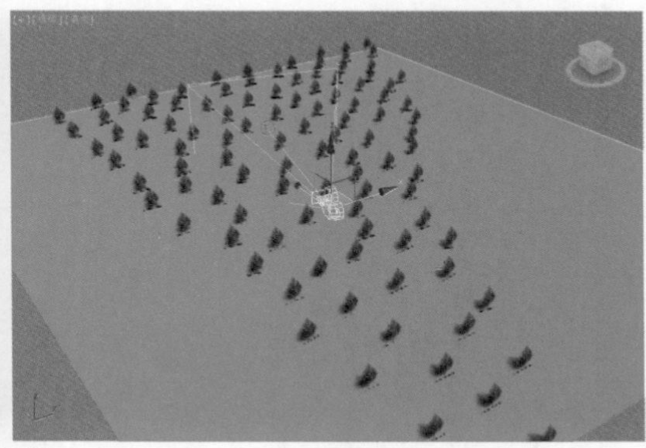

图 2-60

- “复制参数”按钮 复制参数 ：单击此按钮，弹出“复制参数”对话框，询问用户是否将此设置复制给场景中的其他 Forest Pro 对象上，如图 2-61 所示。

图 2-61

► “注视”选项组

- “目标”按钮 无 ：单击此按钮，可以拾取场景中的摄影机，同时，按钮的名称显示为该摄影机的名称。图 2-62 所示为在场景中拾取了摄影机前后的植物方向结果对比，可以看出拾取摄影机后，植物将面向摄影机。

图 2-62

- 开：勾选此选项才启用“注视”命令。
- “清除”按钮 清除 ：单击此按钮，清除“目标”按钮上所拾取的摄影机。

2.2.8　“阴影”卷展栏

单击展开“阴影”卷展栏，其中的参数命令如图 2-63 所示。

图 2-63

工具解析

- 使用假阴影：灯光对 Forest Pro 物体产生假阴影。

▶ “X 阴影 / 光线跟踪”组

- 垂直：启用该选项时，可构建一个垂直纹理的树木阴影。
- 水平：启用该选项时，可构建一个水平纹理的树木阴影。
- Z 偏移：控制树木阴影位于 z 轴向上的偏移。
- 宽度比例：控制阴影的缩放大小。

▶ “光线跟踪”组

- “灯光”按钮 无 ：单击此按钮，可以拾取场景中的灯光对象。
- “复制”按钮 复制 ：单击此按钮，弹出“指定灯光”对话框，询问用户是否将灯光指定给场景中的其他 Forest Pro 对象，如图 2-64 所示。

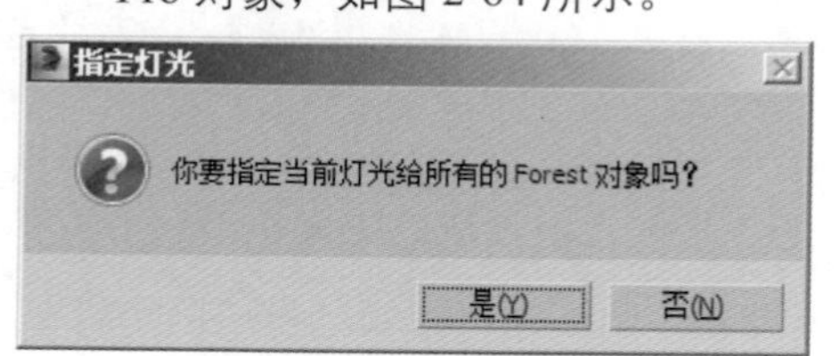

图 2-64

- “清除”按钮 清除 ：单击此按钮，清除指定的灯光。
- 在视口中隐藏平面：默认为启用，隐藏构成植物的其他的几何体平面。
- 防止自身阴影：默认为启用，防止植物投下阴影。

2.2.9 “曲面”卷展栏

单击展开“曲面”卷展栏，其中的命令参数如图 2-65 所示。

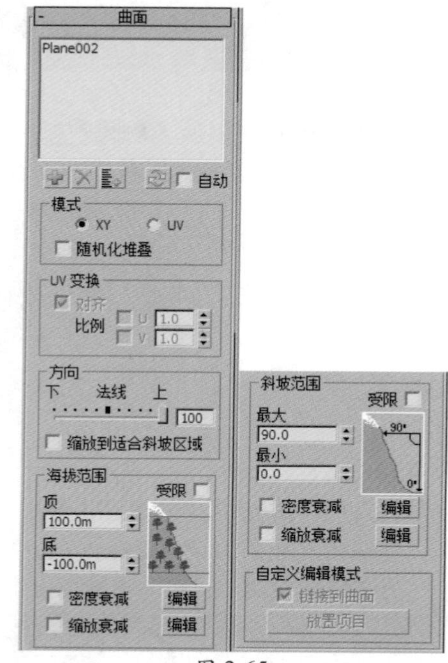

图 2-65

工具解析

- “曲面”文本框：此文本框允许用户添加或删除场景中的曲面对象。
- “添加曲面”按钮：单击此按钮，可以在场景中拾取新的曲面来控制植物生长位置。
- “删除曲面”按钮：单击此按钮，删除在“曲面”文本框内选中的曲面。
- “添加多个曲面”按钮：单击此按钮，弹出“添加多个”对话框，允许用户一次性添加场景中的多个曲面。
- “更新曲面数据”按钮：当用户对生成植物的地面进行模型修改后，单击此按钮，更新曲面数据可以得到正确的植物分布结果。

► “模式”选项组

- XY：植物模型基于地面的 XY 平面方向进行分散生长。
- UY：植物模型基于地面的 UV 坐标进行分散生长。

► “UV 变换”选项组

- 比例 U/V：控制植物的 U/V 方向上的分布及缩放，仅当“模式”选择为 UV 时，才可自动激活“UV 变换”组内的所有命令参数。图 2-66~ 图 2-67 所示分别为比例 U/V 值均是 1 和 3 的模型结果对比。

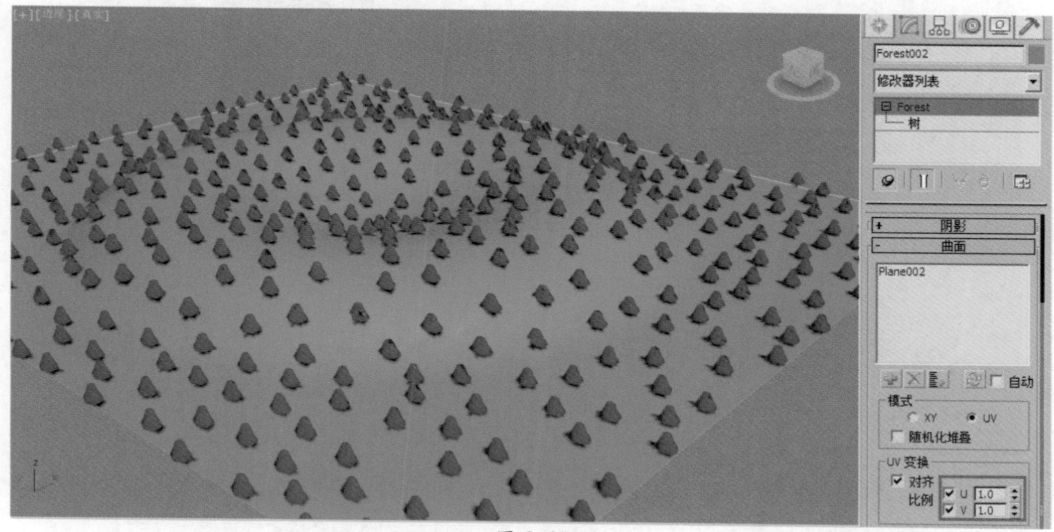

图 2-66

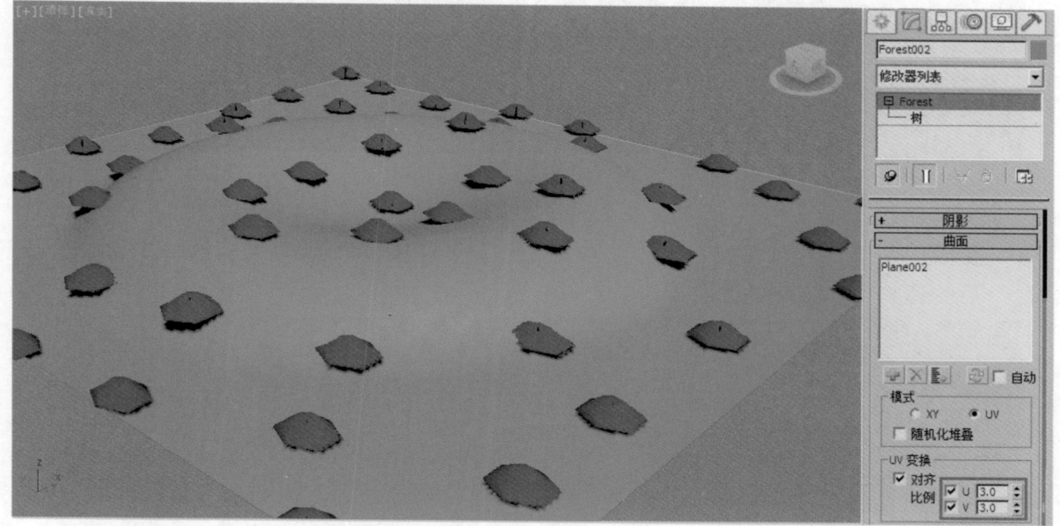

图 2-67

► “方向”选项组

- “法线”滑块：用来控制植物生长在斜坡上的方向，图 2-68~ 图 2-69 所示分别是“法线”滑块值为 100 和 0 的植物生长方向结果对比。

图 2-68

图 2-69

- “海拔范围”选项组
  - 受限：勾选此选项后，启动“海拔范围”计算，图 2-70 所示为勾选“受限”选项前后的植物分布结果对比。

图 2-70

  - 顶：设置植物最高可以生长的海拔高度。
  - 底：设置植物最低可以生长的海拔高度。

- 密度衰减：可以设置植物根据海拔高度来影响其生长密度，如图 2-71 所示。
- 缩放衰减：可以设置植物根据海拔高度来影响植物的大小，如图 2-72 所示。

图 2-71

图 2-72

▶ “斜坡范围”选项组
- 受限：勾选此选项后，启动“斜坡范围”计算，图 2-73 所示为启用“斜坡范围”前后的植物分布情况对比。

图 2-73

- 最大：设置植物生长地面的最大倾斜角度。
- 最小：设置植物生长地面的最小倾斜角度。

2.2.10　“变换”卷展栏

单击展开“变换”卷展栏后，其中的命令参数如图 2-74 所示。

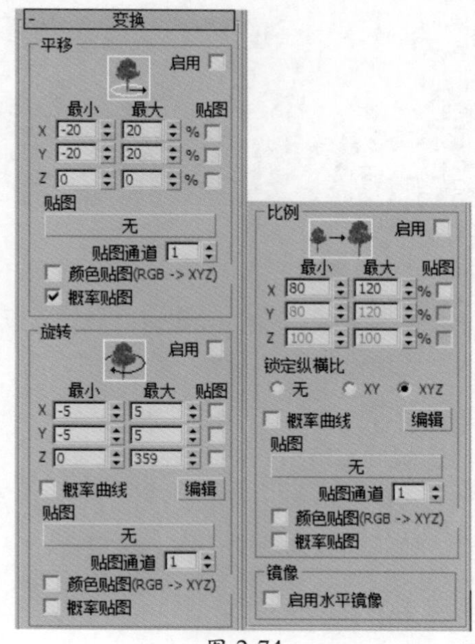

图 2-74

工具解析

► “平移”选项组

- 启用：勾选此选项，启用“平移”组内的参数命令计算，图 2-75 所示为应用“平移”计算前后的植物分布结果对比。

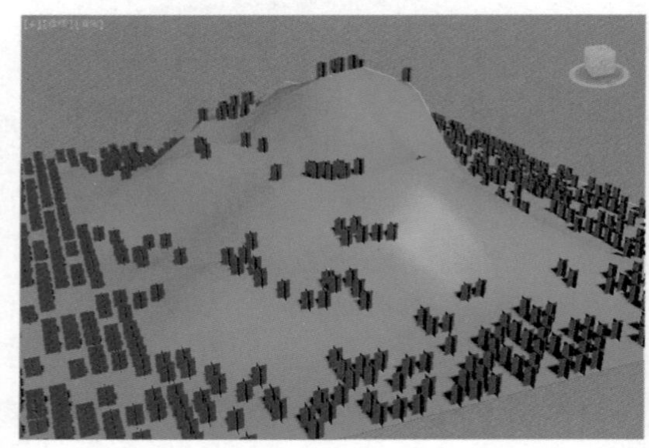
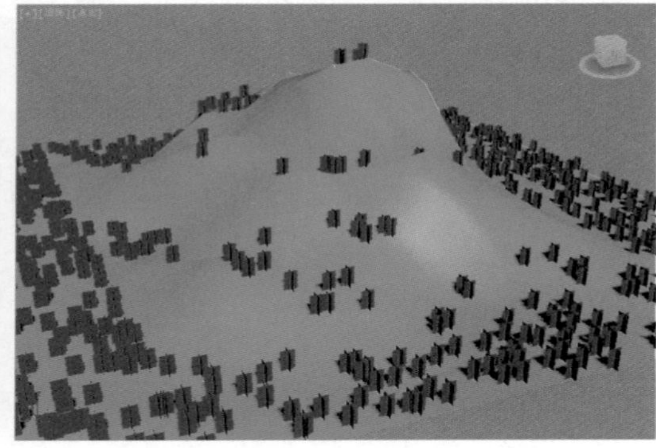

图 2-75

- 最小 / 最大：分别用 X、Y、Z 来控制植物生长三个方向上的随机位移范围。
- 贴图：允许使用贴图来控制植物分布平移的随机范围。

► “旋转”选项组

- 启用：勾选此选项，启用“旋转”组内的参数命令计算，图 2-76 所示为应用“旋转”计算前后的植物分布结果对比。

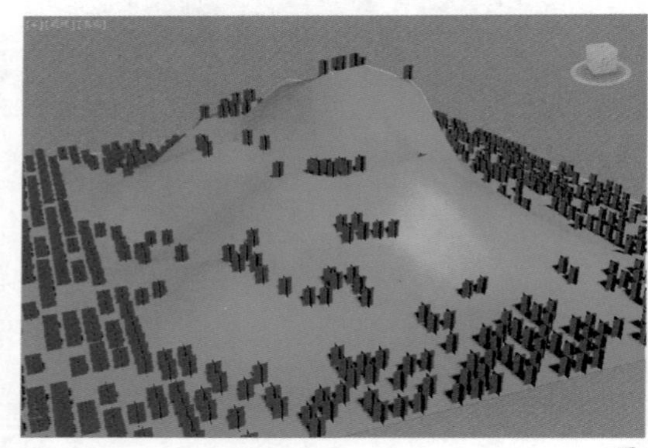
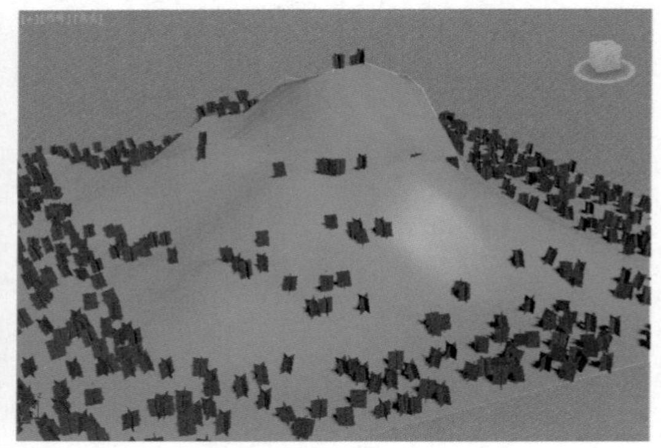

图 2-76

- 最小 / 最大：分别用 X、Y、Z 来控制植物生长三个方向上的随机旋转范围。
- 概率曲线：勾选此选项，启用“概率曲线”计算“旋转”的结果。
- “编辑”按钮 编辑 ：单击此按钮，可弹出“旋转编辑曲线”对话框。
- 贴图：允许使用贴图来影响植物的随机旋转角度。

► “比例”选项组

- 启用：勾选此选项，启用“比例”组内的参数命令计算，图 2-77 所示为应用“比例”计算前后的植物分布结果对比。

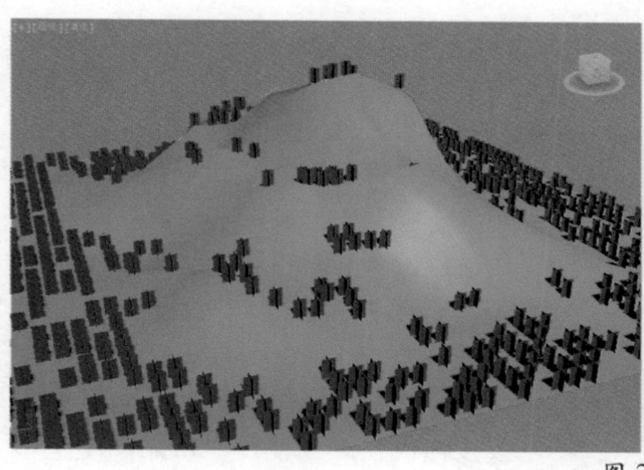

图 2-77

- 最小 / 最大：分别用 X、Y、Z 来控制植物生长三个方向上的随机缩放范围。
- 锁定纵横比：控制“比例”X、Y、Z 这 3 个方向上是否锁定比例，有“无”、XY、XYZ 这三种方式可选。
- 概率曲线：勾选此选项，启用“概率曲线”计算“比例”的结果。
- “编辑”按钮 编辑 ：单击此按钮可以弹出“比例编辑曲线”对话框。
- 贴图：允许使用贴图来影响植物的随机大小。

2.2.11 “材质”卷展栏

单击展开“材质”卷展栏，其中的参数命令如图 2-78 所示。

图 2-78

工具解析

► “色调”选项组

- 随机强度：控制 Forest Pro 对象的随机色调强度。
- 从渐变中获取颜色：根据下方的取色器来控制渐变的色彩变化。
- 从贴图中获取颜色：单击下方的按钮，可以弹出“材质 / 贴图浏览器”对话框，允许用户选择贴图来控制色调。
- 随机值：使用贴图纹理随机控制色调，图 2-79 所示为使用“棋盘格”贴图所产生的“随机值”效果。

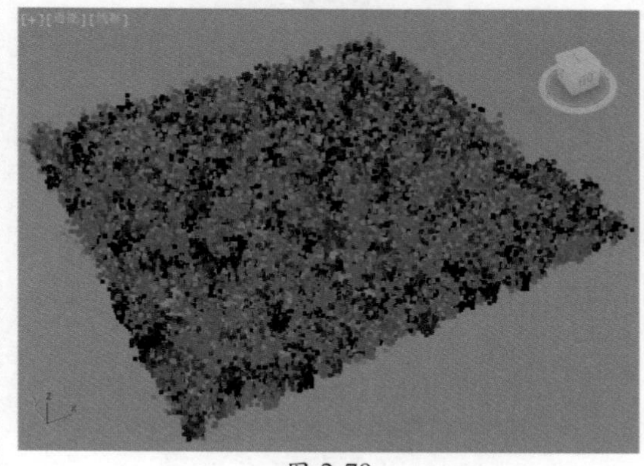

图 2-79

- 作为纹理：使用贴图纹理控制色调的纹理，图 2-80 所示为使用“棋盘格”

贴图所产生的“作为纹理”效果。

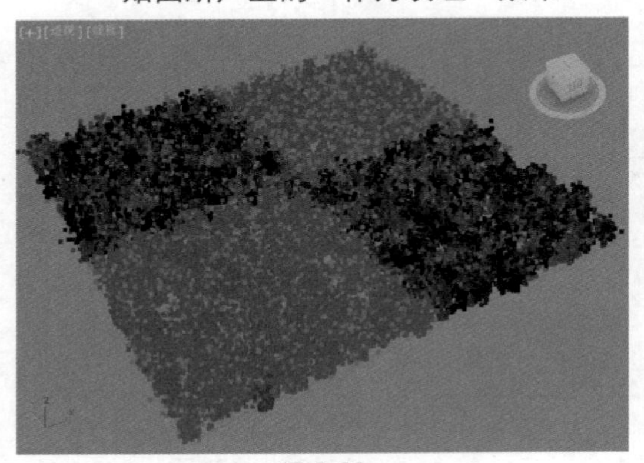

图 2-80

- 贴图通道：允许用户设置材质的贴图通道号。

2.2.12 “动画”卷展栏

单击展开“动画”卷展栏，其中的命令参数如图 2-81 所示。

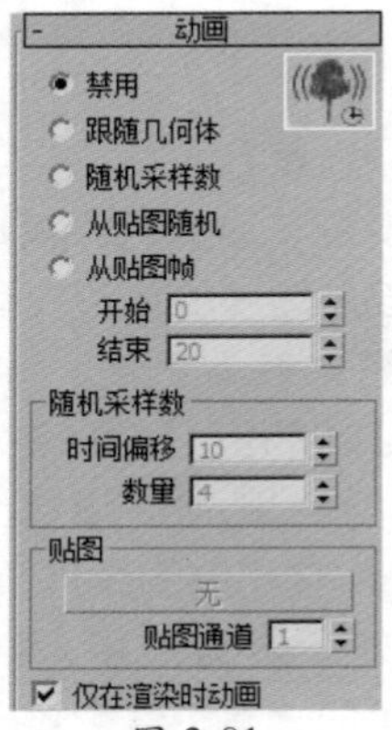

图 2-81

工具解析

- 禁用：禁止 ForestPro 对象产生动画。
- 跟随几何体：只有 Forest Pro 专业森林插件提供的动画模板中才可以产生动画，如果使用“自定义对象”生成森林，则需要对自定义对象制作动画。
- 随机采样数：随机在 Forest Pro 动画对象的时间线中进行采样来设置动画。
- 从贴图随机：根据灰度贴图来随机进行动画采样计算。
- 从贴图帧：根据贴图来控制动画对象的产生播放。
- 开始：设置从贴图帧计算的起始帧数。
- 结束：设置从贴图帧计算的结束帧数。

► “随机采样数”组

- 时间偏移：设置随机采样的时间帧数偏移。
- 数量：设置随机采样的计算精度。

► “贴图”选项组

- “贴图”按钮 无 ：单击此按钮弹出“材质/贴图浏览器”对话框，该按钮仅在动画使用“从贴图随机”和“从贴图帧”这 2 个选项时激活。
- 贴图通道：设置动画“贴图”的贴图通道号。
- 仅在渲染时动画：勾选此选项，Forest Pro 对象仅在对场景进行渲染时产生动画计算。

2.2.13 “显示”卷展栏

单击展开“显示”卷展栏，其中的命令参数如图 2-82 所示。

图 2-82

工具解析

► “视口”选项组

● 网格：设置 Forest Pro 对象显示为网格，如图 2-83 所示。

图 2-83

● 自适应：设置 Forest Pro 对象显示为受数值控制的几何体对象。

● 代理：设置 Forest Pro 对象显示为简单的几何体形态，有“平面”、“四棱锥”、Box、“薄长方体”、“植物”和“箭头”这 6 种形态可选，如图 2-84 所示。

图 2-84

● 点云：设置 Forest Pro 对象显示点云状态，如图 2-85 所示。

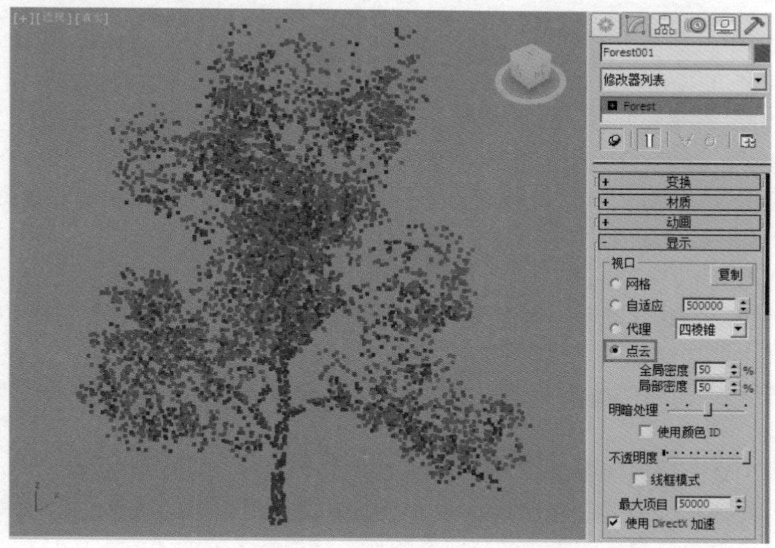

图 2-85

- 全局密度/局部密度：控制 Forest Pro 对象为点云的密度显示，图 2-86 所示分别为“全局密度/局部密度”值均为 30 和 100 的点云显示结果对比。

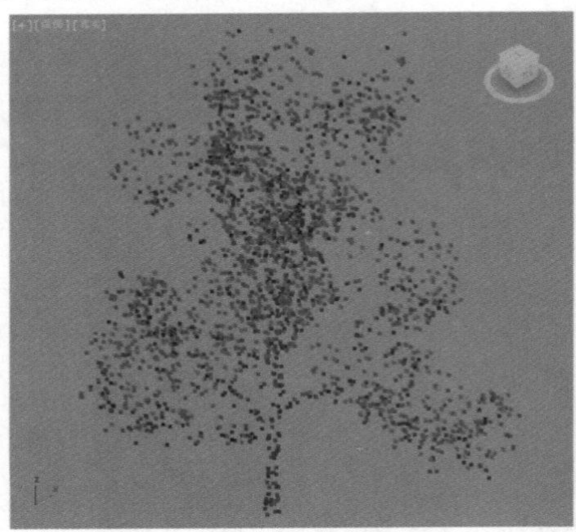

图 2-86

- 明暗处理：用来控制 Forest Pro 对象点云显示的明暗对比度，图 2-87 所示为在不同“明暗处理”下的点云显示结果对比。

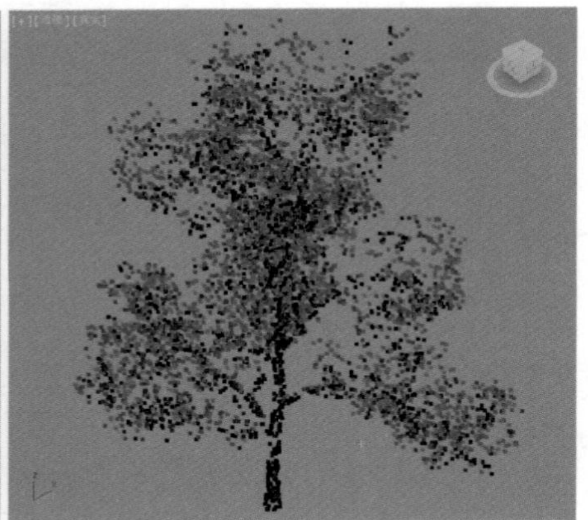

图 2-87

- 使用颜色 ID：勾选此选项，使用 Forest Pro 对象的颜色 ID 进行点云显示。
- 不透明度：控制 Forest Pro 对象的显示透明程度。
- 线框模式：对 Forest Pro 对象启用线框显示。
- 使用 DirectX 加速：勾选此选项，允许计算机启用支持 DirectX 显示计算的显卡来进行 Forest Pro 对象的加速显示。

▶ “构建”选项组

- 手动更新：勾选此选项，允许用户进行 Forest Pro 对象的手动更新显示。
- “更新”按钮 更新 ：单击此按钮，用以更新 Forest Pro 对象显示。
- “更新全部”按钮 更新全部 ：单击此按钮，用以更新全部 Forest Pro 对象显示。

▶ “渲染”选项组

- 网格：勾选此选项，在进行 Forest Pro 对象的渲染时，渲染网格对象。
- 代理：勾选此选项，在进行 Forest Pro 对象的渲染时，渲染简单的几何体代理对象。
- 在渲染前隐藏自定义对象：勾选此选项后，则隐藏场景中的自定义对象。

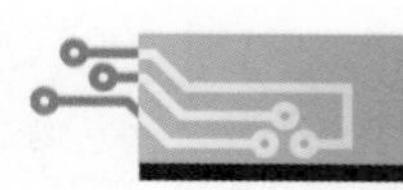

2.3　Guruware Ivy 蔓藤植物插件

Guruware Ivy 蔓藤植物插件是运行在 3ds Max 内部的蔓藤类植物模型生长插件，使用这一插件，可以非常快速在场景中创建出各种随机形态的蔓藤植物模型，图 2-88 所示为使用这一插件所制作出来的静帧三维画面。

图 2-88

安装好 Guruware Ivy 蔓藤植物插件后，打开 3ds Max 软件，在“创建”面板中，将“几何体”的下拉列表切换至“蔓藤生长插件”，即可看到“生长蔓藤”按钮 生长蔓藤 ，如图 2-89 所示。

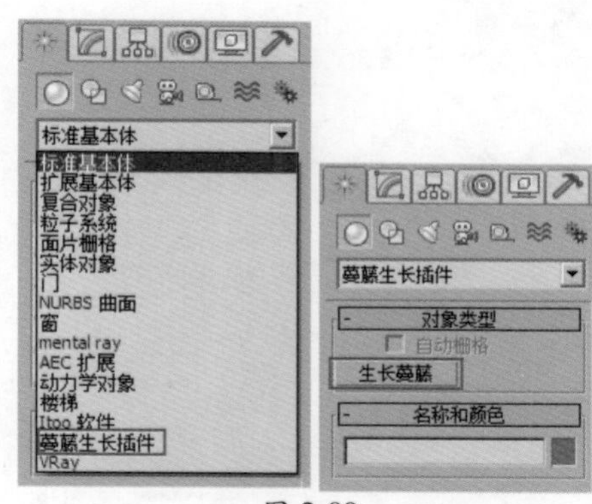

图 2-89

“生长蔓藤”物体在修改面板中共有“生长参数”、“网格”、“视图 / 渲染”、“纹理”、“叶网格”、“预设”、“其他”和“关于”这 8 个卷展栏，如图 2-90 所示。

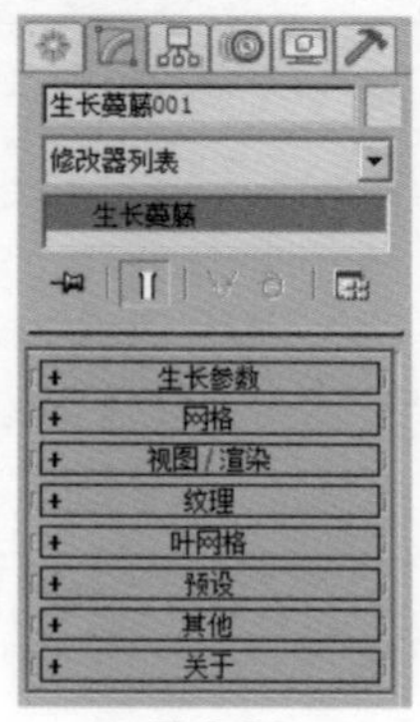

图 2-90

2.3.1　“生长参数”卷展栏

单击展开“生长参数”卷展栏，其中的命令参数如图 2-91 所示。

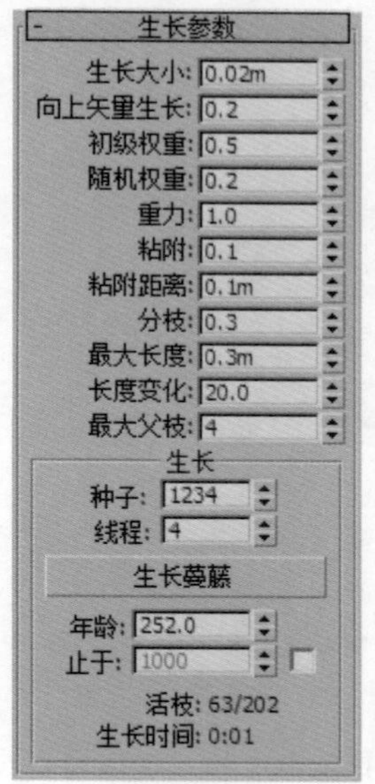

图 2-91

工具解析

- 生长大小：控制蔓藤生长的大小，图 2-92~ 图 2-93 所示分别为蔓藤的“年龄”为 200 时，“生长大小”是 0.01m 和 0.02m 的蔓藤形态结果对比。

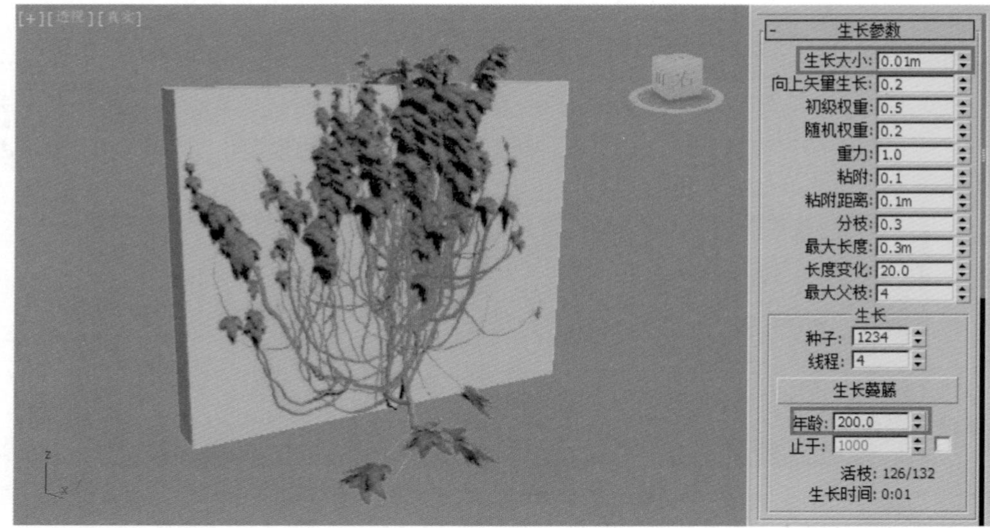

图 2-92

图 2-93

技巧与提示

如果对当前蔓藤植物的形态不满意，可以调整参数后，将“生长参数”卷展栏内的“年龄”值设置为0，再次单击“生长蔓藤”按钮 生长蔓藤 ，即可重新计算更改参数后的蔓藤形态。

- 向上矢量生长：控制蔓藤向上方生长的形态，值越大，蔓藤植物的形态越聚集向上方生长，如图 2-94 所示，为“向上矢量生长”值是 0.2 和 0.8 的模型结果生成对比。
- 初级权重：可以用来控制蔓藤枝条的弯曲程度，值越大，枝条生长得较直，图 2-95 所示为“初级权重”值是 0.5 和 1.0 的植物模型结果生成对比。
- 随机权重：可以用来控制蔓藤枝条的细节，值越大，枝条的弯曲细节越多，当值过于大时，可能导致蔓藤模型在很短的时间内生长结束。图 2-96 所示为“随机权重”值是 0.2 和 0.5 的植物模型生成结果对比。

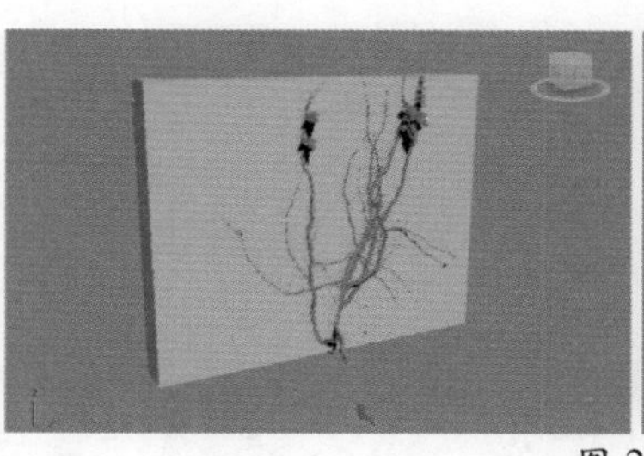
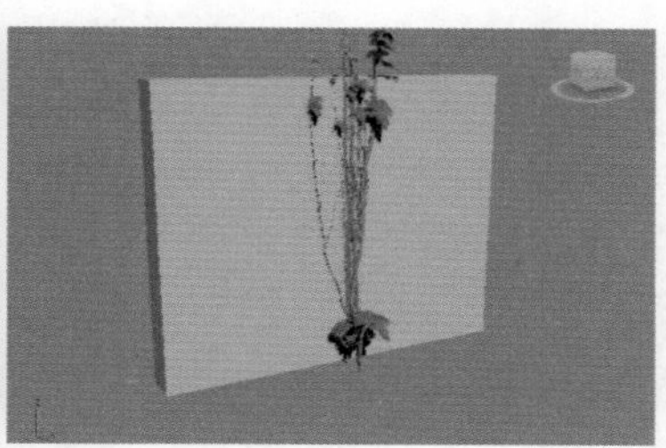

图 2-94

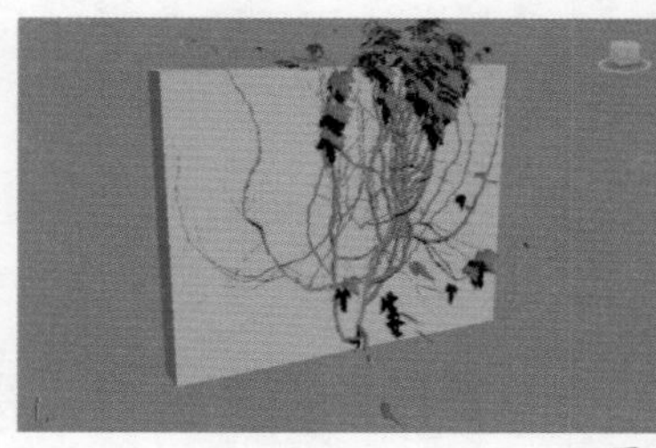

图 2-95

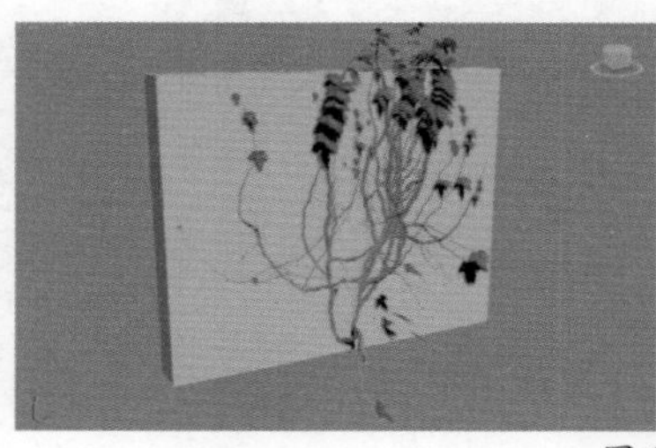

图 2-96

- 重力：影响蔓藤的重力值，值越大，蔓藤生长得越矮。图 2-97 所示是相同生长时间内，“重力”值是 0.5、1.0 和 1.3 的植物模型生成结果对比。

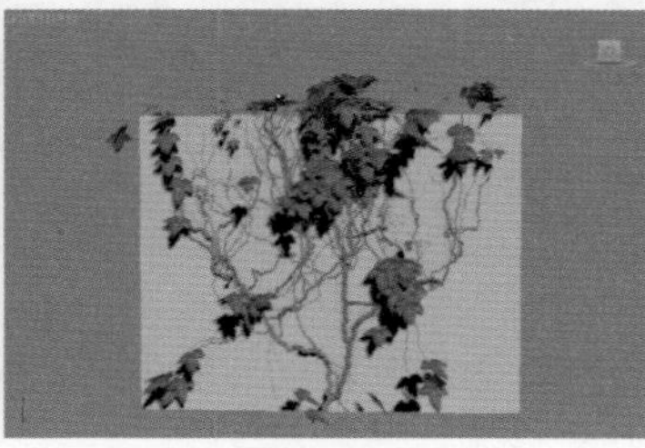
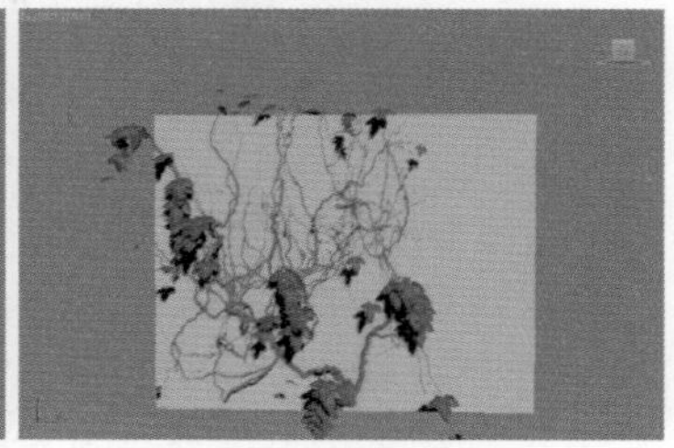

图 2-97

- 粘附：用来控制蔓藤枝条对周围场景模型的附着程度，值越大，枝条生长得越多，叶片的数量则相对较少。图 2-98 所示为相同生长时间内，“粘附”值是 0.1、0.5 和 1.0 的植物模型生成结果对比。

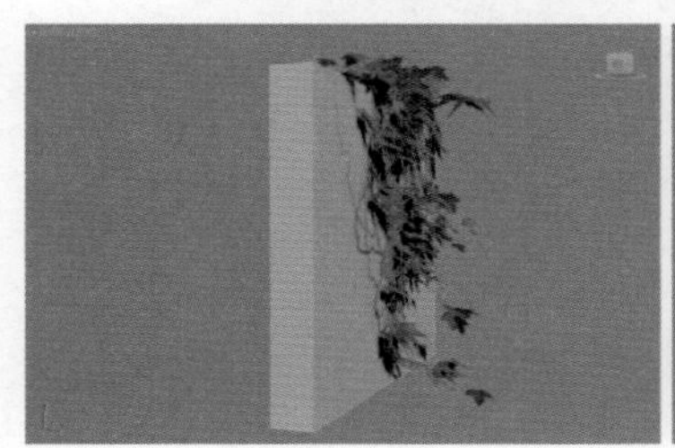
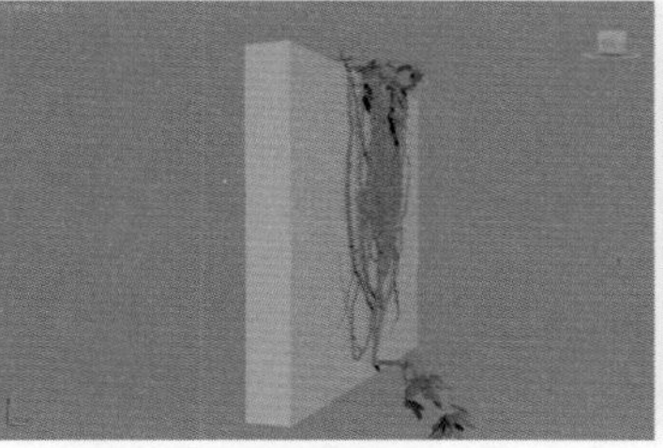

图 2-98

- 粘附距离：值越小，蔓藤植物生长的范围越大。图 2-99 所示为“粘附距离”值是 0.1m 和 1m 的植物模型生成结果对比。

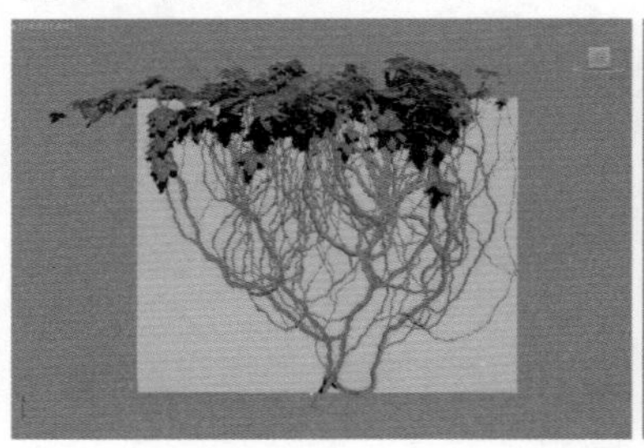
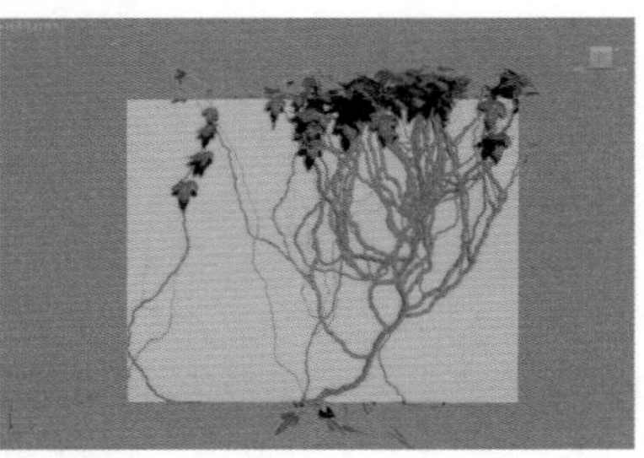

图 2-99

- 分枝：控制蔓藤植物的分枝生长程度。值越小，蔓藤的分枝越少。图 2-100 为“分枝”值是 0、0.2 和 0.4 的植物模型生成结果对比。

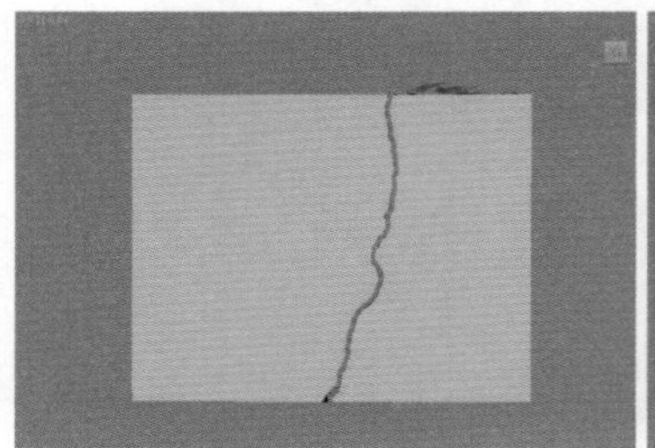
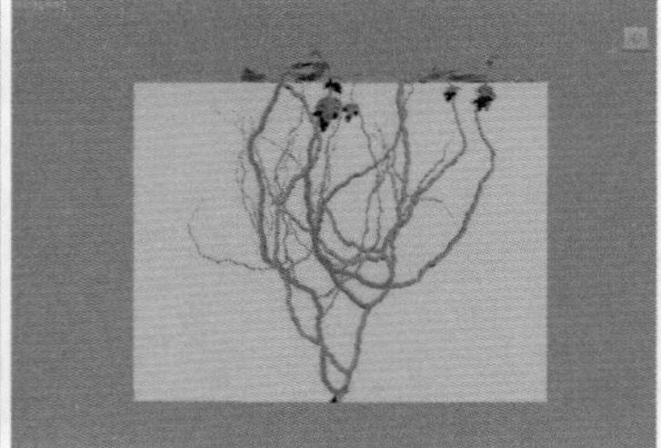
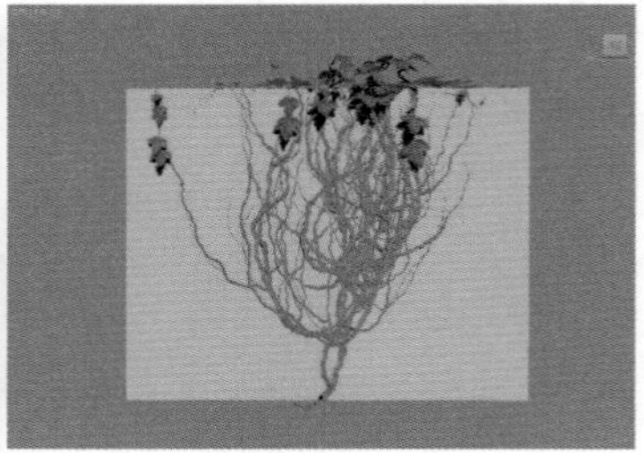

图 2-100

- 最大长度：控制蔓藤植物向附着物体以外的生长长度。图 2-101 所示为“最大长度”值是 0.2m 和 1m 的植物模型生成结果对比。

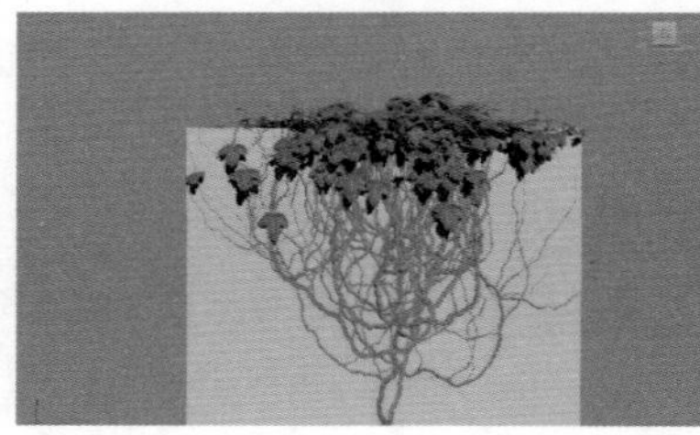

图 2-101

- 长度变化：控制蔓藤植物的长度细微变化。图 2-102 所示为“长度变化”值是 0 和 20 的植物模型生成结果对比。

图 2-102

- 最大父枝：控制蔓藤植物主枝条的生长数量。图 2-103 所示为相同生长时间下的“最大父枝”值是 1 和 3 的植物模型生成结果对比。

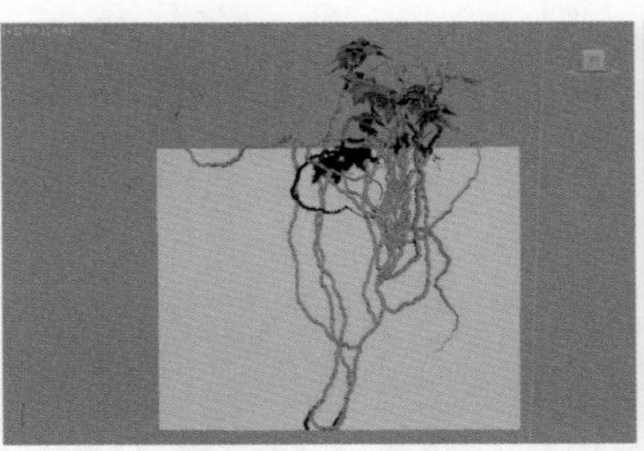

图 2-103

► “生长”选项组

- 种子：控制蔓藤植物生长随机形态的数值，图 2-104 所示分别为相同生长时间下的不同“种子”值的植物生长模型结果对比。

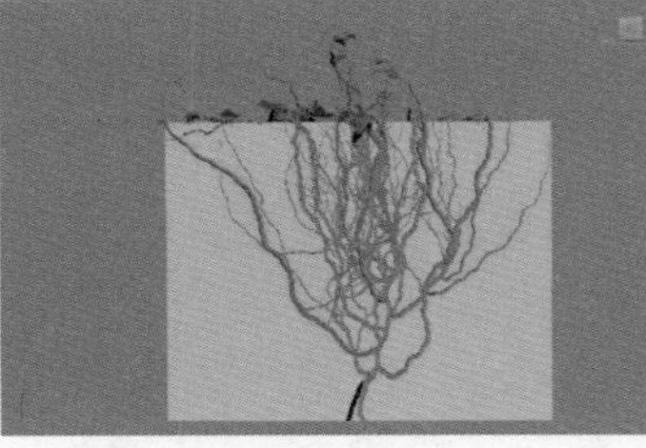

图 2-104

- 线程：允许用户调整蔓藤插件使用电脑线程的数量。
- “生长蔓藤”按钮：单击此按钮，即可在场景中开始蔓藤生长计算。
- 年龄：蔓藤植物的生长时间。

技巧与提示

“年龄”这一参数在制作蔓藤植物的生长动画时尤为重要。对“年龄”设定关键帧动画，即可得到蔓藤植物的生长动画。

- 止于：控制蔓藤植物生长的最大时间点。

2.3.2　“网格”卷展栏

单击展开“网格”卷展栏，其中的命令参数如图 2-105 所示。

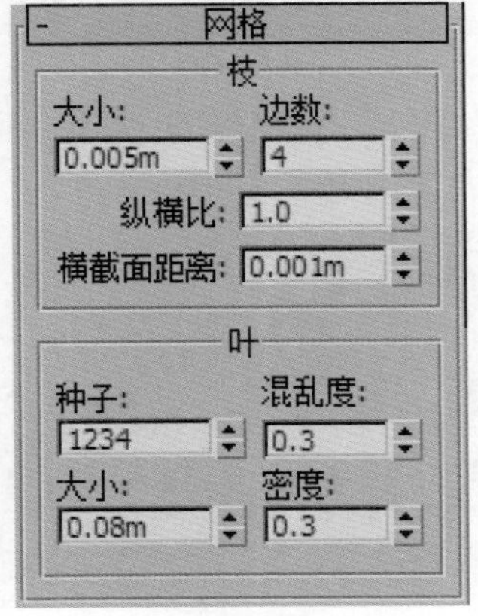

图 2-105

工具解析

► “枝”选项组

- 大小：控制蔓藤植物枝干的粗细程度。图 2-106 所示为“大小”值分别是 0.001m 和 0.005m 的蔓藤枝干模型结果对比。

图 2-106

- 边数：用来控制蔓藤植物枝干的模型构成边数，最大值为 8。图 2-107 所示为“边数”值是 4 和 8 的蔓藤枝干模型结果对比。

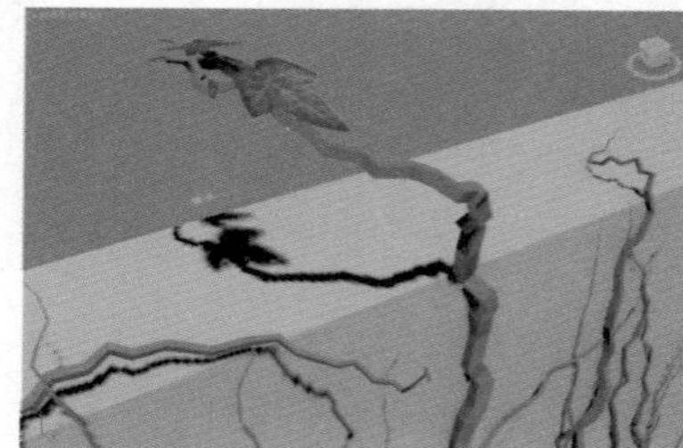
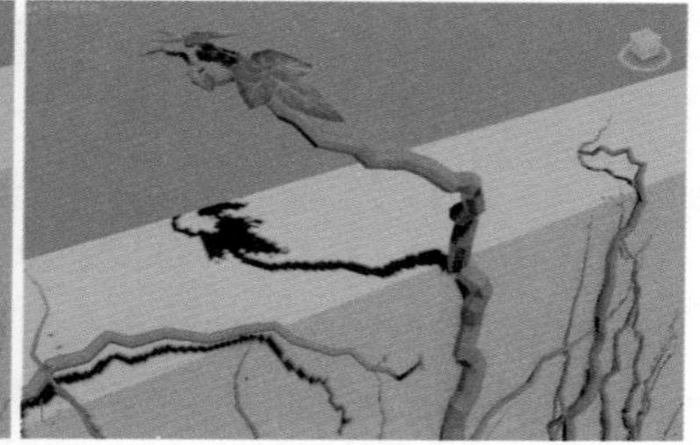

图 2-107

- 纵横比：控制蔓藤植物枝干的粗细纵横比。值越小，蔓藤植物枝干模型看起来越显得扁平。图 2-108 所示为“纵横比”值是 0.1 和 1 的蔓藤枝干模型结果对比。

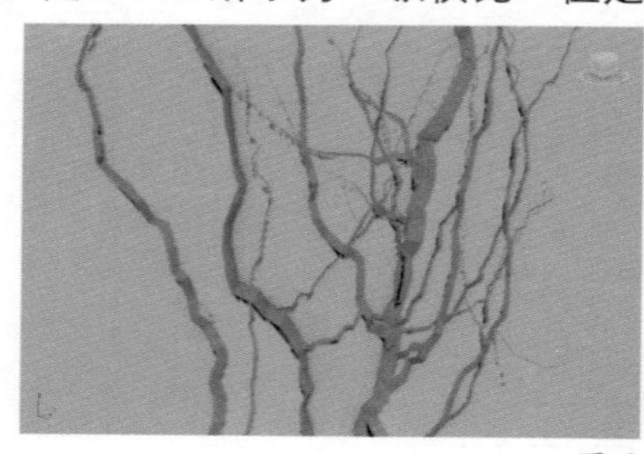
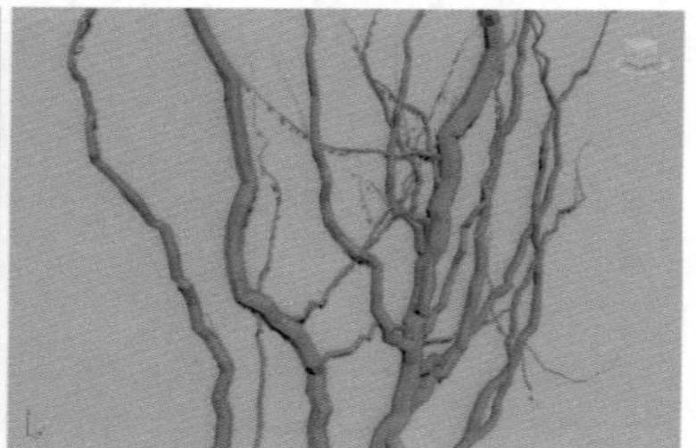

图 2-108

- 横截面距离：控制蔓藤植物枝干上各个弯曲细节的距离，值越大，枝干的细节越少。图 2-109 所示为“横截面距离”值是 0.001m 和 0.1m 的枝干模型细节生成对比。

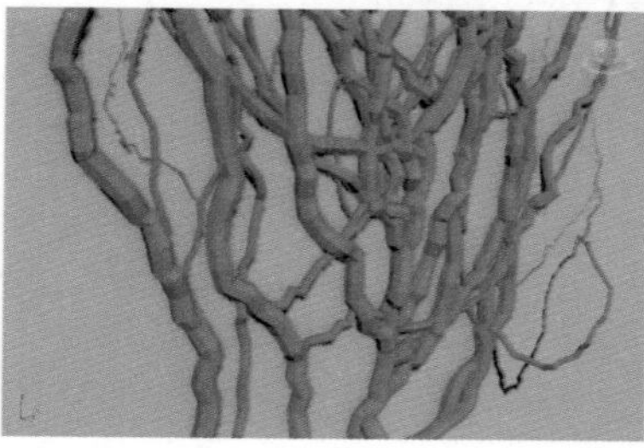
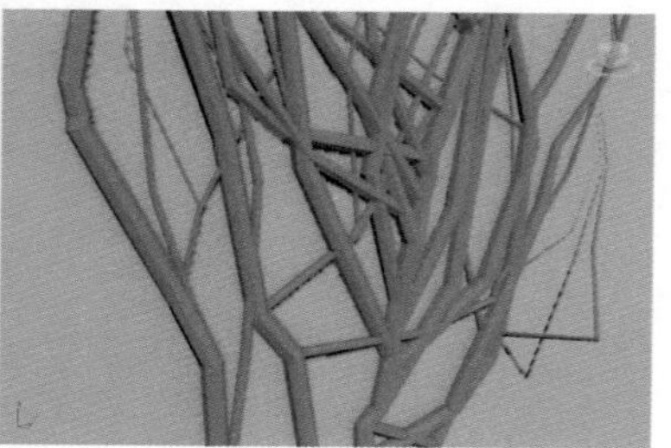

图 2-109

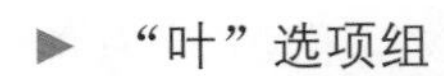

► “叶”选项组

- 种子：控制蔓藤植物叶子的随机变化。图 2-110 所示分别为设置了不同“种子”数后的蔓藤叶片生成模型对比。

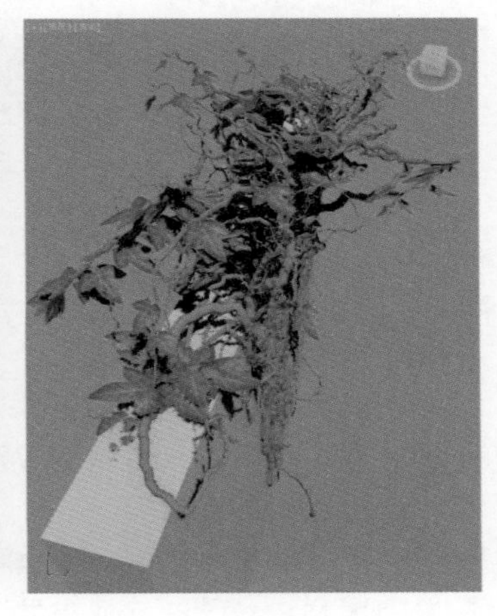

图 2-110

- 混乱度：设置蔓藤植物叶片的混乱程度。
- 大小：设置蔓藤植物叶片的大小。图 2-111 所示为“大小”值是 0.03m 和 0.08m 的蔓藤植物叶片大小结果对比。

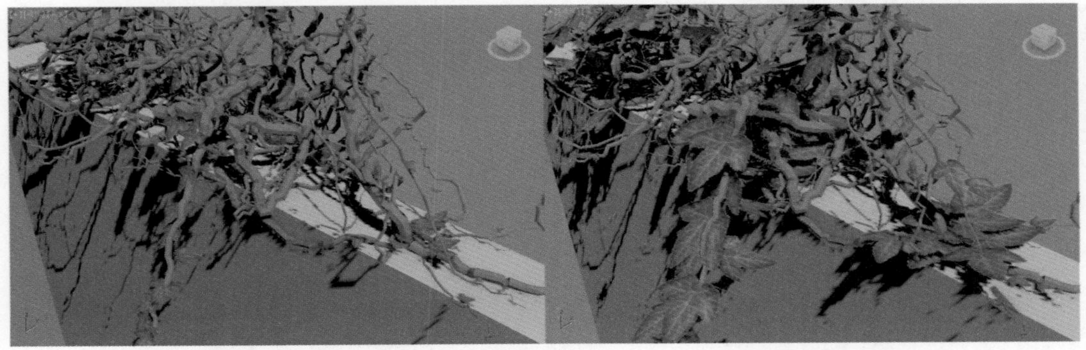

图 2-111

- 密度：蔓藤植物叶片的生长密度，值越大，叶片越多。图 2-112 所示为“密度”值是 0.1 和 0.6 的蔓藤植物叶片数量结果对比。

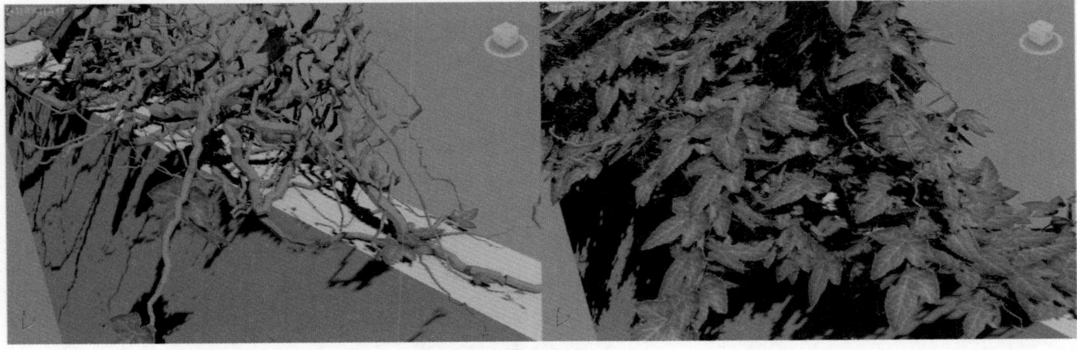

图 2-112

2.3.3 “视图 / 渲染”卷展栏

单击展开“视图 / 渲染”卷展栏，其中的命令参数如图 2-113 所示。

图 2-113

工具解析

- 枝：根据“主枝”、“老枝”、“幼枝”和“平滑”来对蔓藤的枝干显示分别进行设置。
- 叶：根据“主枝”、“老枝”和“幼枝”来对蔓藤的叶片显示分别进行设置。

2.3.4 “纹理”卷展栏

单击展开“纹理”卷展栏，其中的命令参数如图 2-114 所示。

图 2-114

工具解析

- 使用顶点颜色：勾选此选项后，即可对蔓藤的材质使用颜色混合。

► “枝”选项组

- 高度：定义蔓藤植物枝干使用色彩的高度。
- 旋转：定义蔓藤植物枝干使用色彩影响的角度值。
- 扭曲：定义蔓藤植物枝干使用色彩的扭曲程度。

► “叶”选项组

- 种子：设置颜色影响叶片材质的随机值。
- 材质：设置由几种颜色来影响蔓藤的叶片颜色，设置的数量会在下方的“主枝”、“老枝”和“幼枝”组中有所体现，并允许用户对每种颜色单独设置色彩和影响的百分比。
- “更新叶片”按钮 更新叶片 ：单击此按钮，完成对蔓藤植物的色彩影响计算。
- 自动更新：勾选此选项，将自动实时更新“纹理”卷展栏内的参数设置。

2.3.5 “叶网格”卷展栏

单击展开“叶网格”卷展栏，其中的命令参数如图 2-115 所示。

图 2-115

工具解析

- “无”按钮 无 ：单击此按钮，可以在场景中拾取自定义的叶片模型来替换掉蔓藤植物的叶片。图 2-116 所示为蔓藤植物模型拾取了场景中的其他叶片模型所产生的结果。

图 2-116

- “锁定旋转”按钮：单击此按钮后，蔓藤植物上的所有叶片方向均被锁定，只有通过控制场景中的自定义对象来旋转蔓藤上的叶片方向，如图 2-117 所示。

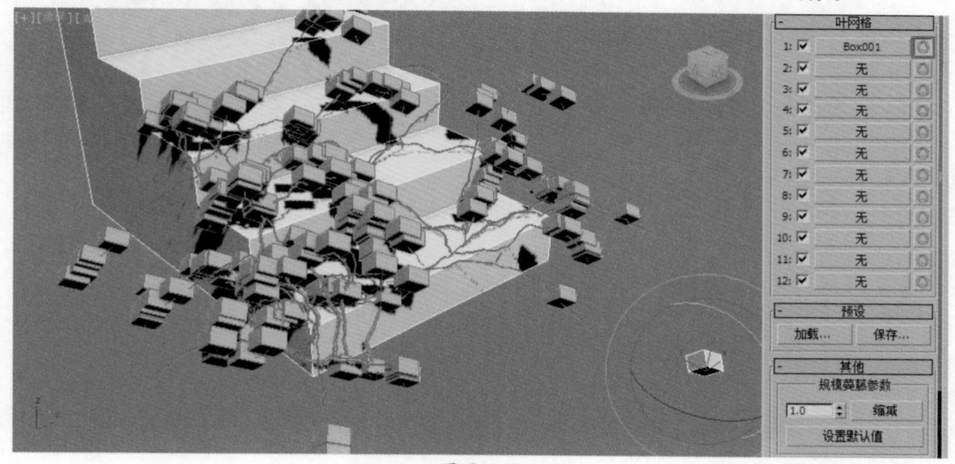

图 2-117

2.3.6 “预设”卷展栏

单击展开“预设”卷展栏，其中的命令参数如图 2-118 所示。

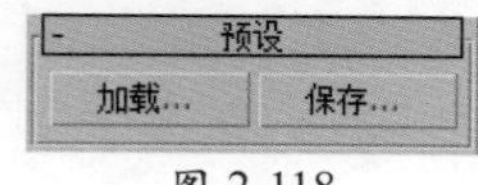

图 2-118

工具解析

- “加载”按钮加载...：单击此按钮，可以弹出“加载蔓藤预设”对话框，浏览“蔓藤预设”文件。
- “保存”按钮保存...：单击此按钮，可以弹出“保存蔓藤预设”对话框，保存当前的蔓藤文件设置到硬盘中。

2.3.7 “其他”卷展栏

单击展开“其他”卷展栏，其中的命令参数如图 2-119 所示。

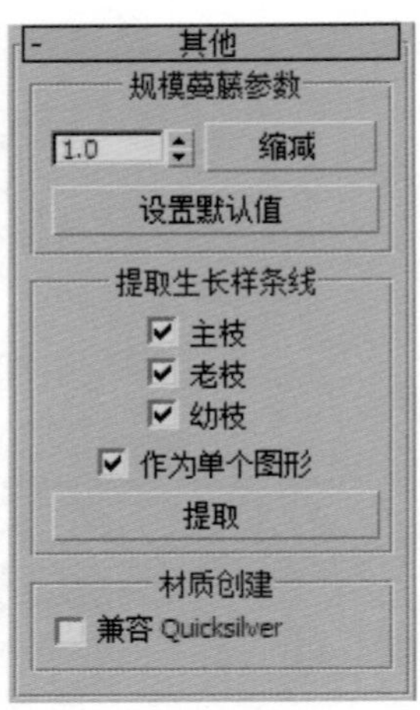

图 2-119

工具解析

► “提取生长样条线”组

- 主枝：勾选此选项，则提取蔓藤植物的主枝。
- 老枝：勾选此选项，则提取蔓藤植物的老枝。
- 幼枝：勾选此选项，则提取蔓藤植物的幼枝。
- 作为单个图像：勾选此选项，提取出来的蔓藤枝干样条线为一个整体，取消勾选，则在场景中生成多个样条线。
- “提取”按钮 提取 ：单击此按钮，完成蔓藤植物枝干样条线的提取。

2.3.8　“关于”卷展栏

在“关于”卷展栏中，主要显示了当前所用插件的版本信息，如图 2-120 所示。

图 2-120

第3章

楼梯通道天光表现技术

3.1 项目介绍

本案例为一个地面出口的楼梯通道表现。通道设计非常简洁，力求在天光环境下，用简单的模型来体现出这一通道的墙壁、台阶装修效果。本案例的最终渲染效果及线框图如图 3-1 所示。

图 3-1

3.2 创建摄影机构图

01 打开场景文件，本场景文件中已经创建好了模型。下面，我们首先在场景中进行摄影机的摆放及摄影机的角度调整，如图 3-2 所示。

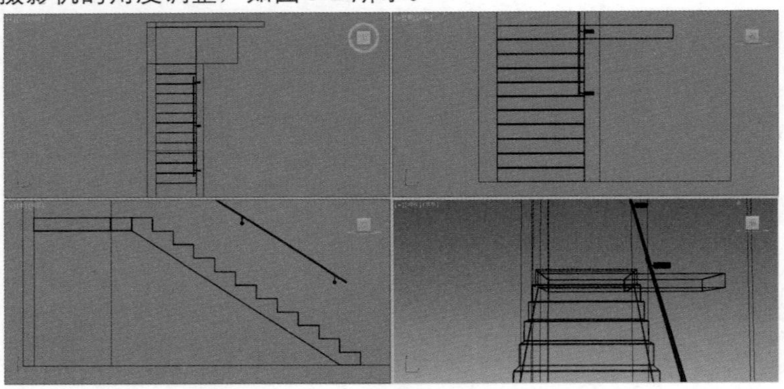

图 3-2

02 在“创建”面板中，单击“摄影机”按钮，切换至创建“摄影机”面板，并将“摄影机”下拉列表选择为 VRay，如图 3-3 所示。

图 3-3

03 单击“VR-物理摄影机”按钮，在“顶”视图中，创建一个“VR-物理摄影机”，如图3-4所示。

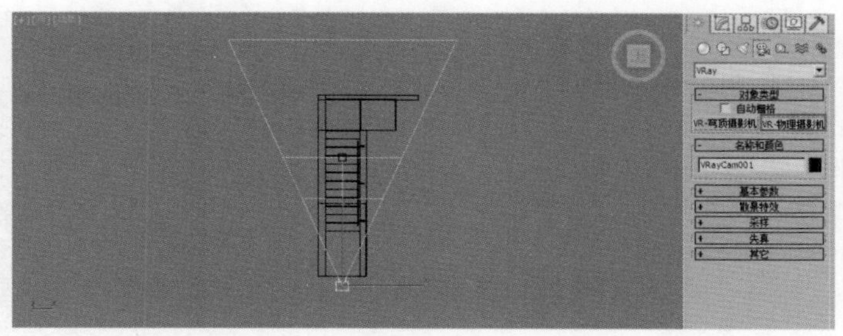

图 3-4

04 按下快捷键W键，将鼠标命令设置为“选择并移动”状态，在“左”视图中，调整“VR-物理摄影机”的位置至图3-5所示处。

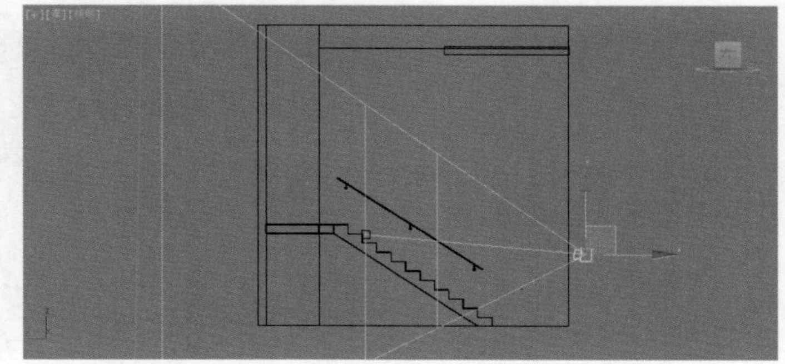

图 3-5

05 按下快捷键C键，在“摄影机”视图中观察摄影机取景的范围，如图3-6所示。

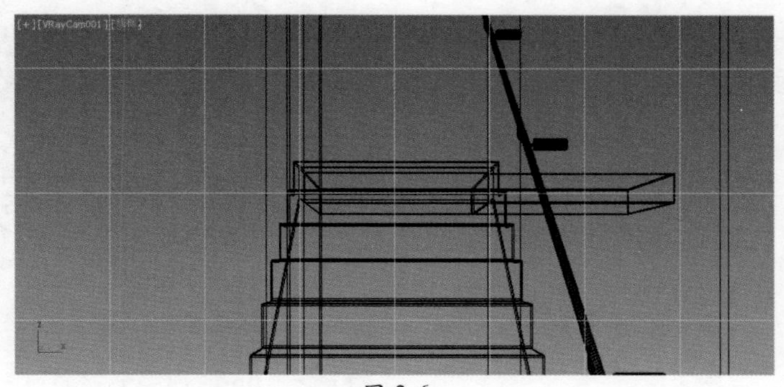

图 3-6

06 在“主工具栏”上，单击“渲染设置”按钮，打开“渲染设置”面板。在“公用”选项卡中，设置“输出大小”组内的“宽度”值为1000，“高度”值为1371，如图3-7所示。

图 3-7

07 设置完成后，激活“摄影机”视图，并按下组合键 Shift+F，显示出“安全框”，显示出摄影机的渲染范围，如图 3-8 所示。

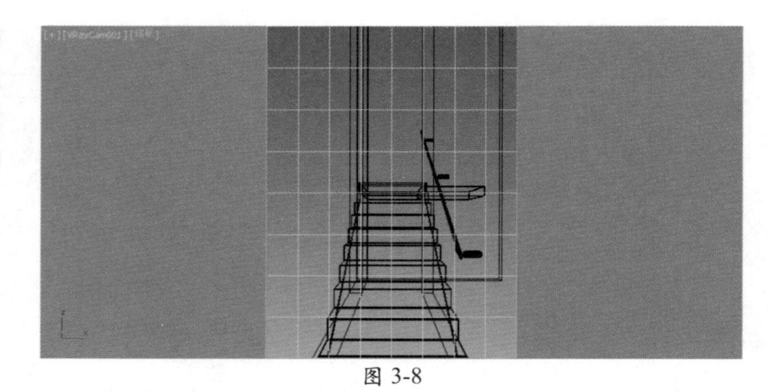

图 3-8

08 在“修改”面板中，设置“VR-物理摄影机”的“胶片规格（mm）”值为 36.0，调整摄影机的视野范围，如图 3-9 所示。

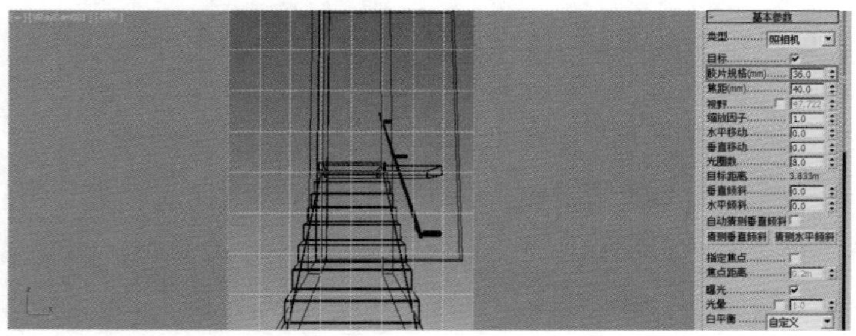

图 3-9

09 单击“猜测垂直倾斜”按钮，使得“VR-物理摄影机”渲染的墙线垂直画面，如图 3-10 所示。

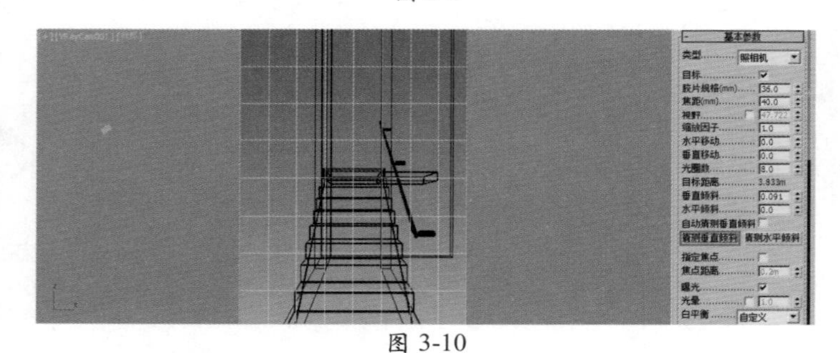

图 3-10

10 设置完成后，摄影机的构图如图 3-11 所示。

图 3-11

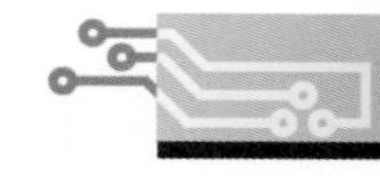

3.3 材质制作

本案例中所涉及到的主要材质分别为墙体材质、地面台阶材质和右侧墙壁上的金属质感扶手材质。

3.3.1　制作墙体材质

本案例中所体现出来的墙体材质为石砖材质，渲染效果如图 3-12 所示。

01 按下快捷键 M 键，打开“材质编辑器”面板，选择一个空白材质球，将其更改为 VRayMtl 材质，并重命名为“墙体”，如图 3-13 所示。

图 3-12

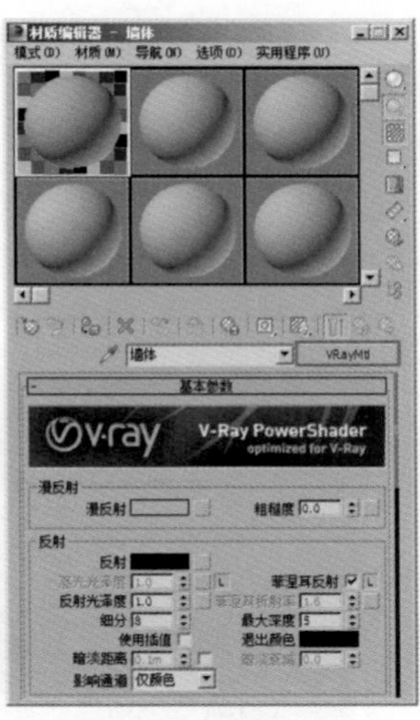

图 3-13

02 在“基本参数”卷展栏内，在“漫反射”通道上加载一张“石墙 .jpg”贴图文件，如图 3-14 所示。

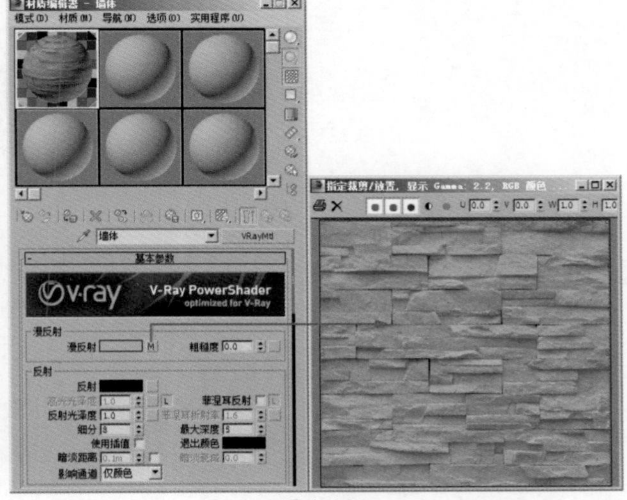

图 3-14

03 在“反射”组内，设置“反射”的颜色为灰色（红 :17，绿 :17，蓝 :17），并将“漫反射”贴图通道上的贴图拖曳至“反射光泽度”的贴图通道上，制作出墙体材质的反射及高光效果，如图 3-15 所示。

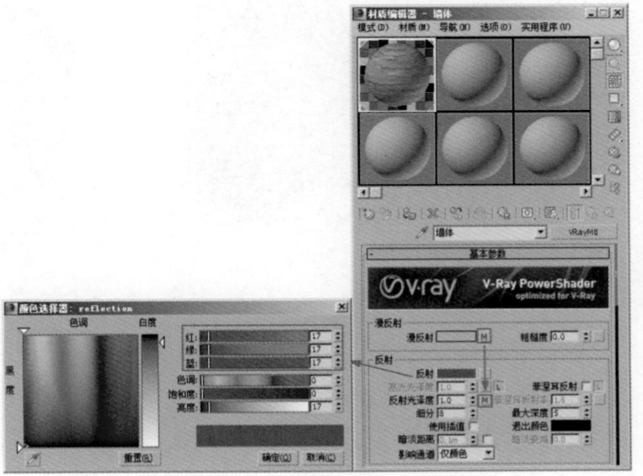

图 3-15

04 单击展开“材质编辑器”面板中的“贴图”卷展栏。将“反射光泽度”贴图通道上的贴图拖曳至“凹凸”贴图通道上，并设置“凹凸”的强度为60，制作出墙体材质的凹凸质感，如图3-16所示。

+ 基本参数			
+ 双向反射分布函数			
+ 选项			
- 贴图			
漫反射	100.0	☑	贴图 #1 (石墙.jpg)
粗糙度	100.0	☑	无
自发光	100.0	☑	无
反射	100.0	☑	无
高光光泽	100.0	☑	无
反射光泽	100.0	☑	贴图 #1 (石墙.jpg)
菲涅耳折射率	100.0	☑	无
各向异性	100.0	☑	无
各向异性旋转	100.0	☑	无
折射	100.0	☑	无
光泽度	100.0	☑	无
折射率	100.0	☑	无
半透明	100.0	☑	无
烟雾颜色	100.0	☑	无
凹凸	60.0	☑	贴图 #2 (石墙.jpg)
置换	100.0	☑	无
不透明度	100.0	☑	无
环境		☑	无

图 3-16

05 制作完成后的墙体材质球显示效果如图3-17所示。

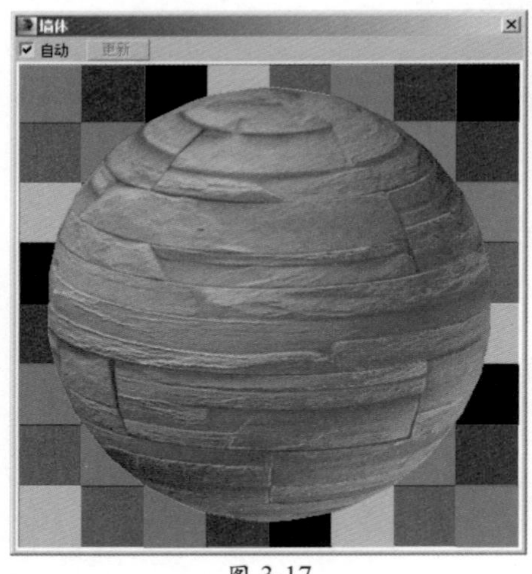

图 3-17

3.3.2 制作台阶材质

本案例中所体现出来的台阶地面材质为水泥材质，渲染效果如图3-18所示。

图 3-18

01 按下快捷键M键，打开“材质编辑器”面板，选择一个空白材质球，将其更改为VRayMtl材质，并重命名为“台阶”，如图3-19所示。

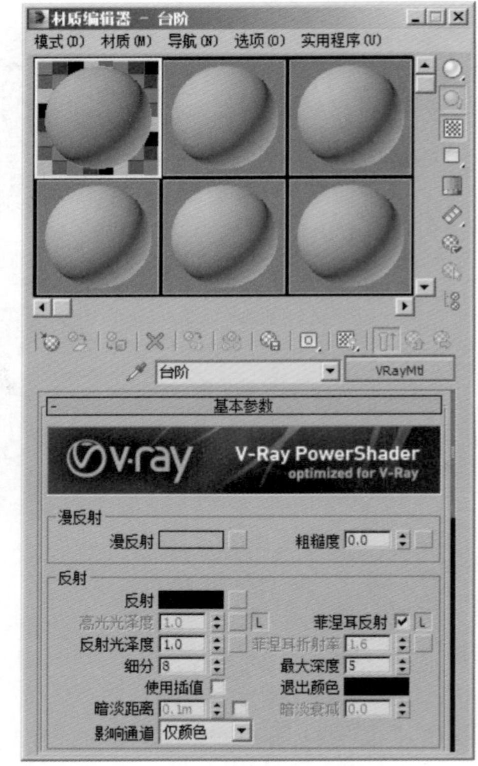

图 3-19

02 在“基本参数”卷展栏内，在“漫反射”通道上加载一张“地面.jpg”贴图文件，如图3-14所示。

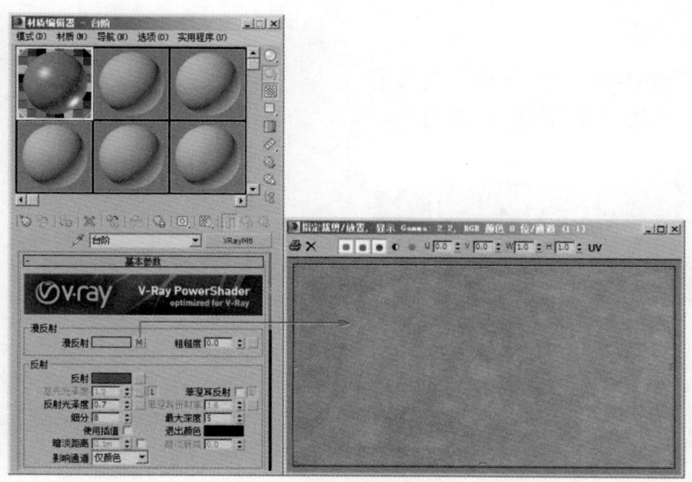

图 3-20

03　在“反射”组内，设置“反射”的颜色为灰色（红 :17，绿 :17，蓝 :17），并设置“反射光泽度”的值为 0.7，取消勾选“菲涅耳反射”选项，制作出台阶材质的反射及高光效果，如图 3-21 所示。

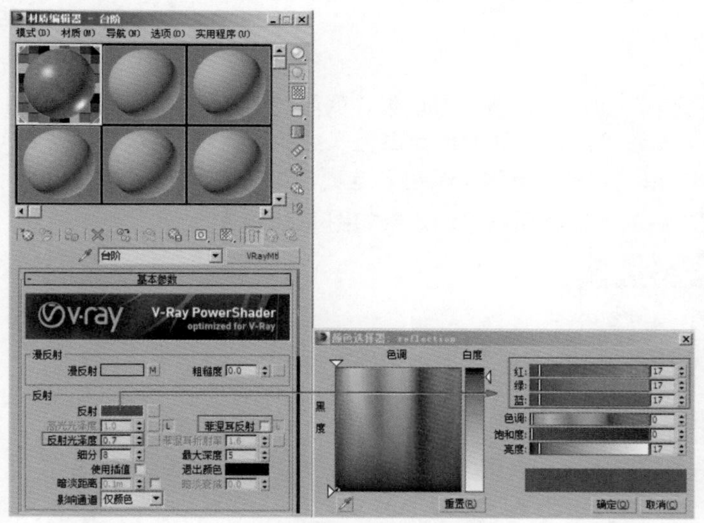

图 3-21

04　制作完成后的墙体材质球显示效果如图 3-22 所示。

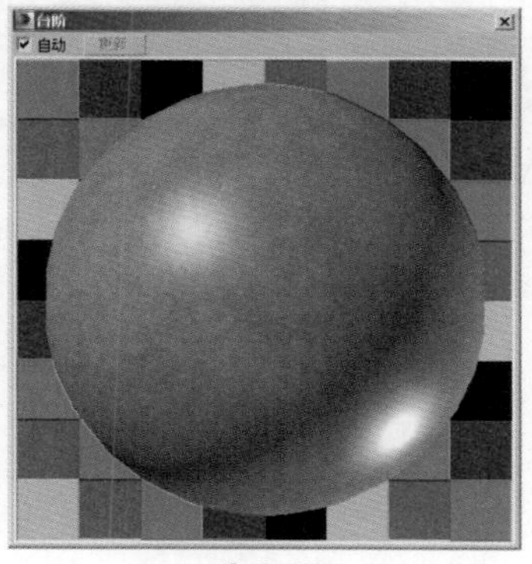

图 3-22

3.3.3 制作扶手材质

本案例中所体现出来的扶手材质为带有模糊反射的金属材质，渲染效果如图 3-23 所示。

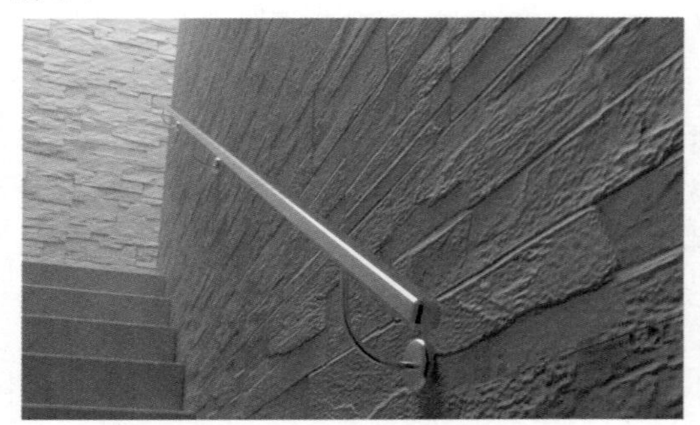

图 3-23

01 按下快捷键 M 键，打开“材质编辑器”面板，选择一个空白材质球，将其更改为 VRayMtl 材质，并重命名为“扶手”，如图 3-24 所示。

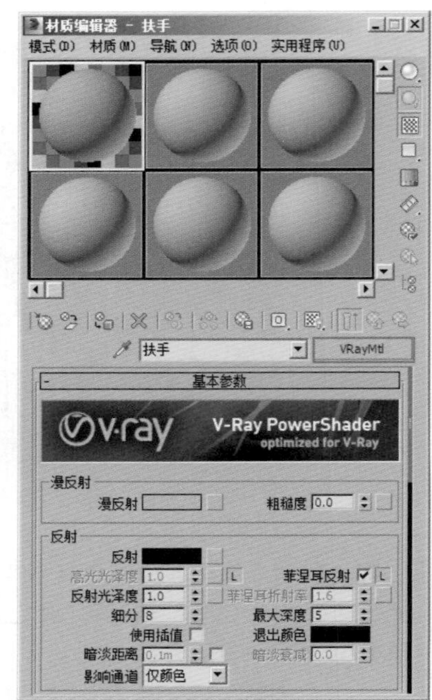

图 3-24

02 在“漫反射”组中，设置“漫反射”的颜色为灰色（红 :128，绿 :128，蓝 :128）；在“反射”组中，设置“反射”的颜色为白色（红 :237，绿 :237，蓝 :237），设置“反射光泽度”的值为 0.8，取消勾选“菲涅耳反射”选项，如图 3-25 所示。

03 制作完成后的墙体材质球显示效果如图 3-26 所示。

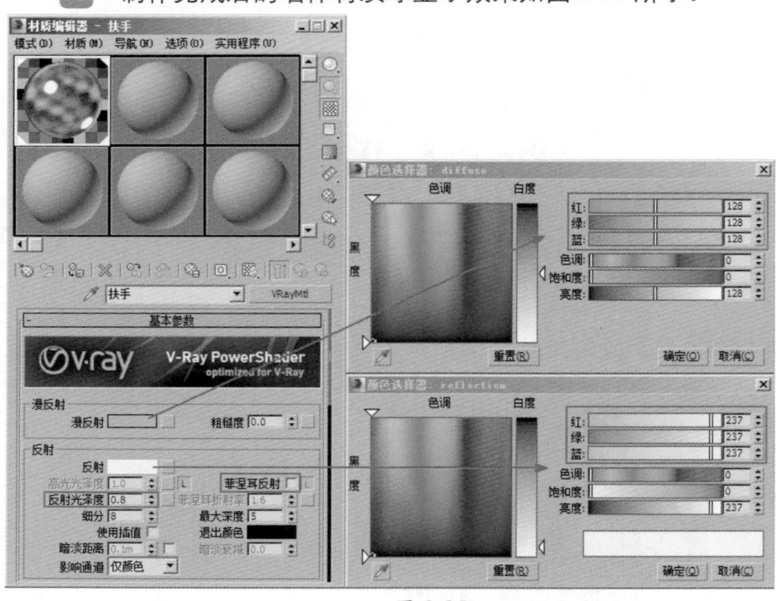

图 3-25

图 3-26

3.4　制作天光效果

本案例中的灯光表现模拟的是自然的天光照明效果，故在灯光的使用上选择的是VRay渲染器提供的“VR-灯光”来进行照明制作。

01 在创建“灯光”面板中，将灯光的下拉列表切换至VRay选项，如图3-27所示。

图 3-27

02 单击“VR-灯光”按钮，在“顶”视图中创建一个“VR-灯光”，灯光大小如图3-28所示。

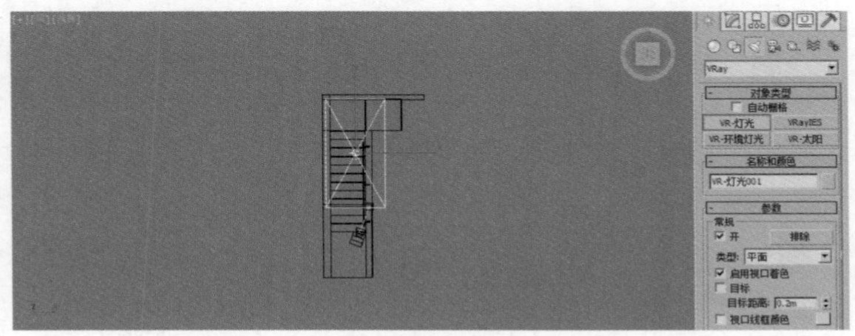

图 3-28

03 按下快捷键F键，在“前”视图中，调整“VR-灯光”的位置至图3-29所示。

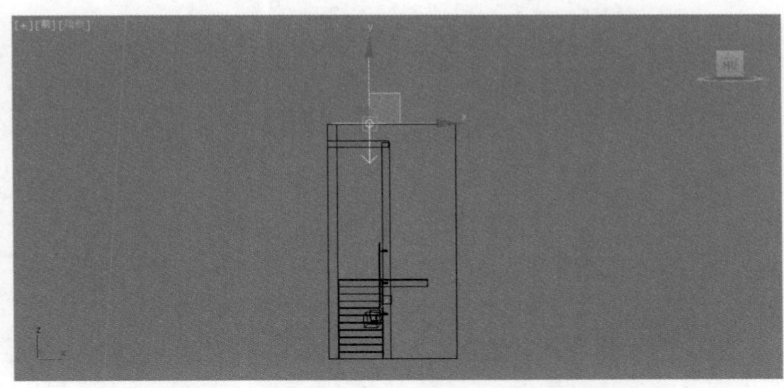

图 3-29

04 在“修改”面板中，设置“VR-灯光”的“倍增”值为200，完成灯光的创建，如图3-30所示。

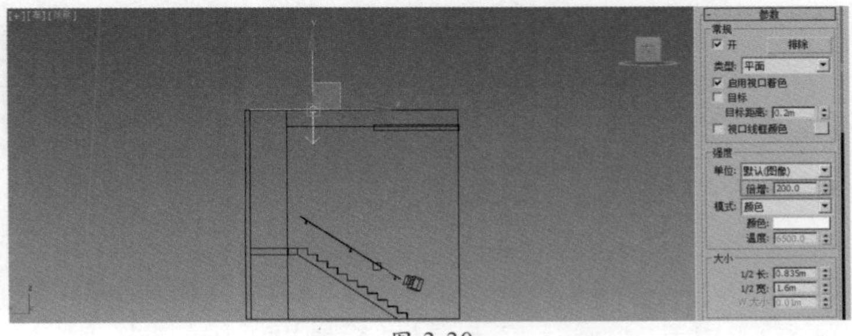

图 3-30

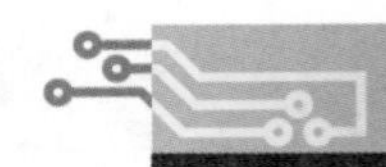

3.5 渲染设置

对场景进行摄影机和灯光创建完成后，就可以开始设置渲染了。

01 在“主工具栏”上单击“渲染设置”按钮，打开“渲染设置”面板，将渲染器设置为使用 VRay 渲染器，如图 3-31 所示。

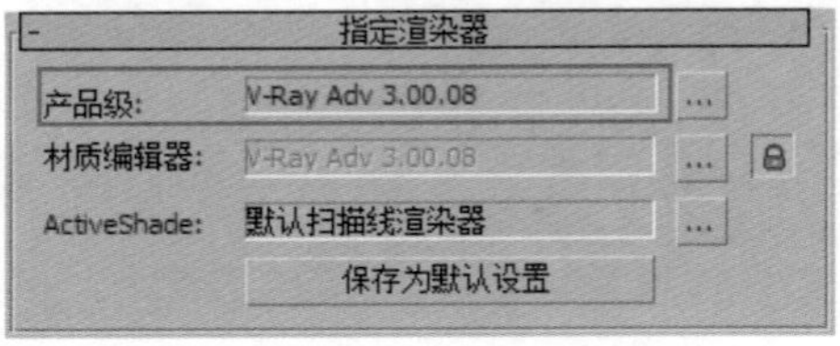

图 3-31

02 单击 GI 选项卡，勾选“启用全局照明（GI）”选项，设置“首次引擎”为“发光图”，设置“二次引擎”为“灯光缓存”，如图 3-32 所示。

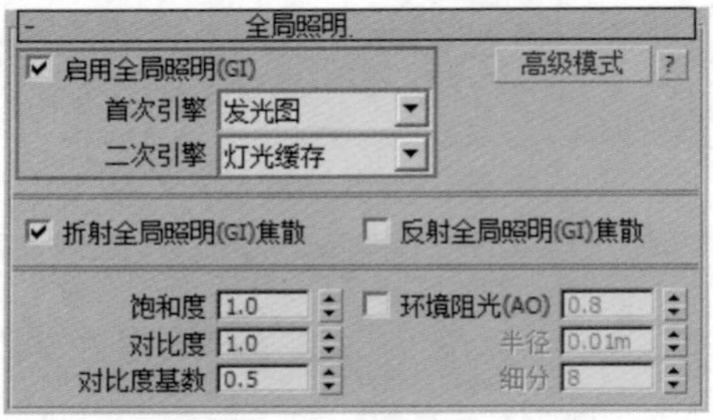

图 3-32

03 展开“发光图”卷展栏，将“当前预设”更改为“自定义”选项，设置“最小速率”的值为 -2，设置“最大速率”的值为 -2，如图 3-33 所示。

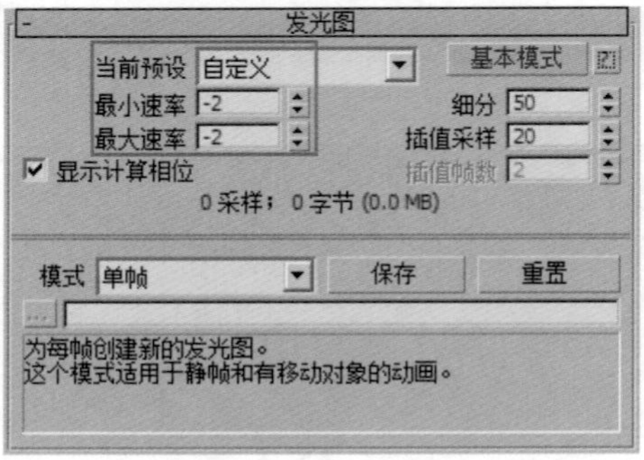

图 3-33

04 展开“灯光缓存”卷展栏，设置“细分”的值为 1200，如图 3-34 所示。

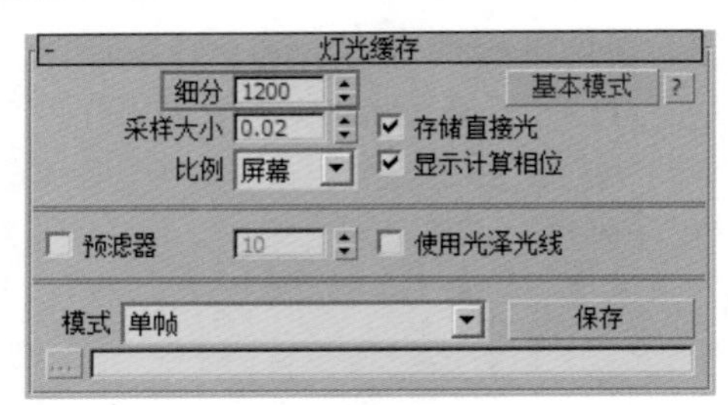

图 3-34

05 单击 V-Ray 选项卡，展开“图像采样器（抗锯齿）”卷展栏，设置“类型”为“自适应”选项，设置“过滤器”为“区域”选项，更改“大小”值为 1，如图 3-35 所示。

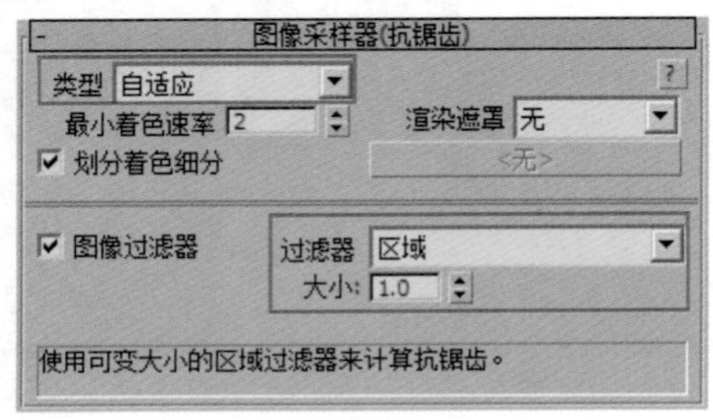

图 3-35

06 展开“自适应图像采样器”卷展栏，设置“最小细分”的值为 1，设置“最大细分”的值为 32，如图 3-36 所示。

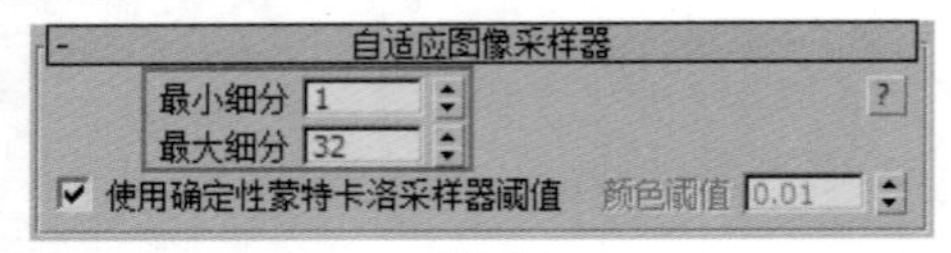

图 3-36

07 展开“全局确定性蒙特卡洛”卷展栏，设置“自适应数量”的值为 0.65，如图 3-37 所示。

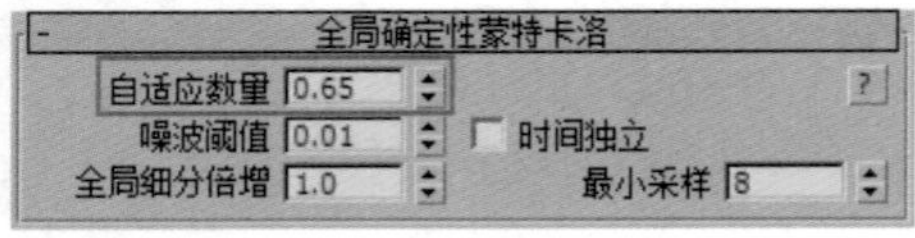

图 3-37

08 设置完成后，渲染场景，渲染结果如图 3-38 所示。

图 3-38

3.6　后期调整

01 在 VRay 渲染窗口中，单击左下角的“显示校正设置”按钮，打开 Color corrections（色彩校正）对话框，如图 3-39 所示。

图 3-39

02 单击Exposure（曝光）卷展栏上的Show/Hide（显示/隐藏）按钮，展开Exposure（曝光）卷展栏，设置Contrast（对比度）的值为0.09，提高图像的层次感，如图3-40所示。

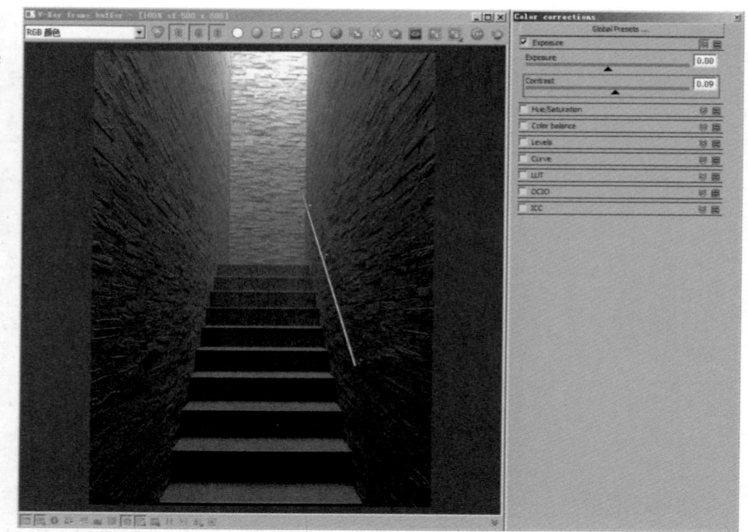

图 3-40

03 展开Curve（曲线）卷展栏，调整曲线的弧度如图3-41所示，提高图像的明亮程度。

图 3-41

04 图像调整完成后，最终结果如图3-42所示。

图 3-42

第 4 章

简约别墅黄昏时分表现技术

4.1 项目介绍

本案例为一栋简约式设计风格的别墅外观局部表现。本案例的最终渲染效果及线框图如图 4-1 所示。

图 4-1

4.2 创建摄影机构图

01 打开场景文件，本场景文件中已经创建好了模型，下面，我们首先在场景中进行摄影机的摆放及摄影机的角度调整，如图 4-2 所示。

图 4-2

02 在“创建”面板中，单击“摄影机”按钮，切换至创建“摄影机”面板，并将“摄影机”下拉列表选择为 VRay，如图 4-3 所示。

图 4-3

03 单击“VR-物理摄影机”按钮，在“顶”视图中，创建一个“VR-物理摄影机”，如图 4-4 所示。

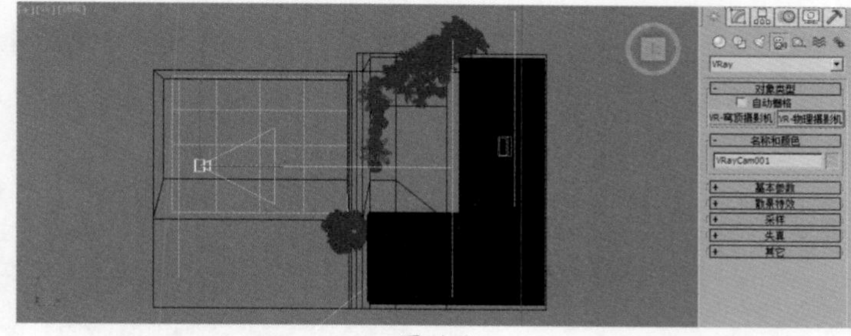

图 4-4

04 按下快捷键 W 键，将鼠标命令设置为“选择并移动”状态，在“前”视图中，调整“VR-物理摄影机”的位置至图 4-5 所示位置处。

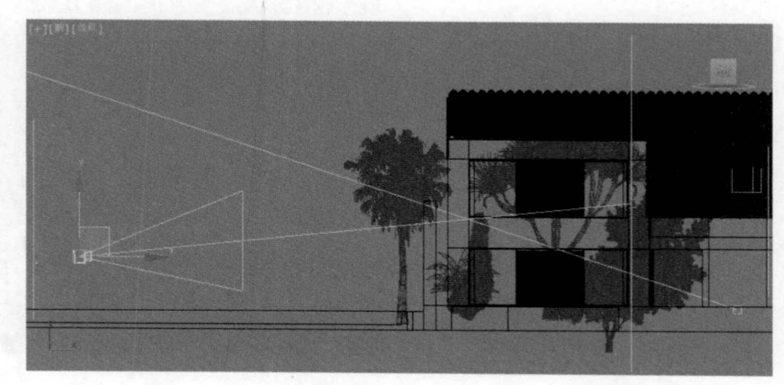

图 4-5

05 按下快捷键 C 键，在“摄影机”视图中观察摄影机取景的范围，如图 4-6 所示。

图 4-6

06 在“主工具栏”上，单击“渲染设置”按钮，打开“渲染设置”面板。在“公用”选项卡中，设置“输出大小”组内的“宽度”值为 2000，“高度”值为 1200，如图 4-7 所示。

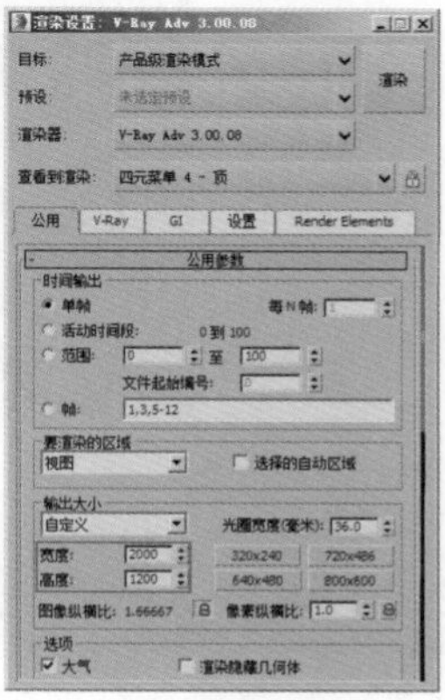

图 4-7

07 设置完成后，激活“摄影机”视图，并按下组合键 Shift+F，显示出“安全框”，显示出摄影机的渲染范围，如图 4-8 所示。

图 4-8

08 在“修改”面板中，设置“VR-物理摄影机”的“胶片规格（mm）”值为 42.0，调整摄影机的视野范围，如图 4-9 所示。

图 4-9

09 单击“猜测垂直倾斜”按钮，使得“VR-物理摄影机”渲染的墙线垂直画面，如图 4-10 所示。

图 4-10

10 设置完成后，摄影机的构图如图 4-11 所示。

图 4-11

4.3 材质制作

本案例中所涉及到的主要材质分别为水泥质感的地面材质、通透的玻璃材质、清澈的池水材质、瓦片材质、墙砖材质、背景树材质和环境材质。

4.3.1 制作地面材质

本案例中所体现出来的地面材质为水泥质感的铺装材质，渲染效果如图 4-12 所示。

图 4-12

01 按下快捷键 M 键，打开“材质编辑器”面板，选择一个空白材质球，将其更改为 VRayMtl 材质并重命名为“地面”，如图 4-13 所示。

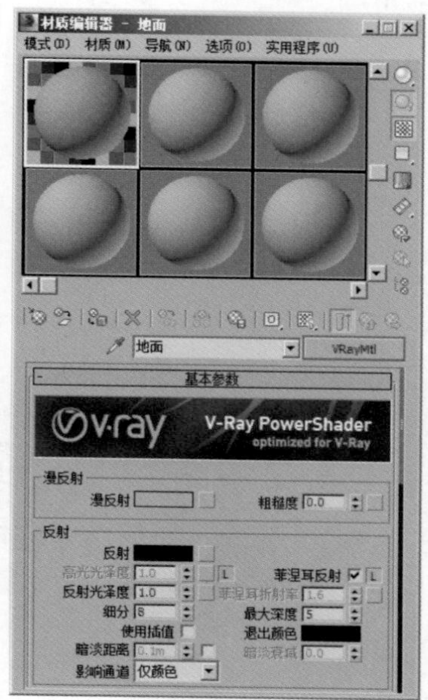

图 4-13

02 在“基本参数”卷展栏内，在“漫反射”通道上加载一张“水泥地面 .jpg”贴图文件，如图 4-14 所示。

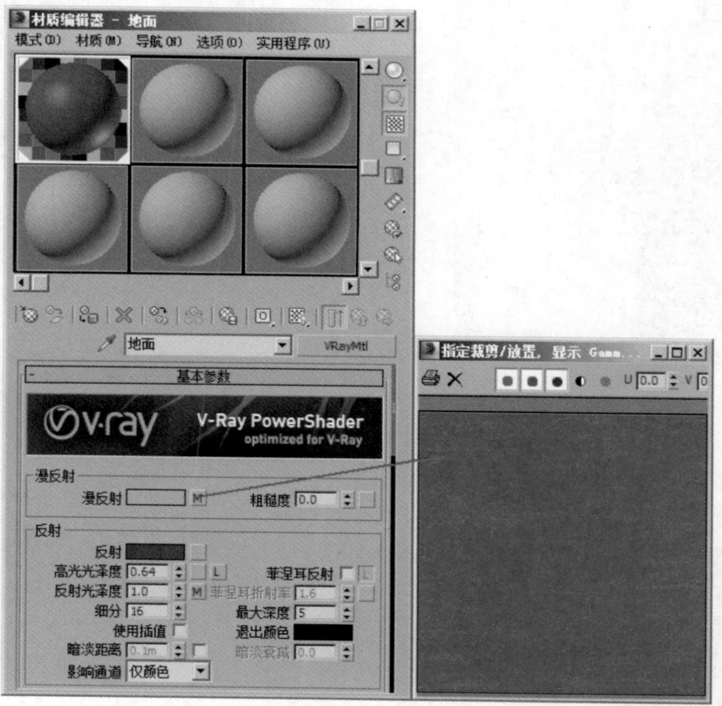

图 4-14

03 在“反射”组内，设置“反射”的颜色为灰色（红 :10，绿 :10，蓝 :10），并将“漫反射”贴图通道上的贴图拖曳至“反射光泽度”的贴图通道上，设置“高光光泽度”的值为 0.64，设置“细分”的值为 16，取消勾选“菲涅耳反射”选项，制作出地面材质的反射及高光效果，如图 4-15 所示。

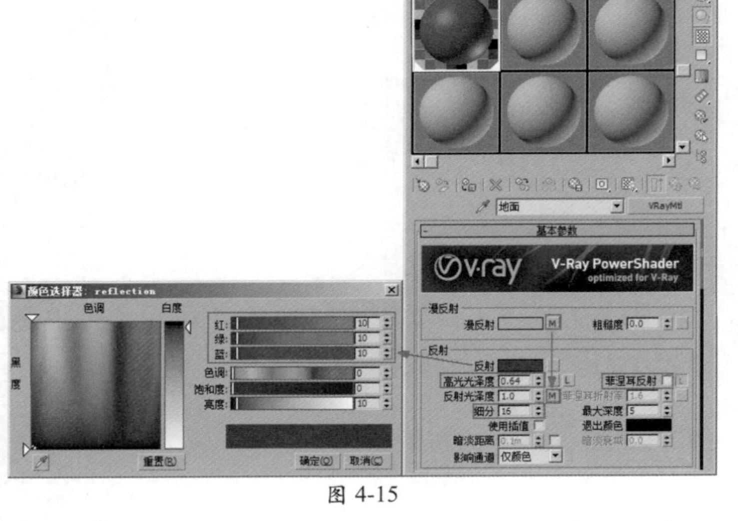

图 4-15

04 制作完成后的地面材质球显示效果如图 4-16 所示。

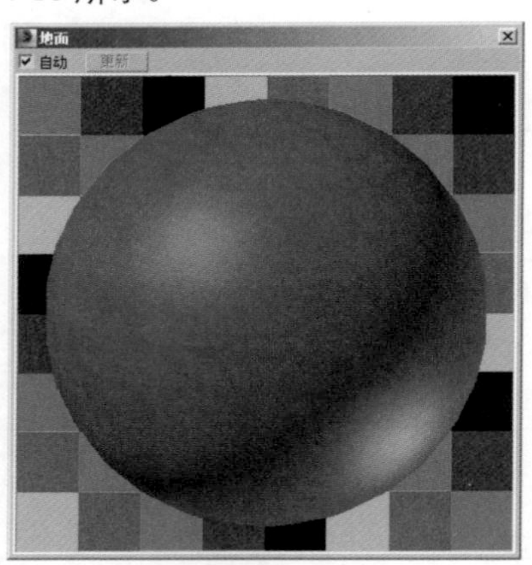

图 4-16

4.3.2 制作玻璃材质

本案例中所体现出来的玻璃材质较为通透明亮，渲染效果如图 4-17 所示。

图 4-17

01 按下快捷键 M 键，打开“材质编辑器”面板，选择一个空白材质球，将其更改为 VRayMtl 材质，并重命名为“玻璃”，如图 4-18 所示。

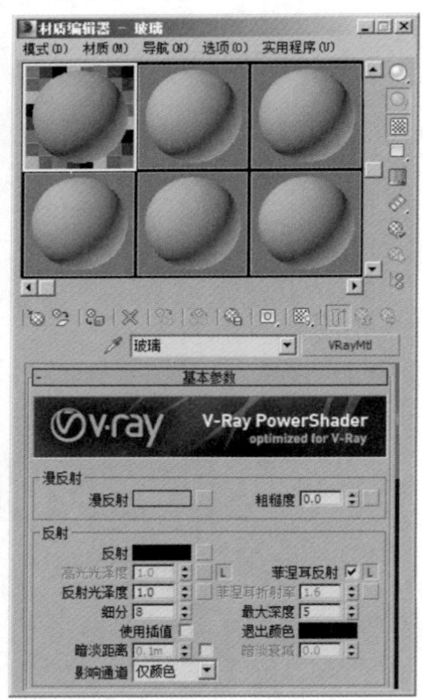

图 4-18

02 在“基本参数”卷展栏内，设置“漫反射”的颜色为白色（红 :255，绿 :255，蓝 :255），在“反射”组内，设置“反射”的颜色为灰色（红 :74，绿 :74，蓝 :74），取消勾选“菲涅耳反射”选项，制作出玻璃材质的反射，如图 4-19 所示。

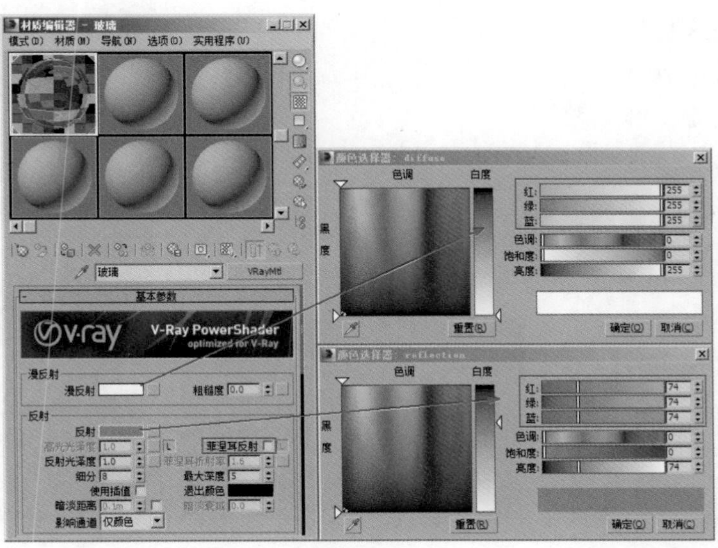

图 4-19

03 在“折射”组内，设置“折射”的颜色为白色（红 :255，绿 :255，蓝 :255），勾选“影响阴影”选项，如图 4-20 所示。

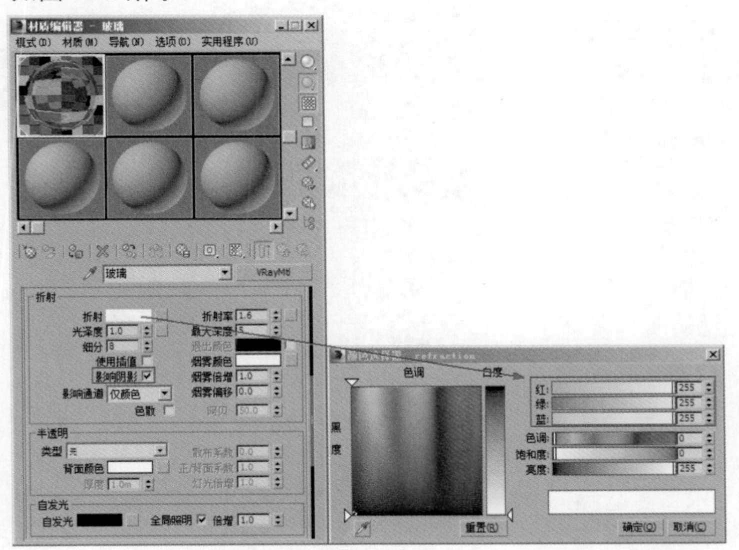

图 4-20

03 制作完成后的玻璃材质球显示效果如图 4-21 所示。

图 4-21

4.3.3 制作池水材质

本案例中所体现出来的池水材质较为清澈，反射较强，渲染效果如图4-22所示。

01 按下快捷键M键，打开“材质编辑器”面板，选择一个空白材质球，将其更改为VRayMtl材质并重命名为“池水”，如图4-23所示。

图 4-22

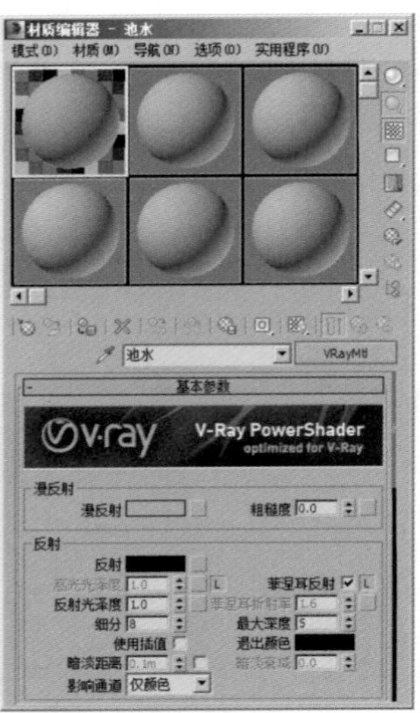

图 4-23

02 在“漫反射”组中，设置“漫反射”的颜色为白色（红:255，绿:255，蓝:255）；在“反射”组中，设置“反射”的颜色为白色（红:255，绿:255，蓝:255），取消勾选“菲涅耳反射”选项，如图4-24所示。

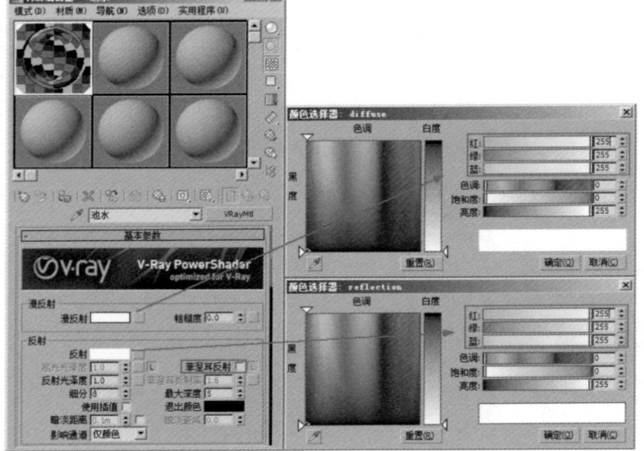

图 4-24

03 单击展开“贴图”卷展栏，在“凹凸”贴图通道中加载一张“水_凹凸贴图.jpg”贴图文件，并设置“凹凸”的强度值为15，如图4-25所示。

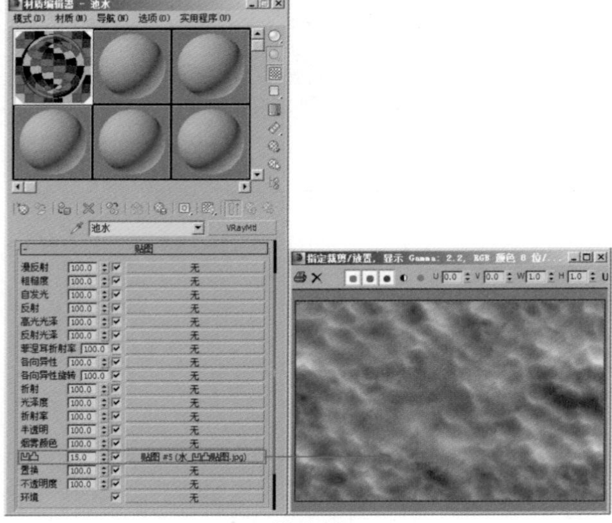

图 4-25

04　制作完成后的池水材质球显示效果如图 4-26 所示。

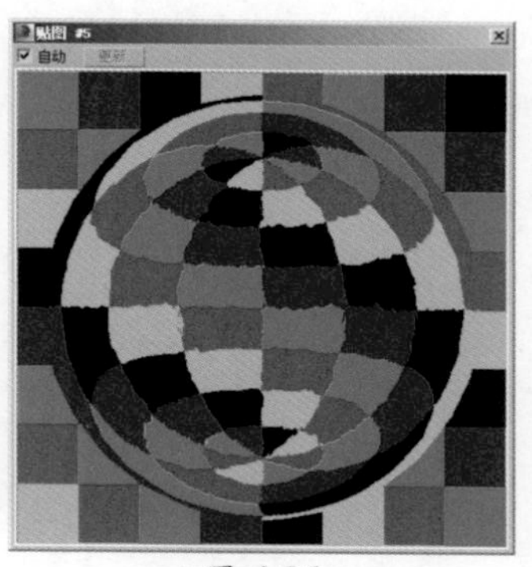

图 4-26

4.3.4　制作瓦片材质

本案例中所体现出来的瓦片材质渲染效果如图 4-27 所示。

01　按下快捷键 M 键，打开“材质编辑器”面板，选择一个空白材质球，将其更改为 VRayMtl 材质，并重命名为“瓦片”，如图 4-28 所示。

图 4-27

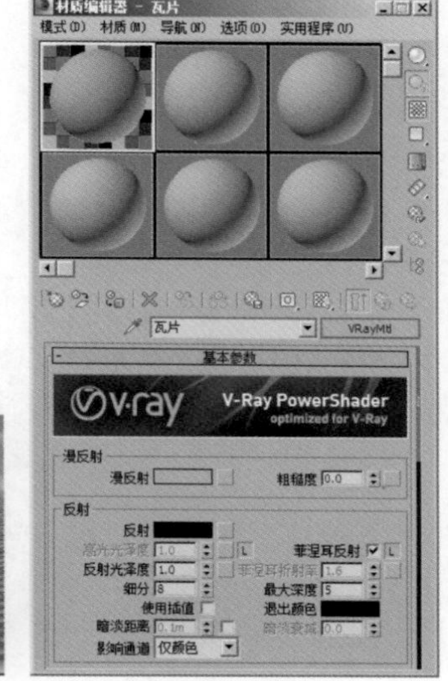

图 4-28

02　在“漫反射”组中，设置“漫反射”的颜色为土黄色（红:195，绿:123，蓝:84）；在“反射”组中，设置“反射”的颜色为灰色（红:12，绿:12，蓝:12），取消勾选“菲涅耳反射”选项，设置“反射光泽度”的值为 0.7，制作出瓦片材质的颜色、反射和高光，如图 4-29 所示。

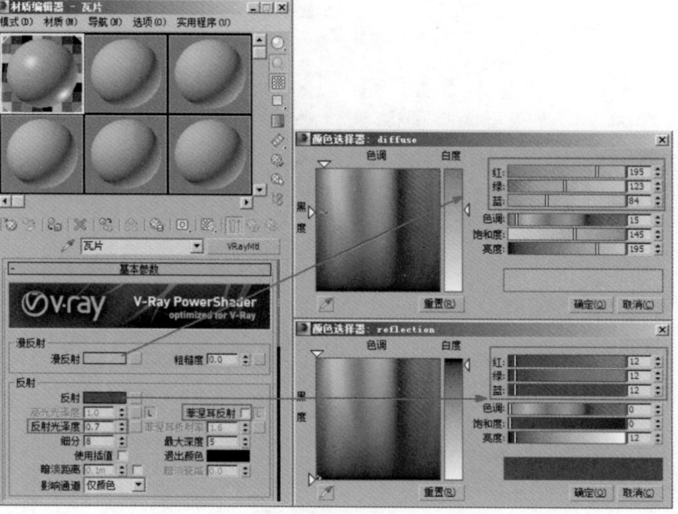

图 4-29

03 制作完成后的瓦片材质球显示效果如图4-30所示。

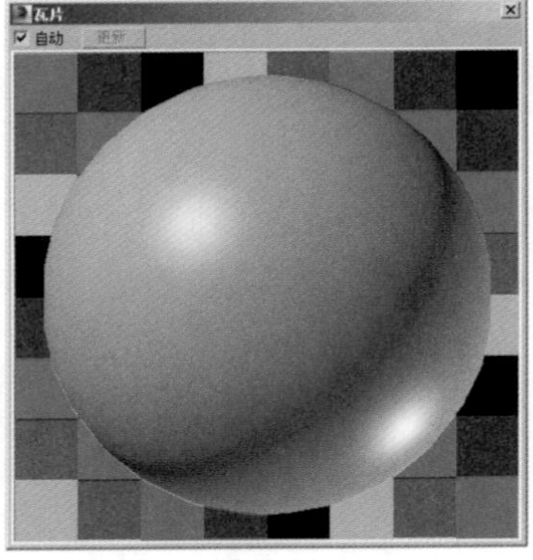

图 4-30

4.3.5 制作砖墙材质

本案例中所体现出来的砖墙材质渲染效果如图4-31所示。

01 按下快捷键M键，打开“材质编辑器”面板，选择一个空白材质球，将其更改为VRayMtl材质，并重命名为“砖墙”，如图4-32所示。

图 4-31

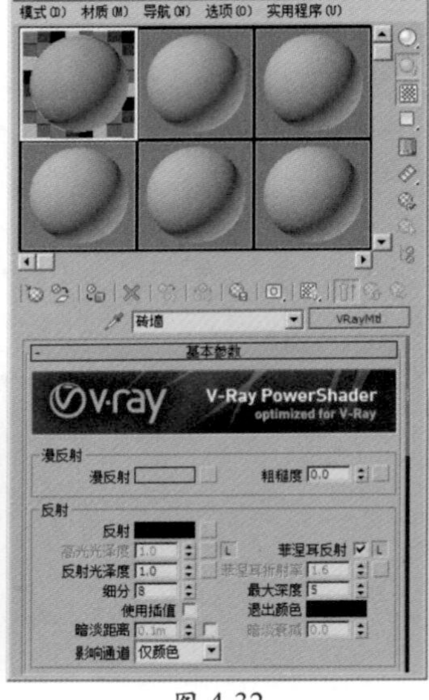

图 4-32

02 在“基本参数”卷展栏内，在“漫反射”通道上加载一张“砖墙.jpg”贴图文件，如图4-33所示。

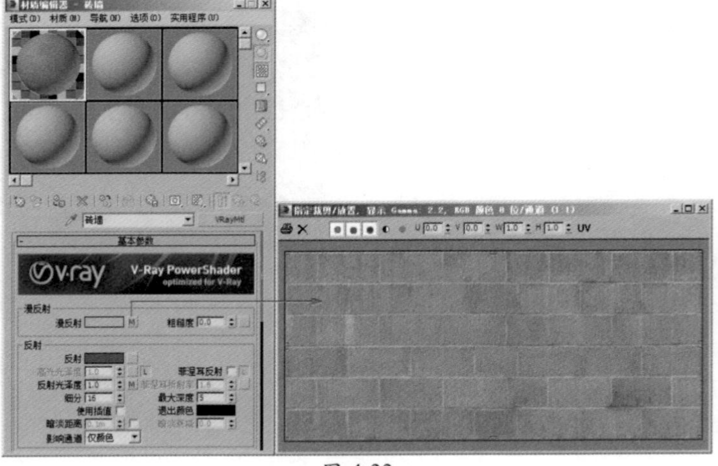

图 4-33

03 在“反射”组内，设置“反射”的颜色为灰色（红:18，绿:18，蓝:18），并将“漫反射”贴图通道上的贴图拖曳至“反射光泽度”的贴图通道上，设置“细分”的值为16，取消勾选“菲涅耳反射”选项，制作出砖墙材质的反射及高光效果，如图4-34所示。

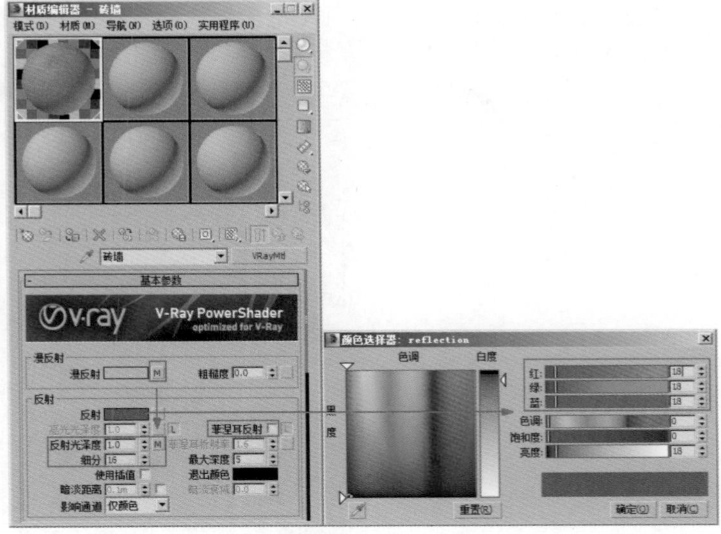

图 4-34

04 单击展开“贴图”卷展栏，将“反射光泽度”贴图通道中的贴图文件拖曳至“凹凸”贴图通道上，并设置“凹凸”的强度值为-30，如图4-35所示。

05 制作完成后的砖墙材质球显示效果如图4-36所示。

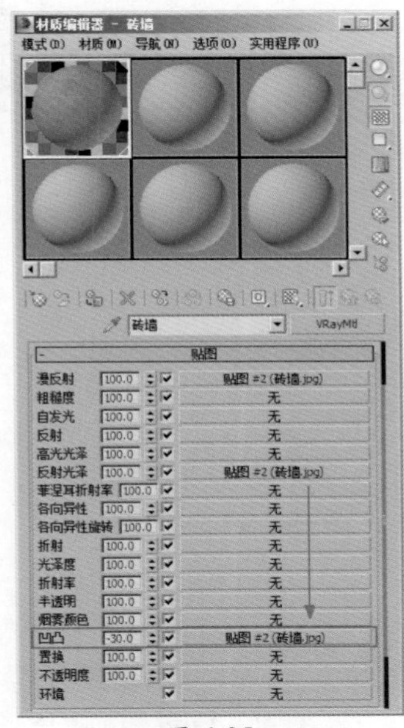

图 4-35

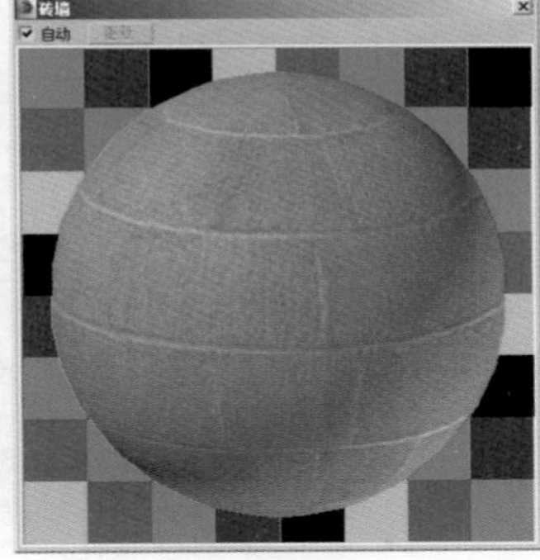

图 4-36

4.3.6 制作背景树材质

本案例中所体现出来的背景树材质渲染效果如图4-37所示。

图 4-37

01 按下快捷键 M 键，打开“材质编辑器”面板，选择一个空白材质球，将其更改为 VRayMtl 材质，并重命名为“背景树”，如图 4-38 所示。

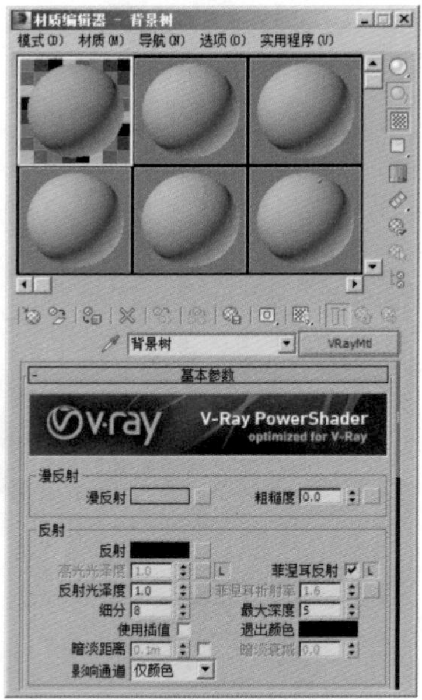

图 4-38

02 在“基本参数”卷展栏内，在“漫反射”通道上加载一张“背景树 .jpg”贴图文件，如图 4-39 所示。

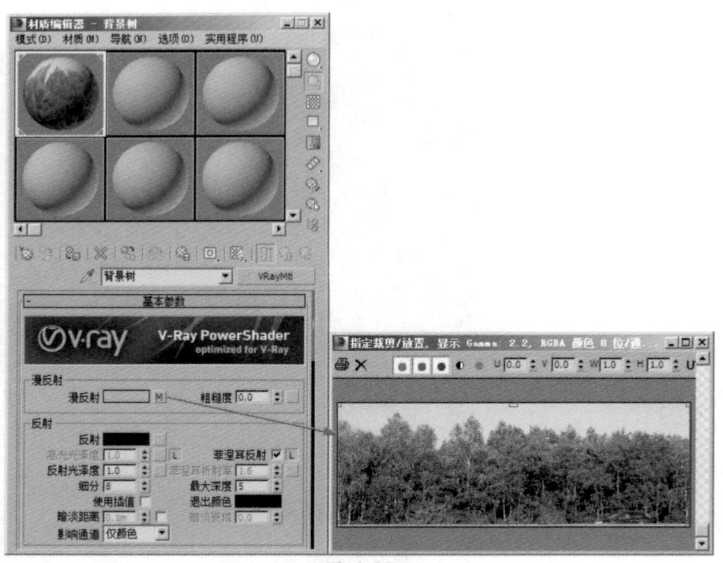

图 4-39

03 单击展开“贴图”卷展栏，在“不透明度”贴图通道中加载一张“背景树 _ 透明 .jpg”贴图文件，并在“输出”卷展栏内勾选“翻转”选项，如图 4-40 所示。

04 制作完成后的背景树材质球显示效果如图 4-41 所示。

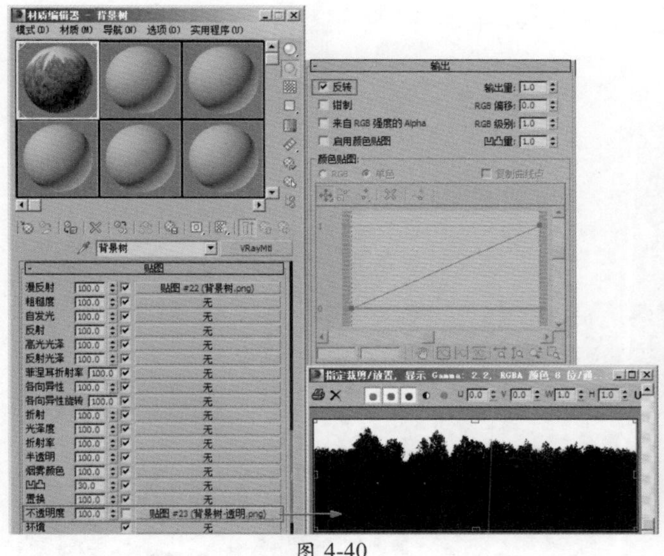

图 4-40

图 4-41

4.3.7　制作环境材质

本案例中所体现出来的环境材质渲染效果如图 4-42 所示。

01 按下快捷键 M 键，打开“材质编辑器”面板，选择一个空白材质球，将其更改为“VR-灯光材质”并重命名为“环境”，如图 4-43 所示。

图 4-42

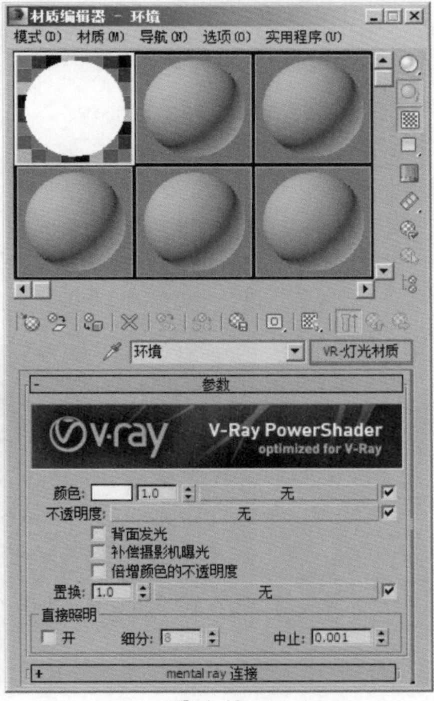

图 4-43

02 在“参数”卷展栏中，在“颜色”的贴图通道上加载一张“天空贴图 .jpg”贴图文件，并设置“颜色”的强度值为 30，如图 4-44 所示。

03 制作完成后的环境材质球显示效果如图 4-45 所示。

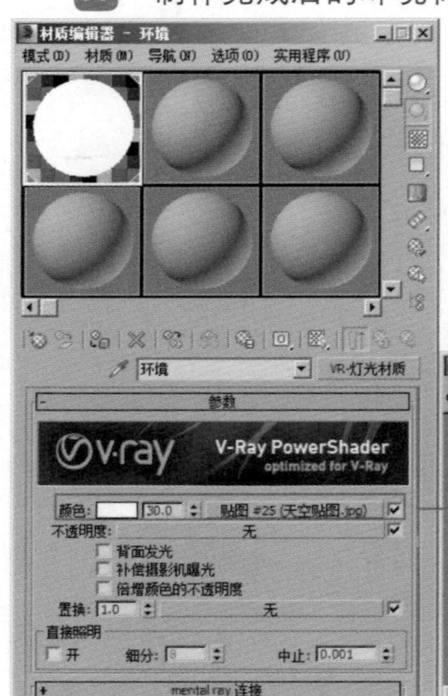

图 4-44

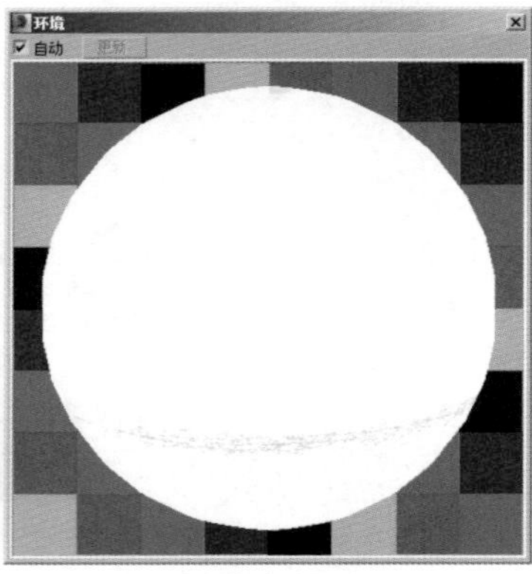

图 4-45

4.4 制作室外阳光照明效果

本案例中的灯光表现模拟的是黄昏时分的室外天空照明效果，故在灯光的使用上选择的是 VRay 渲染器提供的“VR- 太阳”灯光来进行照明制作。

01 在创建“灯光”面板中，将灯光的下拉列表切换至 VRay 选项，如图 4-46 所示。

02 单击“VR- 太阳”按钮，在“顶”视图中创建一个“VR- 太阳”灯光，灯光位置如图 4-47 所示。创建灯光时，系统会自动弹出“VRay 太阳”对话框，询问用户是否在场景中添加 VR 天空环境贴图，单击“是”按钮完成灯光的创建，如图 4-48 所示。

03 按下快捷键 F 键，在“前”视图中，调整“VR- 太阳”灯光的位置至如图 4-49 所示。

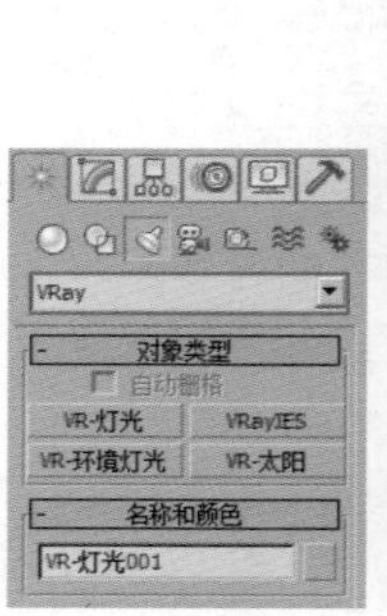

图 4-46

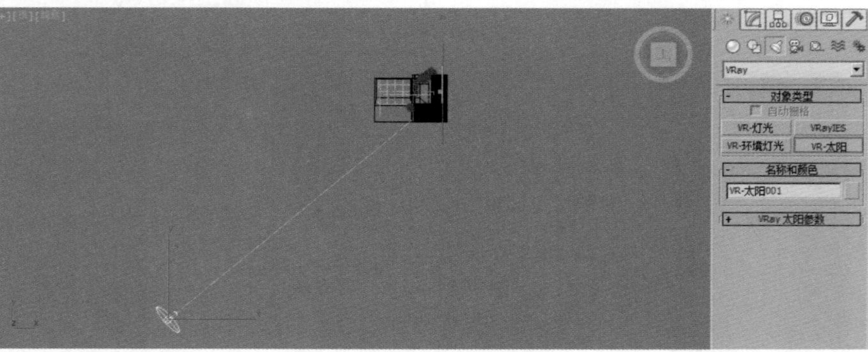

图 4-47

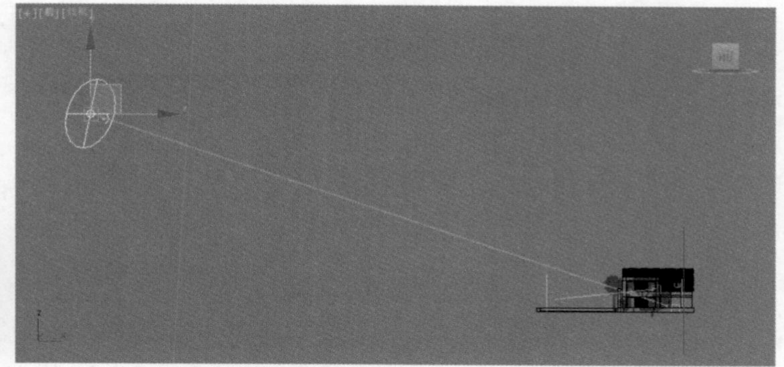

图 4-48

图 4-49

4.5　渲染设置

对场景进行摄影机和灯光创建完成后，就可以开始设置渲染了。

01 在“主工具栏”上单击“渲染设置”按钮，打开“渲染设置”面板，将渲染器设置为使用 VRay 渲染器，如图 4-50 所示。

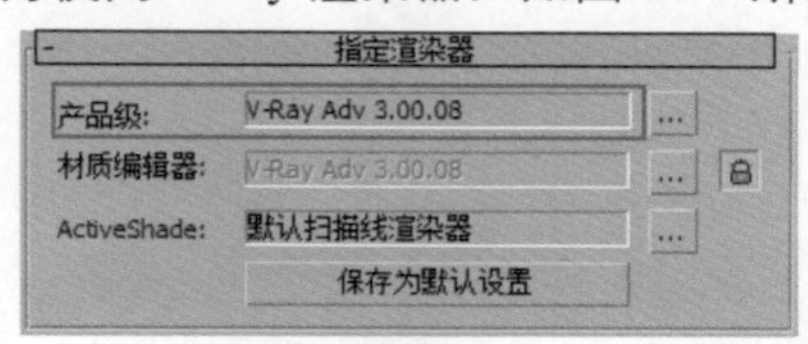

图 4-50

02 单击 GI 选项卡，勾选“启用全局照明（GI）”选项，设置“首次引擎”为“发光图”，设置“二次引擎”为“灯光缓存”，设置“饱和度”的值为 0.2，如图 4-51 所示。

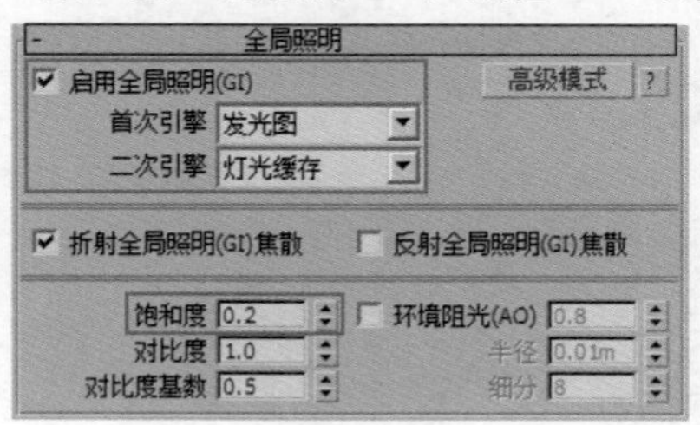

图 4-51

03 展开“发光图”卷展栏，将“当前预设”更改为“自定义”选项，设置“最小速率”的值为 -2，设置“最大速率”的值为 -2，如图 4-52 所示。

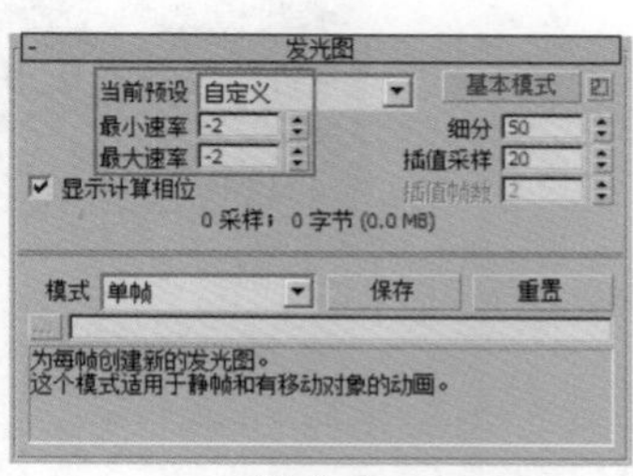

图 4-52

04 展开“灯光缓存”卷展栏，设置“细分”的值为 1500，如图 4-53 所示。

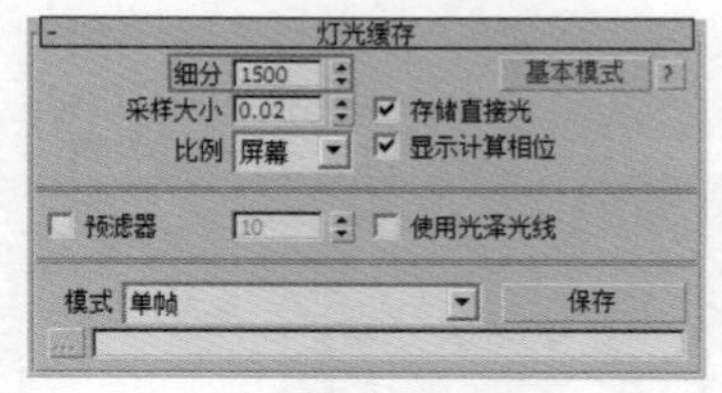

图 4-53

05 单击 V-Ray 选项卡，展开“图像采样器（抗锯齿）”卷展栏，设置“类型”为“自适应”选项，设置“过滤器”为 Catmull-Rom 选项，如图 4-54 所示。

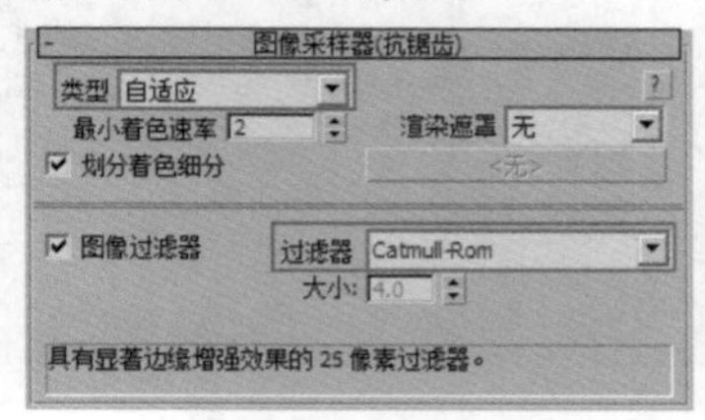

图 4-54

06 展开“自适应图像采样器”卷展栏，设置“最小细分”的值为1，设置“最大细分”的值为32，如图4-55所示。

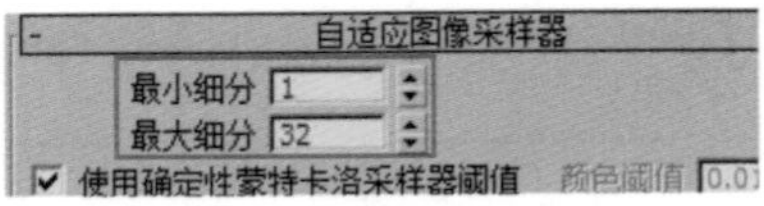

图 4-55

07 展开“全局确定性蒙特卡洛”卷展栏，设置“全局细分倍增”的值为2，如图4-56所示。

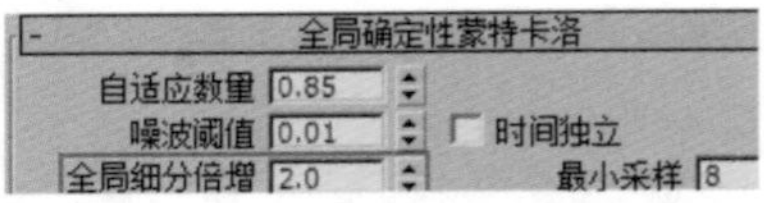

图 4-56

08 设置完成后，渲染场景，渲染结果如图4-57所示。

图 4-57

4.6 后期调整

01 在VRay渲染窗口中，单击左下角的“显示校正设置”按钮，打开Color corrections（色彩校正）对话框，如图4-58所示。

图 4-58

02 单击Exposure（曝光）卷展栏上的Show/Hide（显示/隐藏）按钮，展开Exposure（曝光）卷展栏，设置Contrast（对比度）的值为0.18，提高图像的层次感，如图4-59所示。

图 4-59

03 展开Color balance（色彩平衡）卷展栏，设置Cyan/Red（青色/红色）的值为0.03，设置Yellow/Blue（黄色/蓝色）的值为-0.05，调整图像的色彩偏暖色一些，如图4-60所示。

图 4-60

04 展开Curve（曲线）卷展栏，调整曲线的弧度如图4-61所示，提高图像的明亮程度。

图 4-61

05 图像调整完成后，最终结果如图 4-62 所示。

图 4-62

第 5 章

建筑局部天光表现技术

5.1 项目介绍

本案例为一栋建筑楼下的地面铺装景观表现。本案例的最终渲染效果及线框图如图 5-1 所示。

图 5-1

5.2 创建摄影机构图

01 打开场景文件，本场景文件中已经创建好了模型，下面，我们首先在场景中进行摄影机的摆放及摄影机的角度调整，如图 5-2 所示。

02 在“创建”面板中，单击“摄影机”按钮，切换至创建“摄影机”面板，并将“摄影机”下拉列表选择为 VRay，如图 5-3 所示。

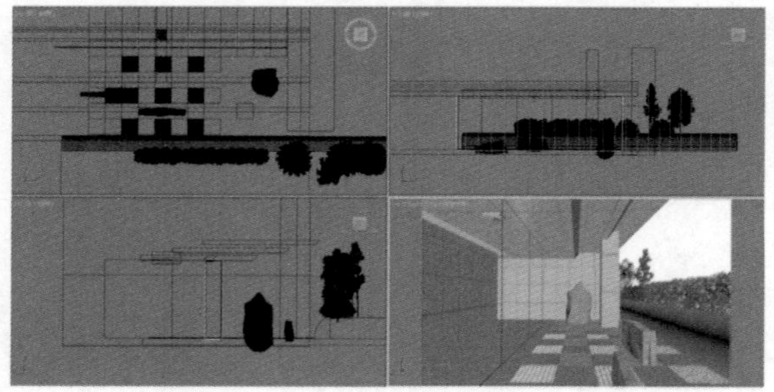

图 5-2

图 5-3

03 单击“VR- 物理摄影机”按钮，在“顶”视图中，创建一个“VR- 物理摄影机”，如图 5-4 所示。

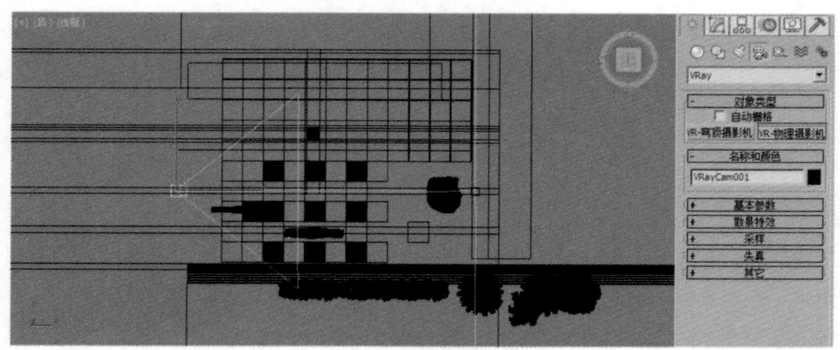

图 5-4

04 按下快捷键W键，将鼠标命令设置为“选择并移动”状态，在“前”视图中，调整“VR-物理摄影机”的位置至图5-5所示位置处。

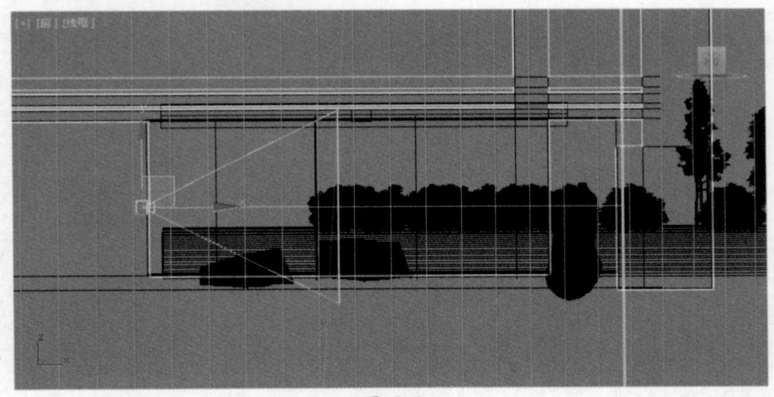

图 5-5

05 按下快捷键C键，在“摄影机”视图中观察摄影机取景的范围，如图5-6所示。

图 5-6

06 在“主工具栏”上，单击“渲染设置”按钮，打开“渲染设置”面板。在“公用”选项卡中，设置“输出大小”组内的“宽度”值为2000，“高度”值为1251，如图5-7所示。

图 5-7

07 设置完成后，激活“摄影机”视图，并按下组合键 Shift+F，显示出“安全框”，显示出摄影机的渲染范围，如图 5-8 所示。

图 5-8

08 在“修改”面板中，设置“VR- 物理摄影机”的“胶片规格（mm）”值为 65.0，调整摄影机的视野范围，如图 5-9 所示。

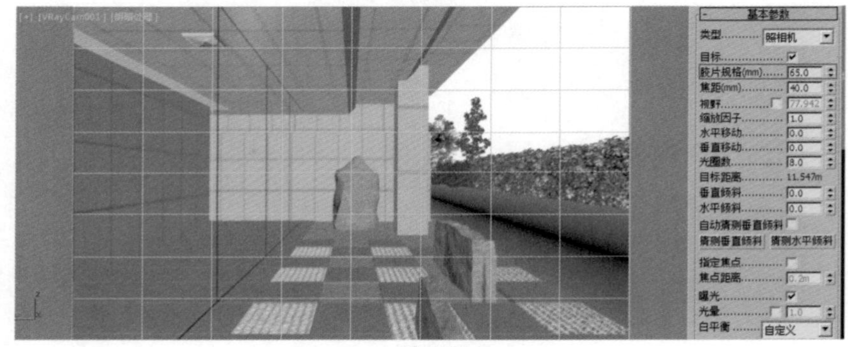

图 5-9

09 设置完成后，摄影机的构图如图 5-10 所示。

图 5-10

5.3 材质制作

本案例中所涉及到的主要材质分别为浅色地砖材质、深色地砖材质、玻璃材质、竹制围栏材质、墙面材质、叶片材质和环境材质。

5.3.1 制作浅色地砖材质

本案例中所体现出来的地砖材质为花岗岩质感的铺装材质，渲染效果如图 5-11 所示。

01 按下快捷键 M 键，打开“材质编辑器”面板，选择一个空白材质球，将其更改为 VRayMtl 材质并重命名为“浅色地砖”，如图 5-12 所示。

图 5-11

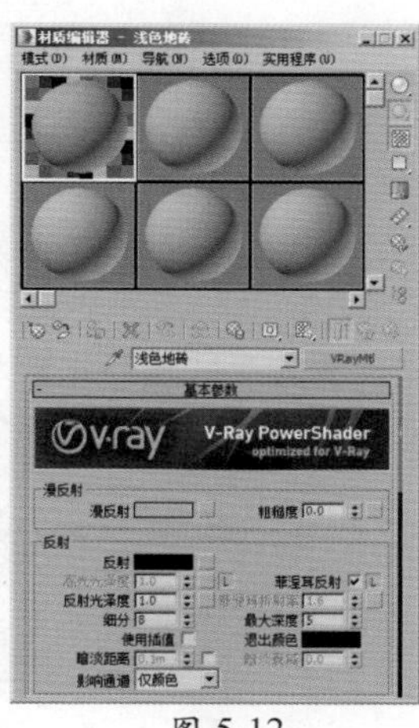

图 5-12

02 在“基本参数”卷展栏内，在“漫反射”通道上加载一张“砂石.jpg”贴图文件，并在“输出”卷展栏内，设置“输出量”的值为 2，适当提亮贴图文件的色彩，如图 5-13 所示。

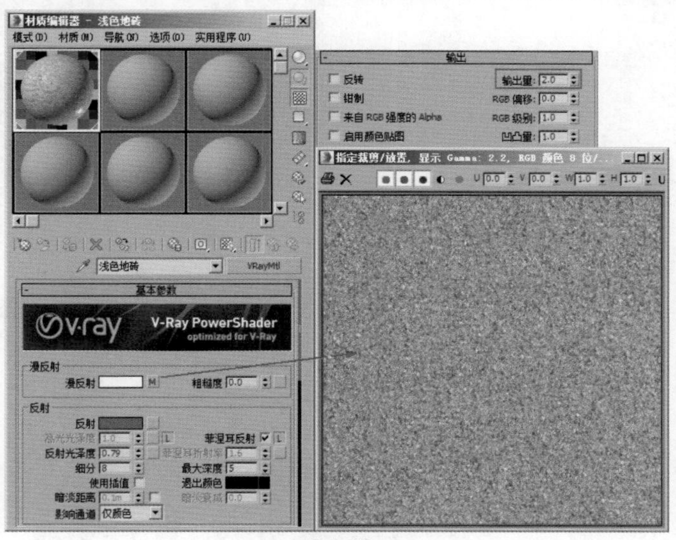

图 5-13

03 在“反射”组内，设置“反射”的颜色为灰色（红 :35，绿 :35，蓝 :35），设置“反射光泽度”的值为 0.79，勾选“菲涅耳反射”选项，制作出地砖材质的反射及高光效果，如图 5-14 所示。

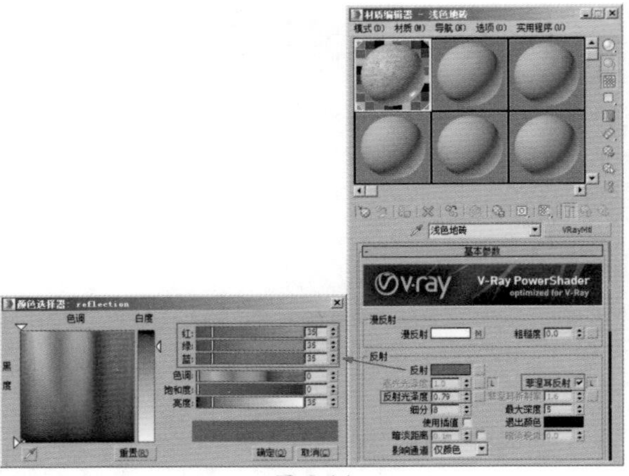

图 5-14

04 单击展开“贴图”卷展栏，将“漫反射”贴图通道中的贴图文件拖曳至“凹凸”贴图通道上，并设置“凹凸”的强度值为 30，如图 5-15 所示。

05 制作完成后的浅色地砖材质球显示效果如图 5-16 所示。

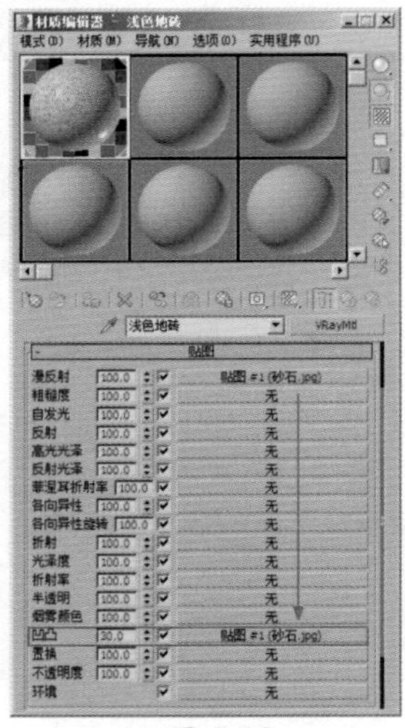

图 5-15

图 5-16

5.3.2 制作深色地砖材质

本案例中所体现出来的深色地砖材质为花岗岩质感的铺装材质，渲染效果如图 5-17 所示。

图 5-17

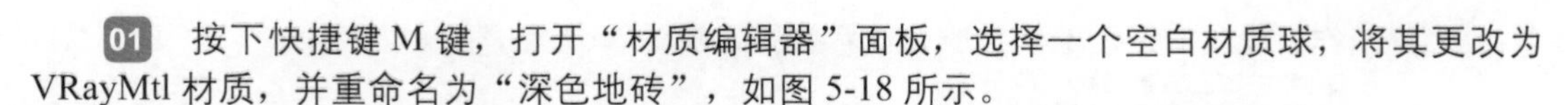

01 按下快捷键 M 键，打开“材质编辑器”面板，选择一个空白材质球，将其更改为 VRayMtl 材质，并重命名为“深色地砖”，如图 5-18 所示。

02 在“基本参数”卷展栏内，在“漫反射”通道上加载一张“砂石 .jpg”贴图文件，如图 5-19 所示。

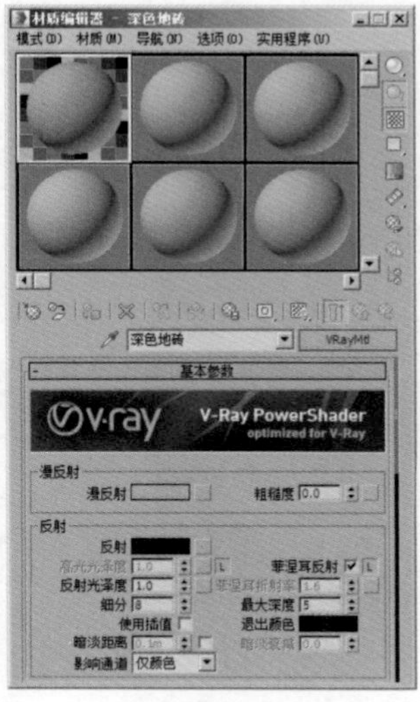

图 5-18

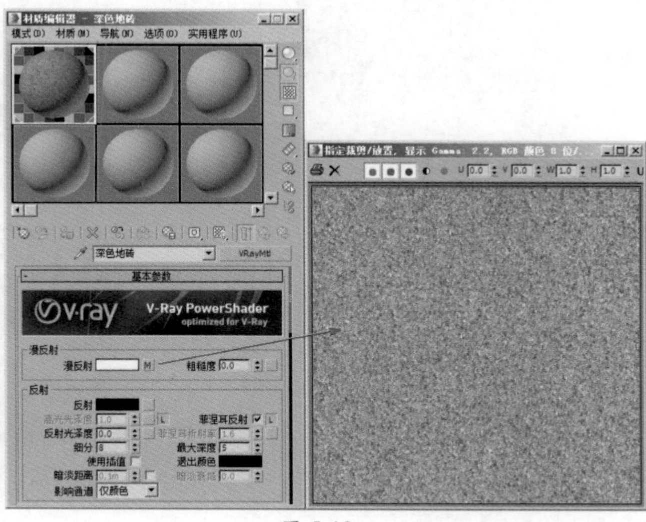

图 5-19

03 在“反射”组内，设置“反射”的颜色为灰色（红 :35，绿 :35，蓝 :35），设置“反射光泽度”的值为 0.79，勾选“菲涅耳反射”选项，制作出地砖材质的反射及高光效果，如图 5-20 所示。

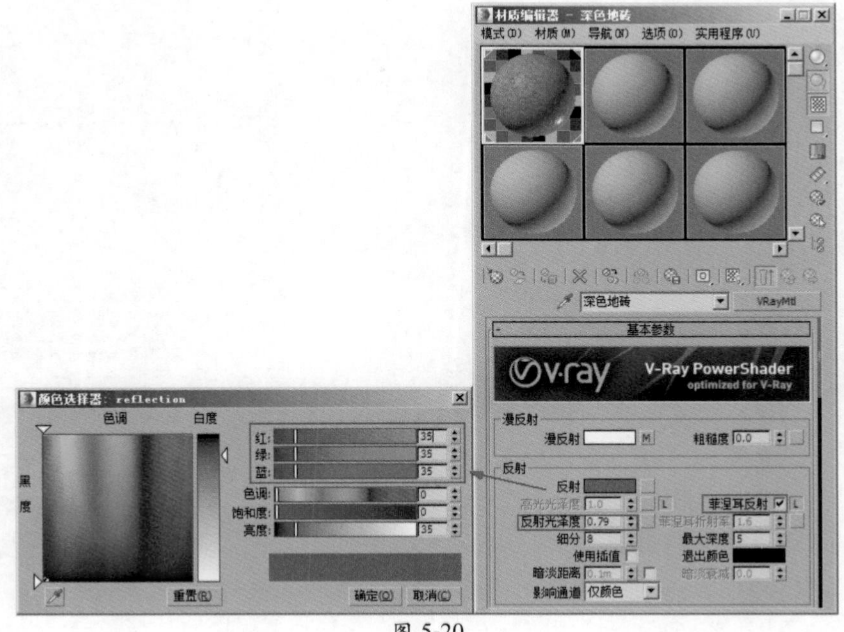

图 5-20

04 单击展开“贴图”卷展栏，将“漫反射”贴图通道中的贴图文件拖曳至“凹凸”贴图通道上，并设置“凹凸”的强度值为 30，如图 5-21 所示。

05 制作完成后的深色地砖材质球显示效果如图 5-22 所示。

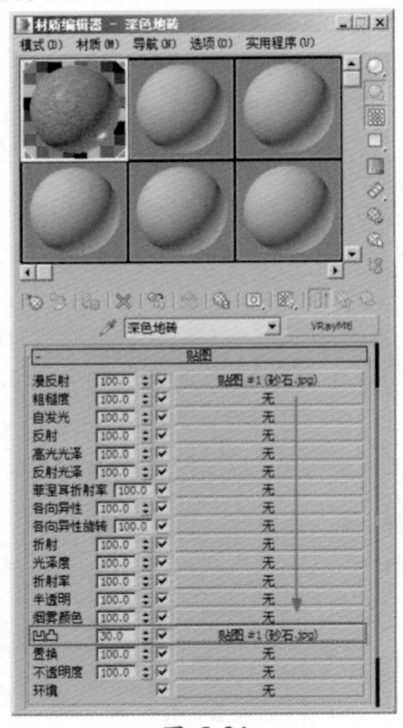

图 5-21

图 5-22

5.3.3 制作玻璃材质

本案例中所体现出来的玻璃材质较为通透明亮，渲染效果如图 5-23 所示。

01 按下快捷键 M 键，打开“材质编辑器”面板，选择一个空白材质球，将其更改为 VRayMtl 材质，并重命名为“玻璃”，如图 5-24 所示。

图 5-23

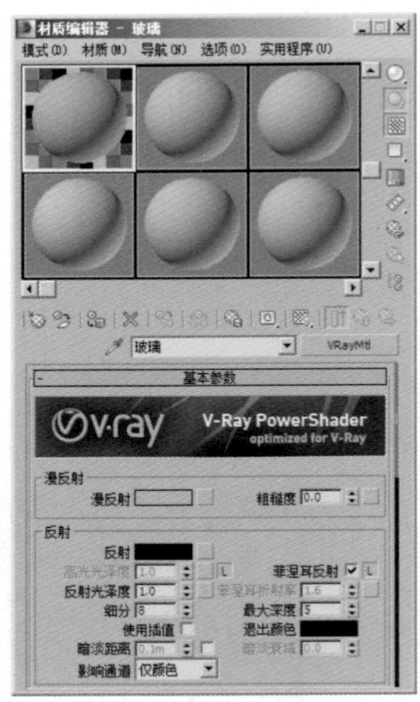

图 5-24

02 在“基本参数”卷展栏内，设置“漫反射”的颜色为淡蓝色（红 :128，绿 :251，蓝 :206），在“反射”组内，设置“反射”的颜色为灰色（红 :62，绿 :62，蓝 :62），取消勾选“菲涅耳反射”选项，制作出玻璃材质的反射，如图 5-25 所示。

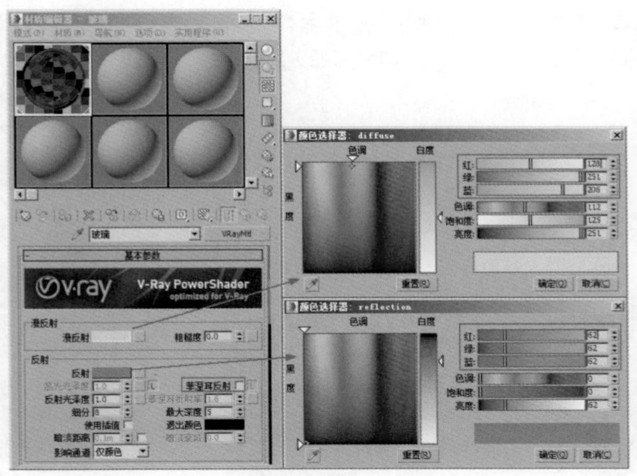

图 5-25

03 在“折射”组内，设置“折射”的颜色为白色（红 :255，绿 :255，蓝 :255），勾选“影响阴影”选项，设置“烟雾颜色”的颜色为绿色（红 :23，绿 :160，蓝 :107），设置“烟雾倍增”的值为 0.2，如图 5-26 所示。

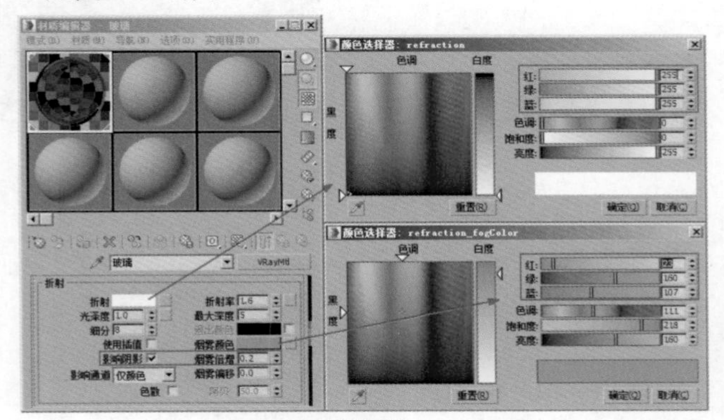

图 5-26

04 制作完成后的玻璃材质球显示效果如图 5-27 所示。

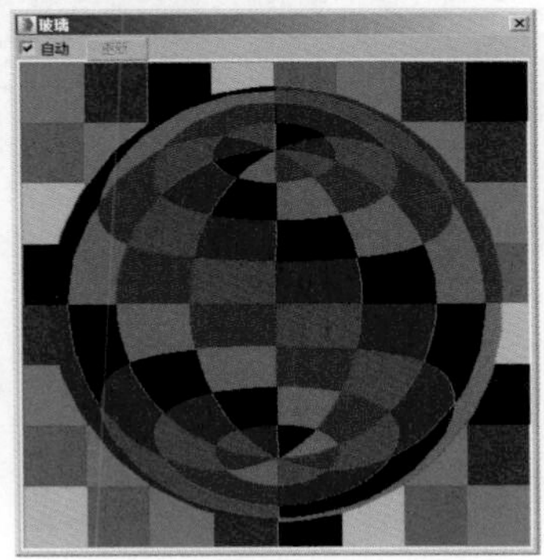

图 5-27

5.3.4　制作竹制围栏材质

本案例中围栏要表现出是竹子所制作出来的质感，渲染效果如图 5-28 所示。

01 按下快捷键 M 键，打开“材质编辑器”面板，选择一个空白材质球，将其更改为 VRayMtl 材质，并重命名为“竹竿”，如图 5-29 所示。

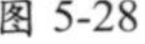

图 5-28

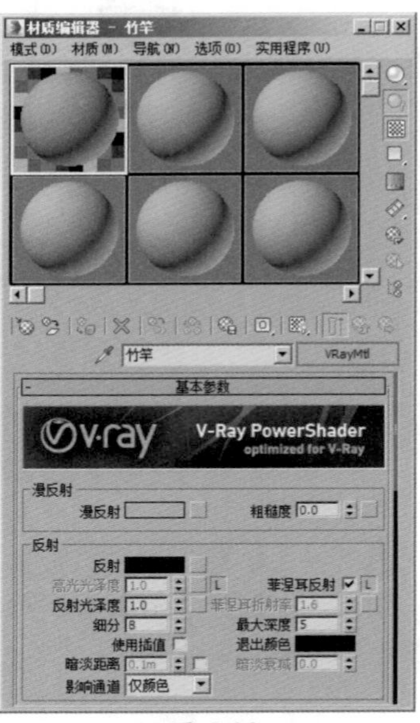

图 5-29

02 在“漫反射”组中，在“漫反射”通道上加载一张“zhugan.jpg”贴图文件，如图 5-30 所示。

03 在“反射”组中，设置“反射”的颜色为灰色（红 :34，绿 :34，蓝 :34），取消勾选“菲涅耳反射”选项，设置“反射光泽度”的值为 0.81，如图 5-31 所示。

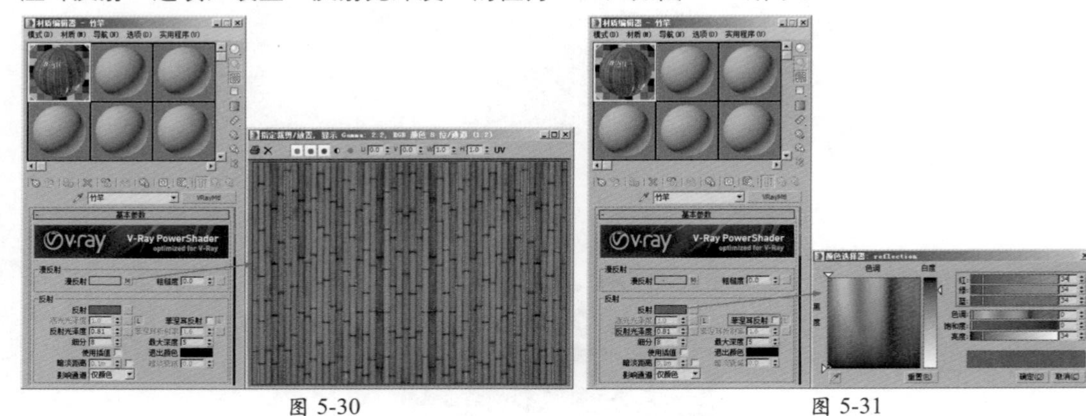

图 5-30　　图 5-31

04 单击展开“贴图”卷展栏，将“漫反射”贴图通道中的贴图拖曳至“凹凸”贴图通道上，并设置“凹凸”的强度值为 200，如图 5-32 所示。

05 制作完成后的围栏材质球显示效果如图 5-33 所示。

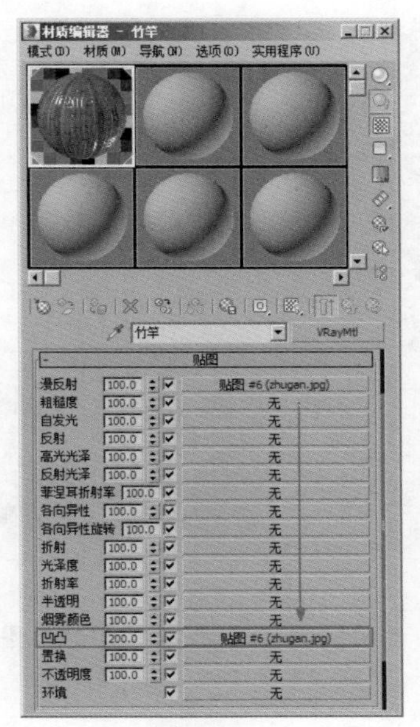

图 5-32

图 5-33

5.3.5　制作墙面材质

本案例中所体现出来的墙面材质渲染效果如图 5-34 所示。

01 按下快捷键 M 键，打开“材质编辑器”面板，选择一个空白材质球，将其更改为 VRayMtl 材质，并重命名为“花岗岩墙面”，如图 5-35 所示。

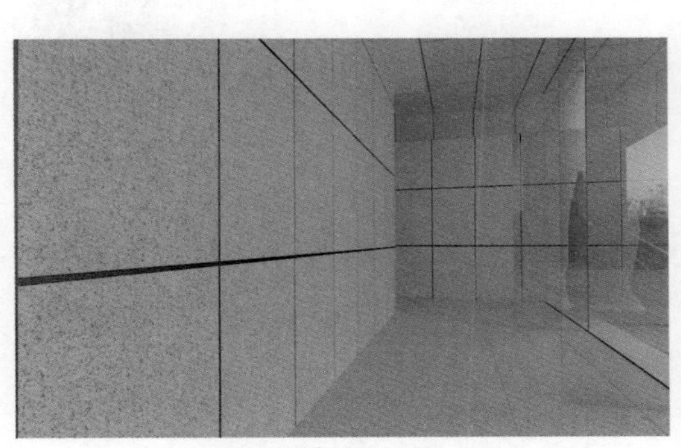

图 5-34

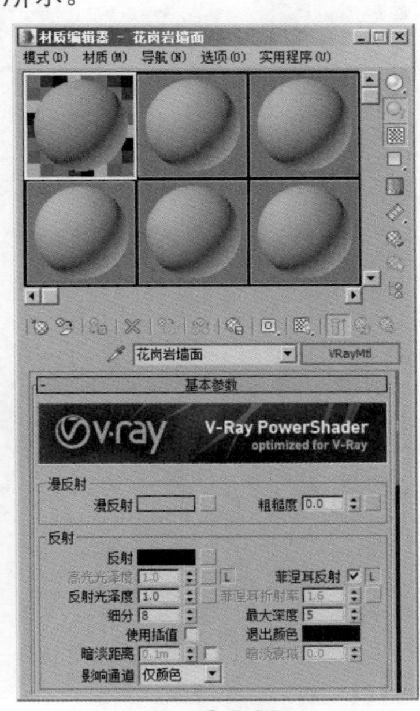

图 5-35

02 在“漫反射”组中，在“漫反射”的贴图通道中加载“平铺”贴图纹理，在“标准控制”卷展栏中，设置“平铺”的“预设类型”为“堆栈砌合”；在“高级控制”卷展栏中“平铺设置”组中，在“纹理”的贴图通道中加载一张“砂石.jpg”贴图文件，在“砖缝设置”组中，设置“水平间距”和“垂直间距”的值均为 0.2，如图 5-36 所示。

03 在“反射”组中，设置“反射”的颜色为灰色（红 :27，绿 :27，蓝 :27），设置“反射光泽度”的值为 0.67，取消勾选“菲涅耳反射”选项，如图 5-37 所示。

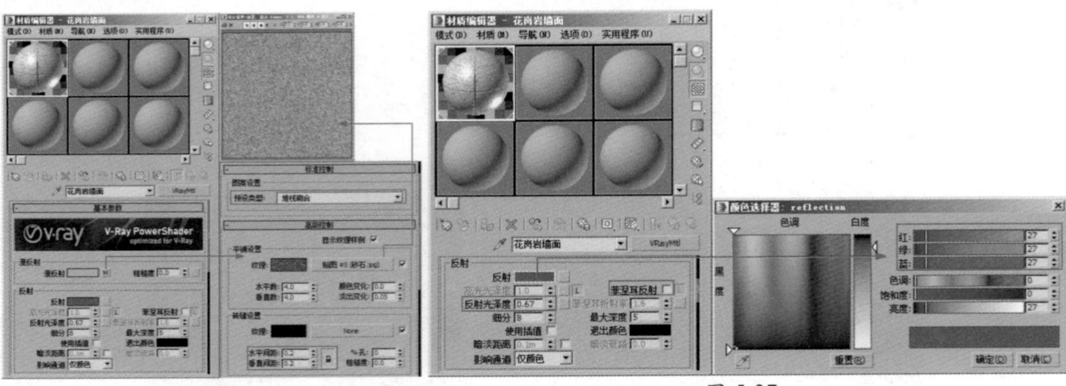

图 5-36　　　　图 5-37

04 在“贴图”卷展栏中，将“漫反射”贴图通道中的贴图拖曳至“凹凸”贴图通道上，并设置“凹凸”的强度值为 30，如图 5-38 所示。

05 制作完成后的墙面材质球显示效果如图 5-39 所示。

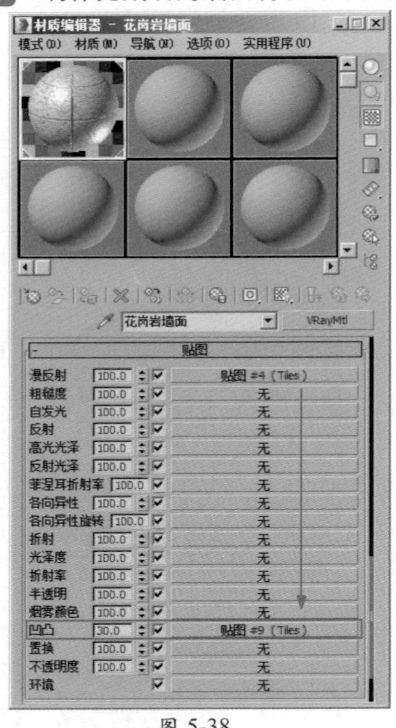

图 5-38

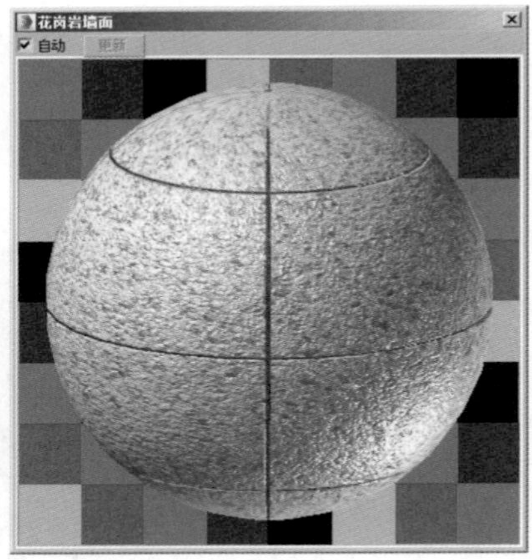

图 5-39

5.3.6 制作叶片材质

本案例中所体现出来的植物叶片材质渲染效果如图 5-40 所示。

01 按下快捷键 M 键，打开“材质编辑器”面板，选择一个空白材质球，将其更改为 VRayMtl 材质，并重命名为“叶片”，如图 5-41 所示。

图 5-40

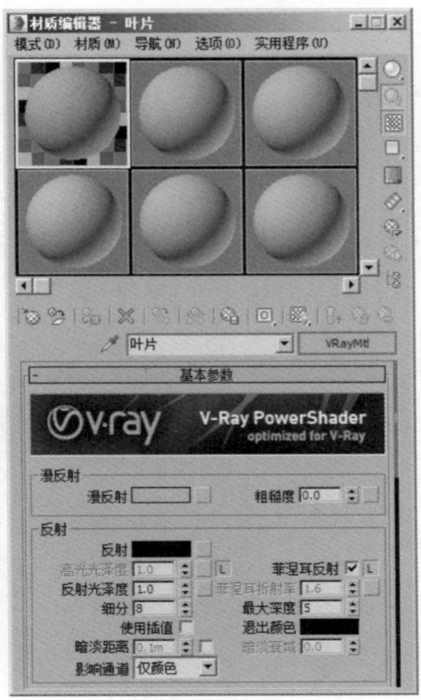

图 5-41

02 在“基本参数”卷展栏内，在“漫反射”通道上加载一张“AM100_059_color_leaf.jpg”贴图文件，如图 5-42 所示。

图 5-42

03 在“反射”组内，设置“反射”的颜色为灰色（红 :80，绿 :80，蓝 :80），设置“反射光泽度”的值为 0.75，设置“细分”的值为 16，勾选“菲涅耳反射”选项，制作出叶片材质的反射及高光效果，如图 5-43 所示。

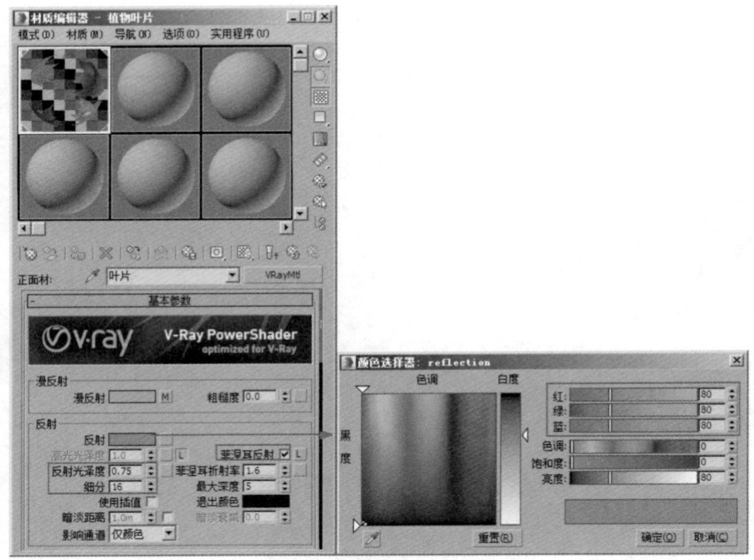

图 5-43

04 单击展开“贴图”卷展栏，在“凹凸”贴图通道上加载一张“AM100_059_bump_leaf.jpg”贴图文件，并设置“凹凸”的强度值为 30，在“不透明度”贴图通道上加载一张“AM100_059_opacity_leaf.jpg”贴图文件，如图 5-44 所示。

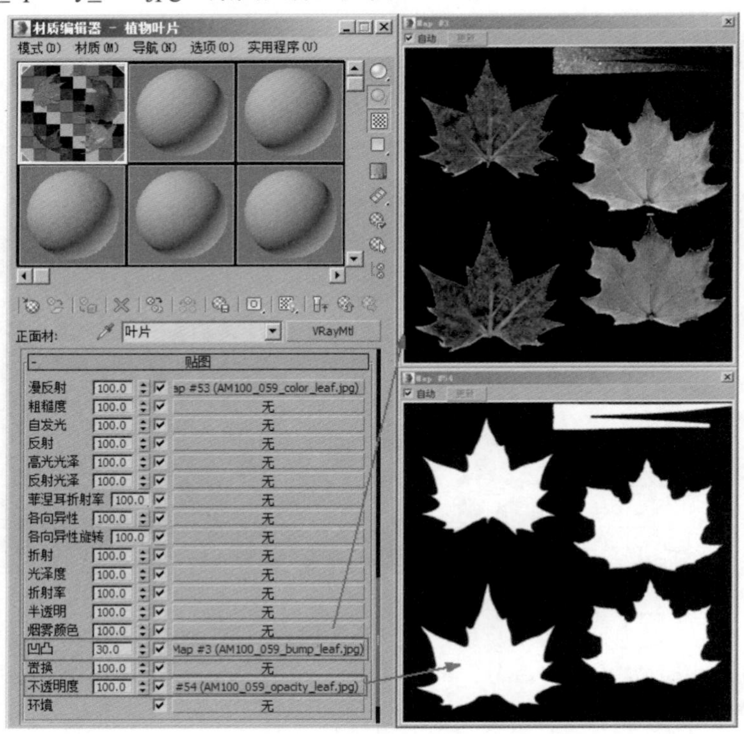

图 5-44

05 单击 VRayMtl 按钮，在弹出的“材质 / 贴图浏览器”对话框中，将 VRayMtl 材质转换为 VRay2SidedMtl 材质，如图 5-45 所示。

06 材质转换时，在弹出的“替换材质”对话框中，选择“将旧材质保存为子材质”选项，如图 5-46 所示。转换完成后，如图 5-47 所示。

07 制作完成后的植物叶片材质球显示效果如图 5-48 所示。

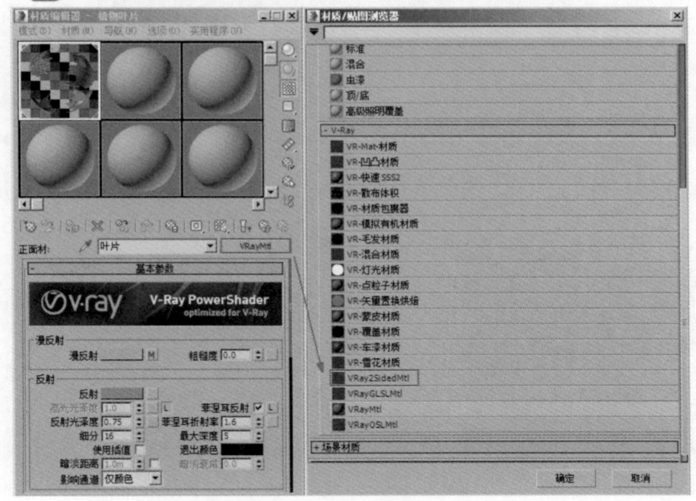

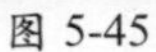
图 5-45

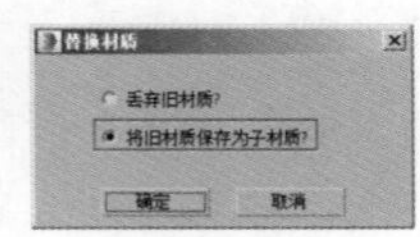

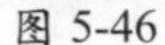
图 5-46

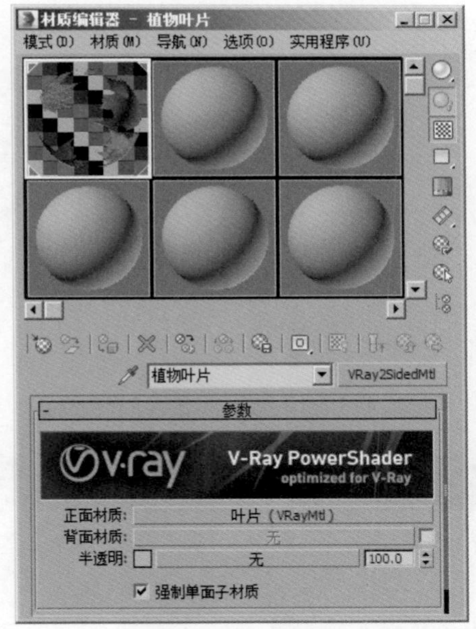

图 5-47

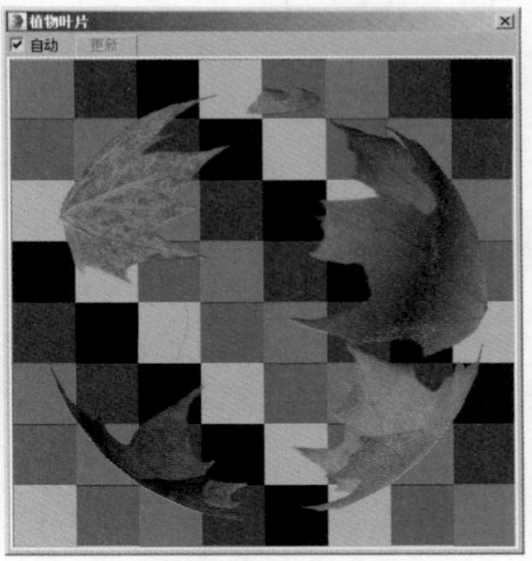

图 5-48

5.3.7　制作环境材质

本案例中所体现出来的环境材质渲染效果如图 5-49 所示。

01 按下快捷键 M 键，打开“材质编辑器”面板，选择一个空白材质球，将其更改为“VR-灯光材质”，并重命名为“环境”，如图 5-50 所示。

图 5-49

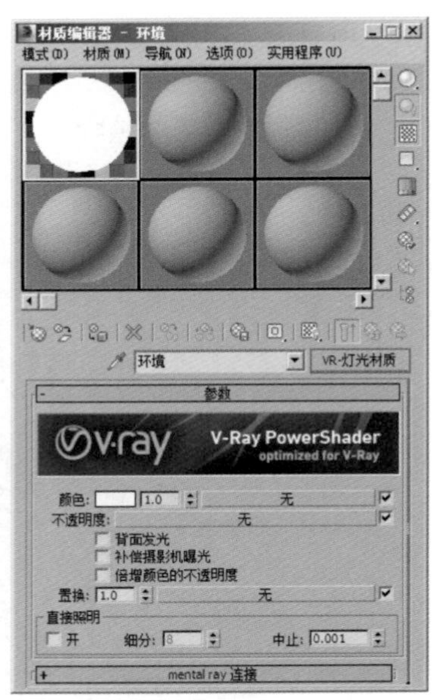

图 5-50

02 在“参数”卷展栏中，在“颜色”的贴图通道上加载一张“环境 .jpg”贴图文件，并设置“颜色”的强度值为 20，如图 5-51 所示。

03 制作完成后的环境材质球显示效果如图 5-52 所示。

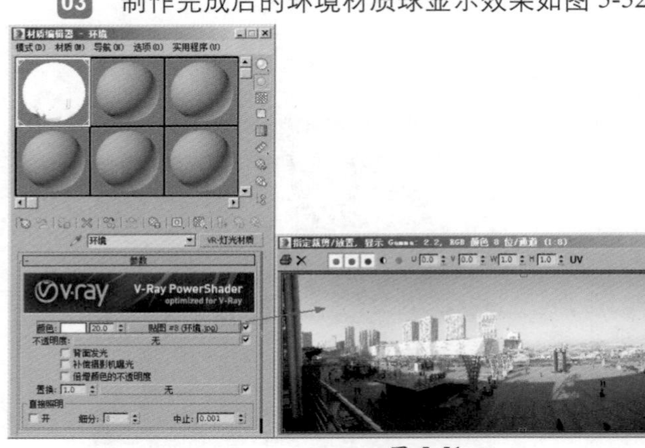
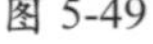

图 5-51

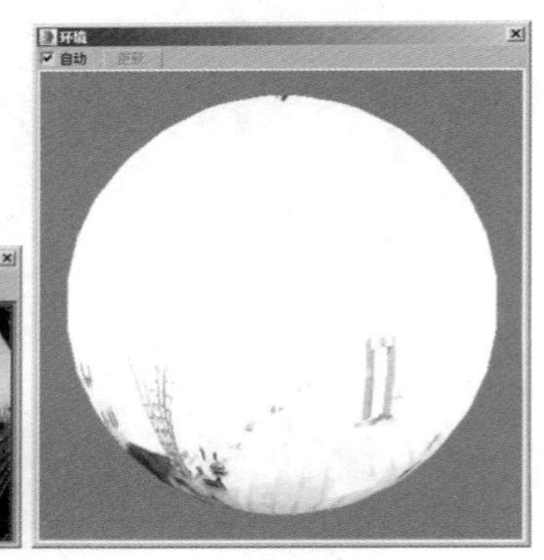

图 5-52

5.4 制作天光效果

本案例中的灯光表现模拟的是室外天空照明效果，故在灯光的使用上选择的是 VRay 渲染器提供的“VR- 灯光”来进行照明制作。

01 在创建“灯光”面板中，将灯光的下拉列表切换至 VRay 选项，如图 5-53 所示。

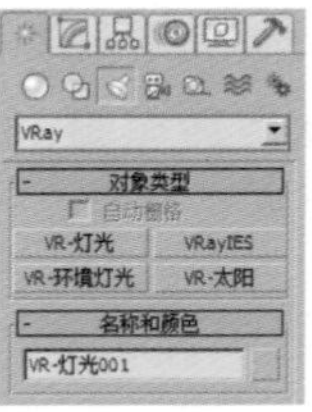

图 5-53

02 单击“VR-灯光”按钮，在“顶”视图中创建一个“VR-灯光”灯光，灯光位置如图5-54所示。

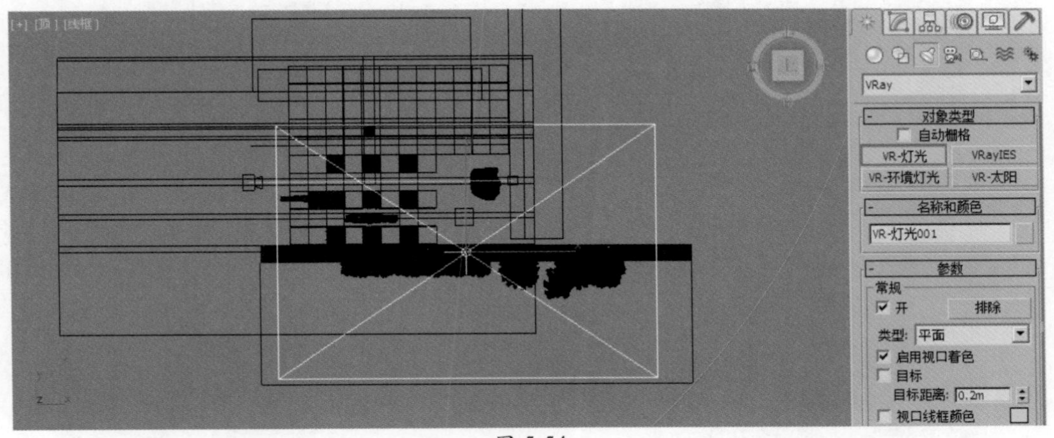

图 5-54

03 按下快捷键F键，在“前”视图中，调整“VR-太阳”灯光的位置至图5-55所示，完成本场景中灯光的创建。

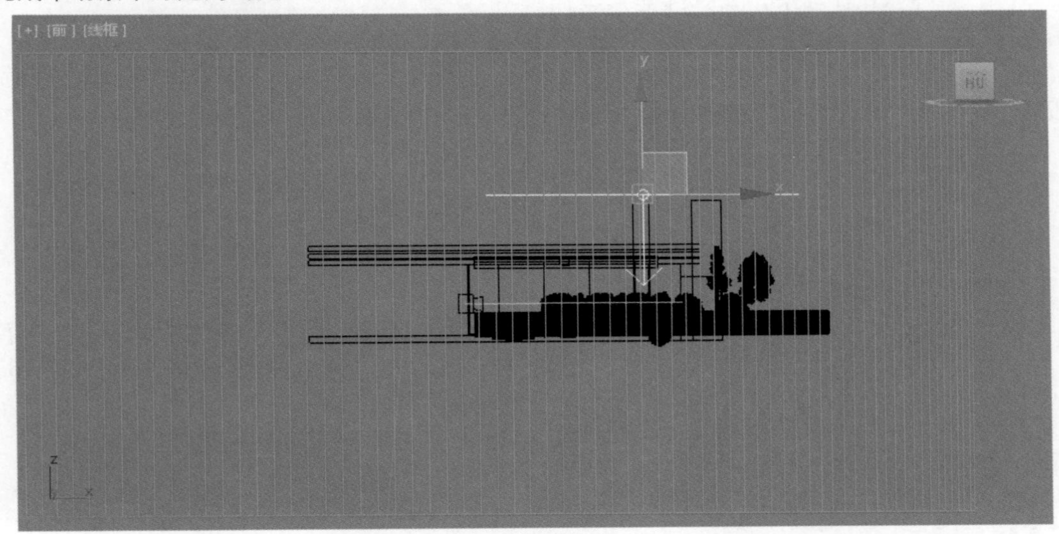

图 5-55

5.5　渲染设置

对场景进行摄影机和灯光创建完成后，就可以开始设置渲染了。

01 在“主工具栏”上单击“渲染设置”按钮，打开“渲染设置”面板，将渲染器设置为使用VRay渲染器，如图5-56所示。

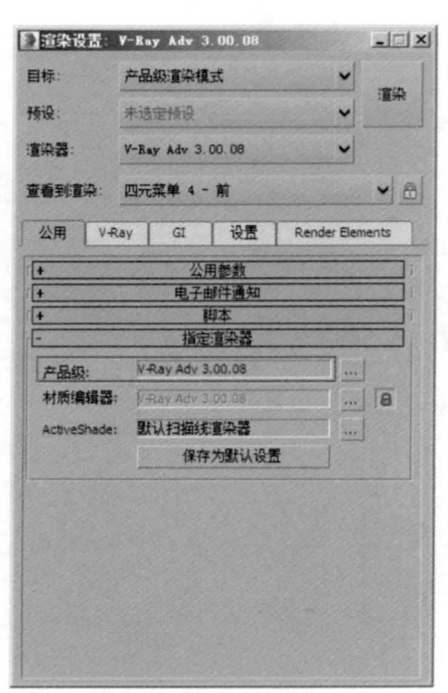

图 5-56

02 单击 GI 选项卡，勾选“启用全局照明（GI）”选项，设置“首次引擎”为“发光图”，设置“二次引擎”为“灯光缓存”，设置“饱和度”的值为 0.3，如图 5-57 所示。

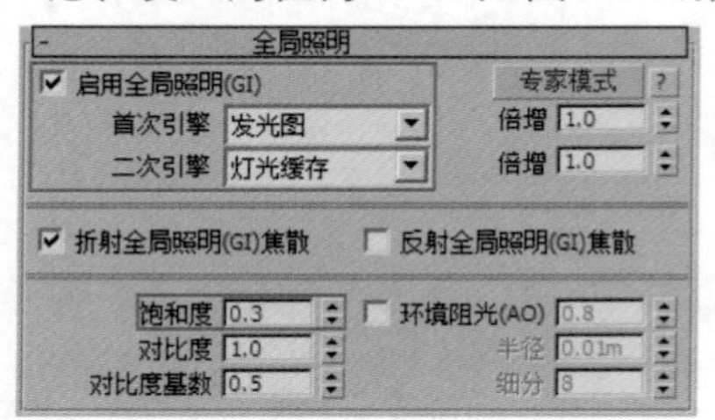

图 5-57

03 展开“发光图”卷展栏，将“当前预设”更改为“自定义”选项，设置“最小速率”的值为 -2，设置“最大速率”的值为 -2，如图 5-58 所示。

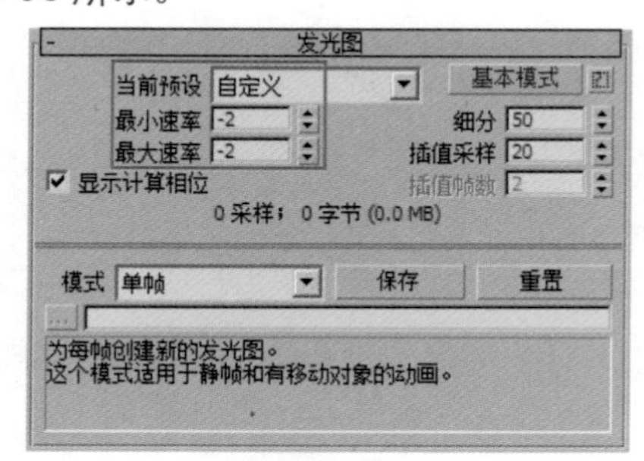

图 5-58

04 展开“灯光缓存”卷展栏，设置“细分”的值为 1200，如图 5-59 所示。

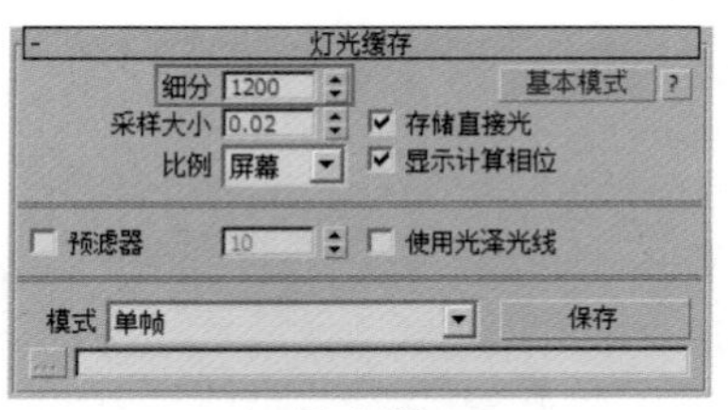

图 5-59

05 单击 V-Ray 选项卡，展开“图像采样器（抗锯齿）”卷展栏，设置“类型”为“自适应”选项，设置“过滤器”为 Catmull-Rom 选项，如图 5-60 所示。

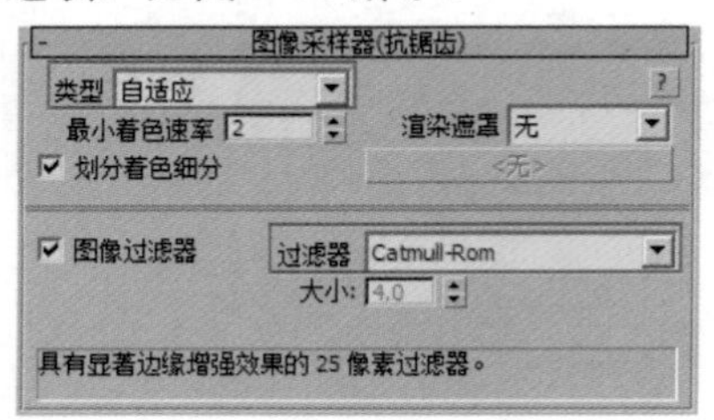

图 5-60

06 展开“自适应图像采样器”卷展栏，设置“最小细分”的值为 1，设置“最大细分”的值为 16，如图 5-61 所示。

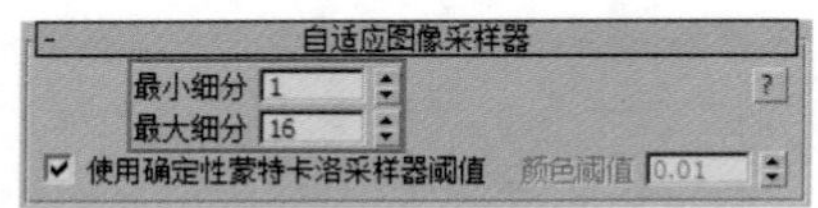

图 5-61

07 展开“全局确定性蒙特卡洛”卷展栏，设置“全局细分倍增”的值为 2，如图 5-62 所示。

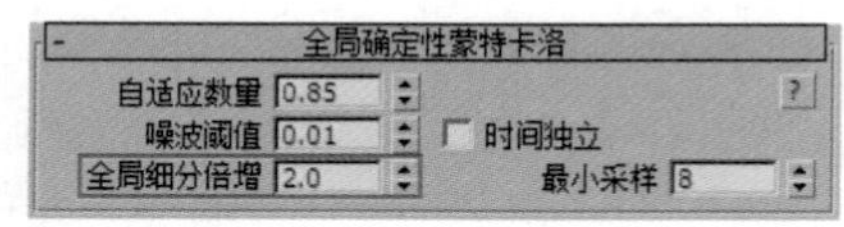

图 5-62

08 设置完成后，渲染场景，渲染结果如图 5-63 所示。

图 5-63

5.6　后期调整

01　在 VRay 渲染窗口中，单击左下角的“显示校正设置”按钮，打开 Color corrections（色彩校正）对话框，如图 5-64 所示。

图 5-64

02　单击 Exposure（曝光）卷展栏上的 Show/Hide（显示 / 隐藏）按钮，展开 Exposure（曝光）卷展栏，设置 Contrast（对比度）的值为 0.15，提高图像的层次感，如图 5-65 所示。

图 5-65

03　展开 Curve（曲线）卷展栏，调整曲线的弧度如图 5-66 所示，提高图像的明亮程度。

图 5-66

04 图像调整完成后，最终结果如图 5-67 所示。

图 5-67

第6章

建筑外观日景表现技术

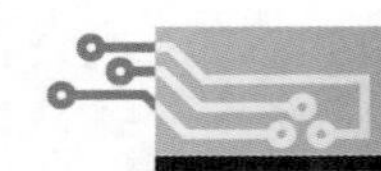

6.1 项目介绍

本案例为某高校的图书馆楼外观表现。本案例的最终渲染效果及线框图如图 6-1 所示。

图 6-1

6.2 创建摄影机构图

01 打开场景文件，本场景文件中已经创建好了模型，下面，我们首先在场景中进行摄影机的摆放及摄影机的角度调整，如图 6-2 所示。

图 6-2

02 在“创建”面板中，单击“摄影机”按钮，切换至“创建摄影机”面板，并将“摄影机”下拉列表选择为 VRay，如图 6-3 所示。

图 6-3

03 单击“VR- 物理摄影机”按钮，在“顶”视图中，创建一个“VR- 物理摄影机”，如图 6-4 所示。

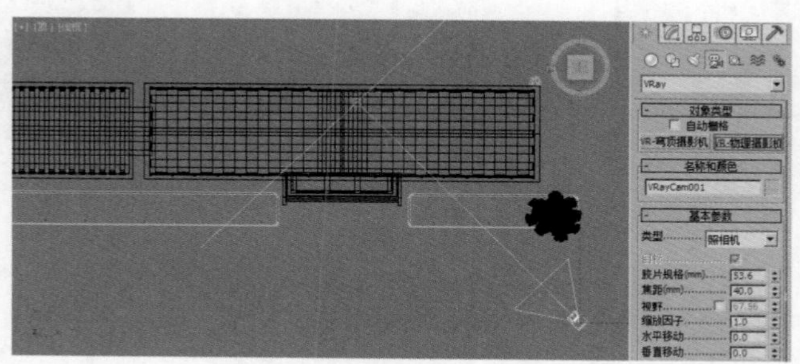

图 6-4

04 按下快捷键 W 键，将鼠标命令设置为“选择并移动”状态，在“前”视图中，调整“VR- 物理摄影机”及其目标点的位置至图 6-5 所示位置处。

图 6-5

05 按下快捷键 C 键，在“摄影机”视图中观察摄影机取景的范围，如图 6-6 所示。

图 6-6

06 在“主工具栏”上，单击“渲染设置”按钮，打开“渲染设置”面板。在“公用”选项卡中，设置“输出大小”组内的“宽度”值为2500，“高度”值为1000，如图6-7所示。

07 设置完成后，激活“摄影机”视图，并按下组合键Shift+F，显示出“安全框”，显示出摄影机的渲染范围，如图6-8所示。

图6-7

图6-8

08 在“修改”面板中，设置“VR-物理摄影机”的“胶片规格（mm）”值为53.6，调整摄影机的视野范围，如图6-9所示。

图6-9

09 单击“猜测垂直倾斜”按钮猜测垂直倾斜，使得“VR-物理摄影机”渲染的墙线垂直画面，如图6-10所示。

图6-10

10 设置完成后，摄影机的构图如图6-11所示。

图 6-11

6.3　材质制作

本案例中所涉及到的主要材质分别为制作红色墙砖材质、灰色墙砖材质、玻璃材质、路面材质和路灯材质。

6.3.1　制作红色墙砖材质

本案例中所体现出来的红色墙砖材质渲染效果如图 6-12 所示。

01 按下快捷键 M 键，打开“材质编辑器”面板，选择一个空白材质球，将其更改为 VRayMtl 材质，并重命名为“红色墙砖”，如图 6-13 所示。

图 6-12

图 6-13

02 在“基本参数”卷展栏内，调整“漫反射”的颜色为深红色（红 :40，绿 :12，蓝 :12），在“反射”组内，设置“反射”的颜色为灰色（红 :57，绿 :57，蓝 :57），设置“反射光泽度”的值为 0.85，制作出红色砖墙的表面颜色及高光，如图 6-14 所示。

03 单击展开“贴图”卷展栏，在“凹凸”贴图通道上添加一张“红色砖墙.jpg”贴图文件，并设置“凹凸”的强度值为 -150，如图 6-15 所示。

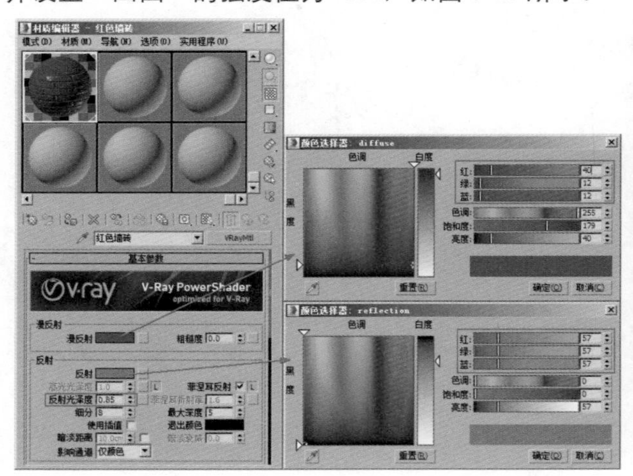

图 6-14

图 6-15

04 制作完成后的红色砖墙材质球显示效果如图 6-16 所示。

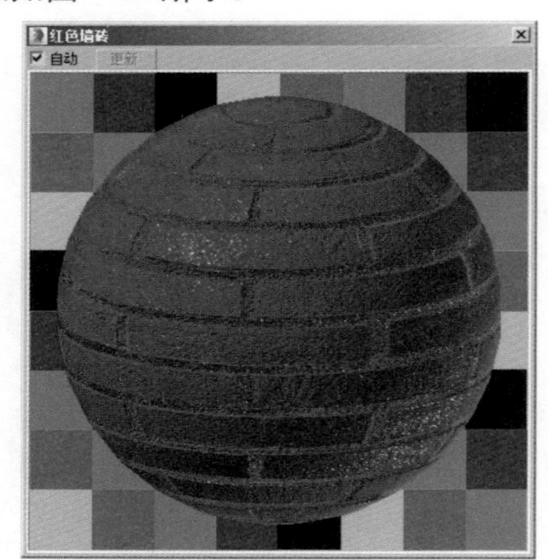

图 6-16

6.3.2 制作灰色墙砖材质

本案例中所体现出来的灰色墙砖材质渲染效果如图 6-17 所示。

图 6-17

01 按下快捷键 M 键，打开“材质编辑器”面板，选择一个空白材质球，将其更改为 VRayMtl 材质，并重命名为“灰色墙砖”，如图 6-18 所示。

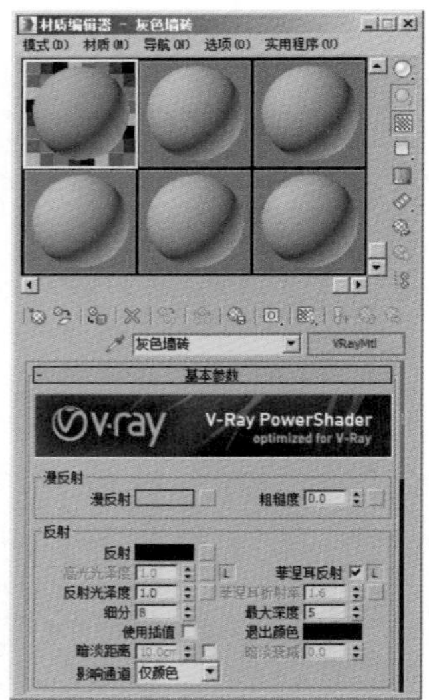

图 6-18

02 在“基本参数”卷展栏内，在“漫反射”的贴图通道中加载“平铺”贴图纹理，在“标准控制”卷展栏中，设置“平铺”的“预设类型”为“堆栈砌合”；在“高级控制”卷展栏中的“砖缝设置”组中，设置“水平间距”和“垂直间距”的值均为 0.5，制作出灰色墙砖的贴图纹理，如图 6-19 所示。

03 在“反射”组内，设置“反射”的颜色为灰色（红 :13，绿 :13，蓝 :13），设置“反射光泽度”的值为 0.83，制作出墙砖材质的反射及高光效果，如图 6-20 所示。

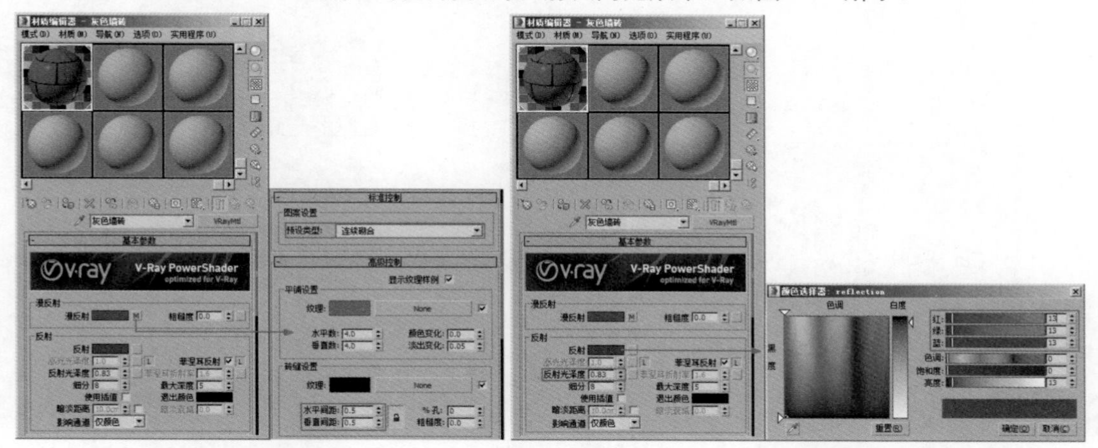

图 6-19　　　　图 6-20

04 单击展开“贴图”卷展栏，将“漫反射”贴图通道中的贴图文件拖曳至“凹凸”贴图通道上，并设置“凹凸”的强度值为 300，如图 6-21 所示。

05 制作完成后的灰色墙砖材质球显示效果如图 6-22 所示。

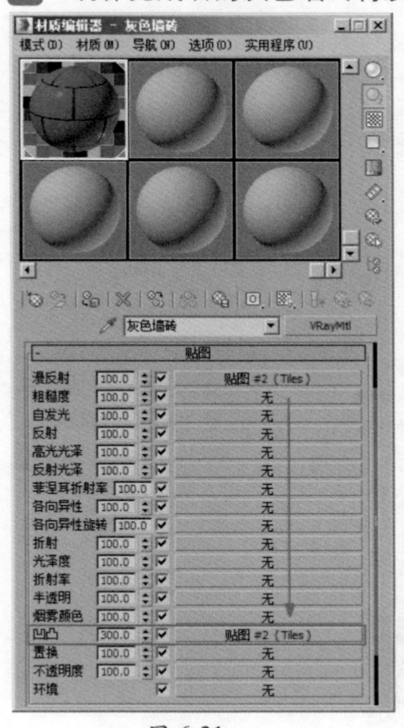

图 6-21

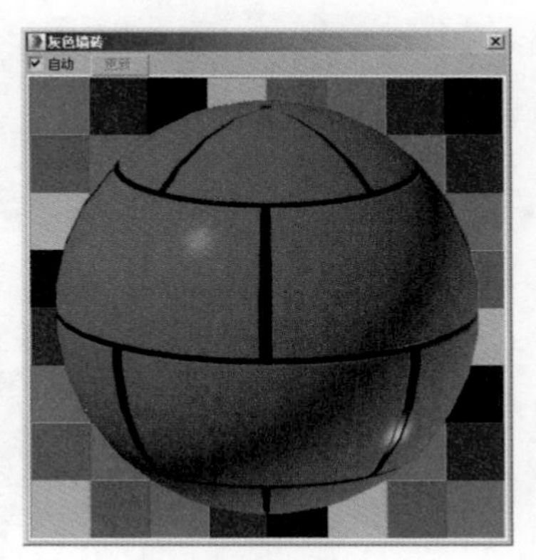

图 6-22

6.3.3　制作玻璃材质

本案例中所体现出来的玻璃材质较为通透明亮，渲染效果如图 6-23 所示。

01 按下快捷键 M 键，打开“材质编辑器”面板，选择一个空白材质球，将其更改为 VRayMtl 材质，并重命名为“玻璃”，如图 6-24 所示。

图 6-23

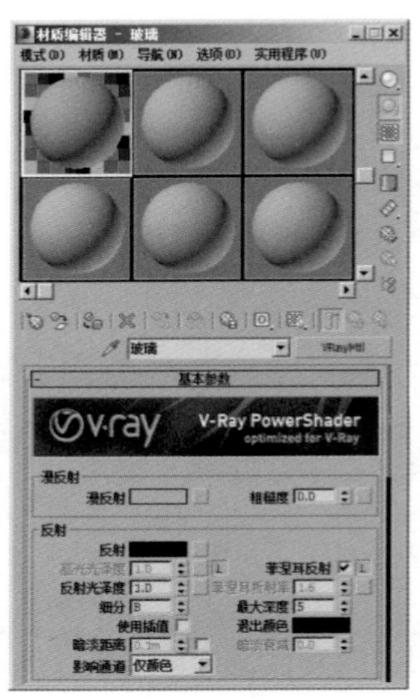

图 6-24

02 在“基本参数”卷展栏内，设置“漫反射”的颜色为白色（红 :243，绿 :243，蓝 :243），在“反射”组内，设置“反射”的颜色为灰色（红 :49，绿 :49，蓝 :49），取消勾选“菲涅耳反射”选项，制作出玻璃材质的反射，如图 6-25 所示。

03 在“折射”组内，设置“折射”的颜色为白色（红 :243，绿 :243，蓝 :243），勾选“影响阴影”选项，如图 6-26 所示。

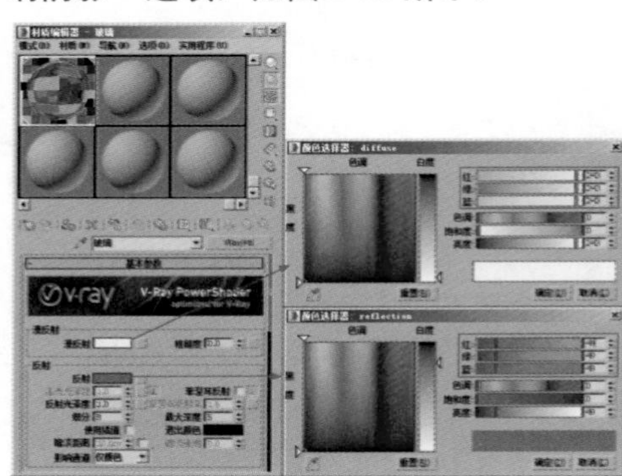

图 6-25

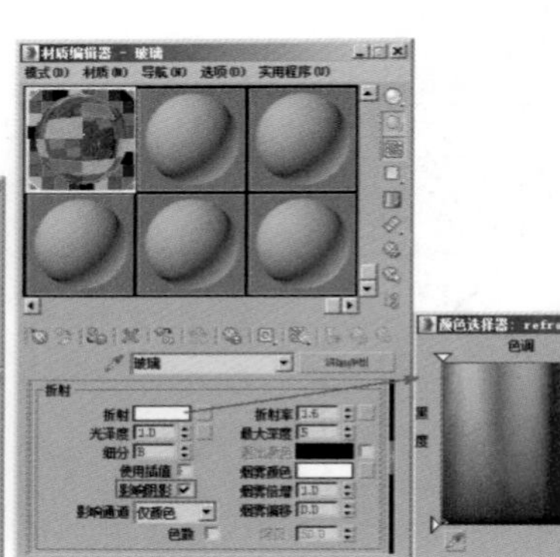

图 6-26

04 制作完成后的玻璃材质球显示效果如图 6-27 所示。

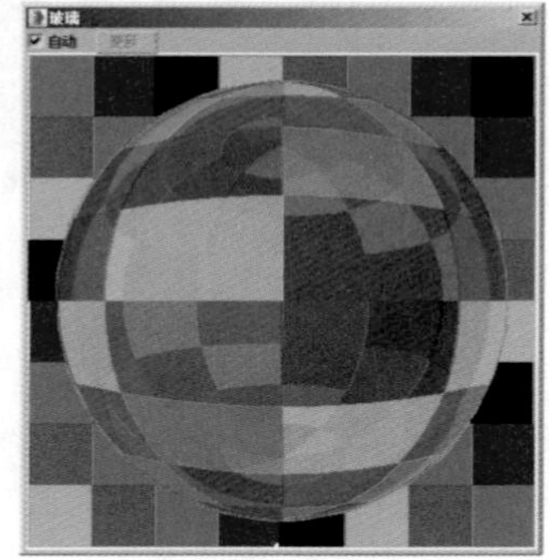

图 6-27

6.3.4 制作路面材质

本案例中路面材质的渲染效果如图 6-28 所示。

01 按下快捷键 M 键，打开“材质编辑器”面板，选择一个空白材质球，将其更改为 VRayMtl 材质，并重命名为“路面”，如图 6-29 所示。

图 6-28

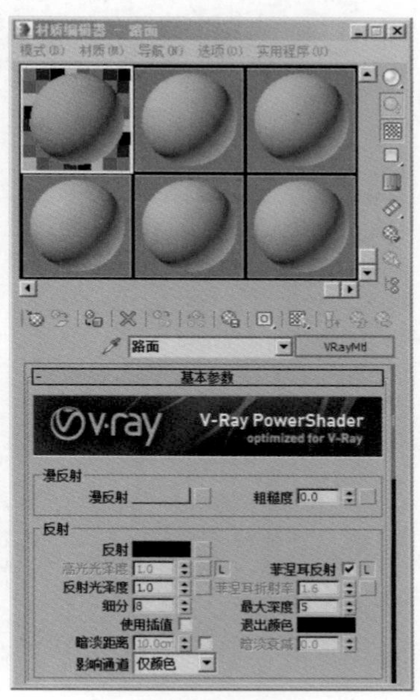

图 6-29

02 在“漫反射”组中，在“漫反射”通道上加载一张“砂石.jpg”贴图文件，如图 6-30 所示。

03 在“反射”组中，设置“反射”的颜色为灰色（红:25，绿:25，蓝:25），取消勾选“菲涅耳反射”选项，设置“反射光泽度”的值为 0.82，制作出路面材质的反射及高光效果，如图 6-31 所示。

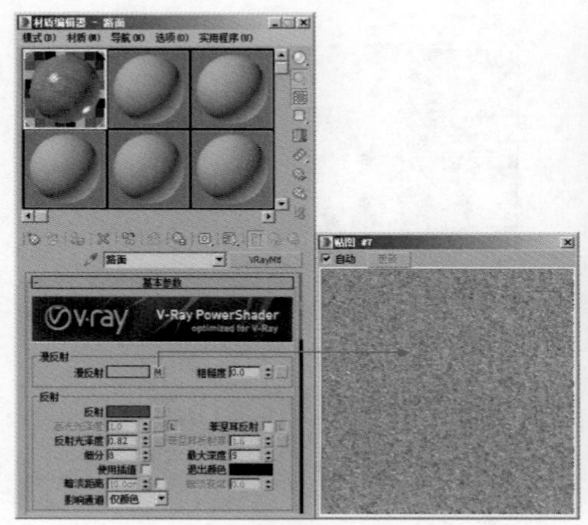

图 6-30

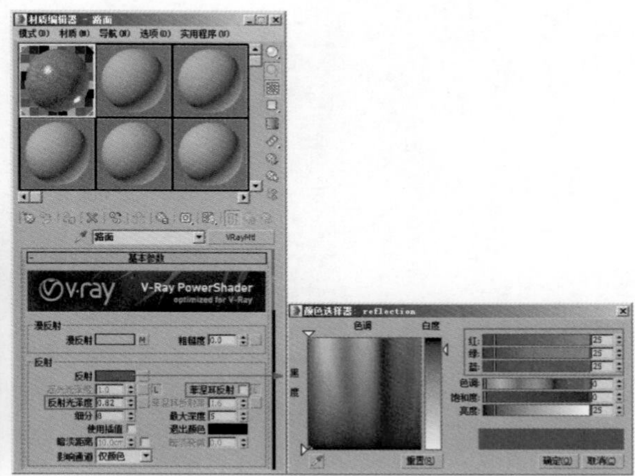

图 6-31

04 单击展开“贴图”卷展栏，将“漫反射”贴图通道中的贴图拖曳至“凹凸”贴图通道上，并设置“凹凸”的强度值为 30，制作出路面材质的凹凸质感，如图 6-32 所示。

05 制作完成后的路面材质球显示效果如图 6-33 所示。

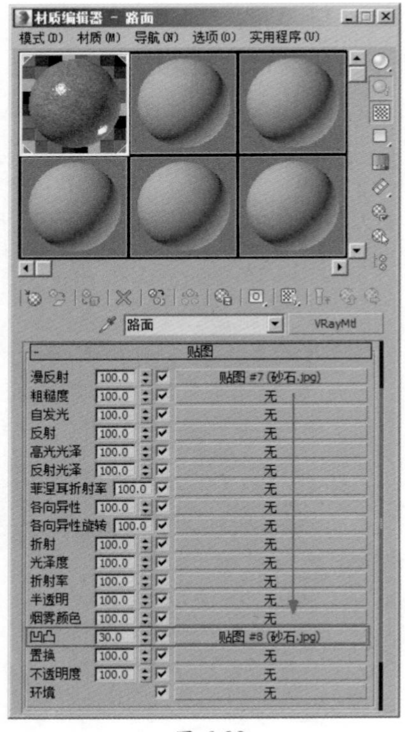

图 6-32

图 6-33

6.3.5 制作路灯材质

本案例中所体现出来的墙面材质渲染效果如图 6-34 所示。

01 按下快捷键 M 键，打开“材质编辑器”面板，选择一个空白材质球，将其更改为 VRayMtl 材质，并重命名为“路灯”，如图 6-35 所示。

图 6-34

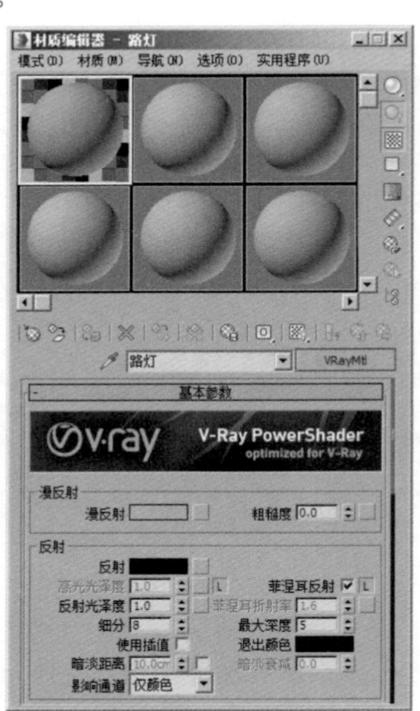

图 6-35

02　在“漫反射”组中，设置“漫反射”的颜色为深灰色（红 :8，绿 :8，蓝 :8），在“反射”组中，设置“反射”的颜色为灰色（红 :91，绿 :91，蓝 :91），设置“反射光泽度”的值为 0.83，如图 6-36 所示。

03　展开“双向反射分布函数”卷展栏，设置“各向异性（-1,1）”的值为 0.5，调整路灯材质的高光形状，如图 6-37 所示。

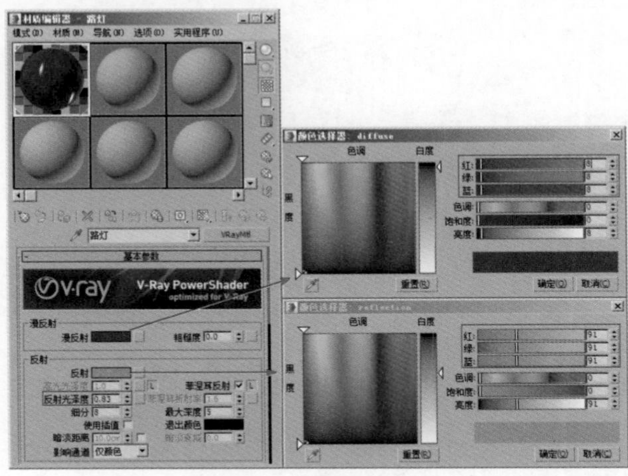

图 6-36　　　　图 6-37

04　制作完成后的路灯材质球显示效果如图 6-38 所示。

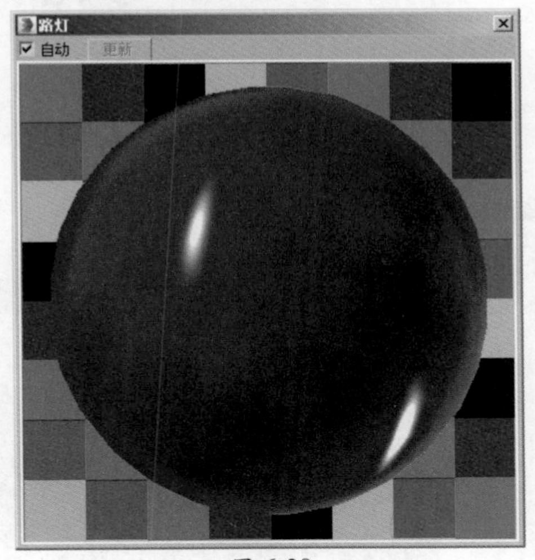

图 6-38

6.4　使用 Forest Pack Pro 专业森林插件制作花草树木模型

本实例中的花草树木模型主要使用 Forest Pack Pro（专业森林）插件来制作完成，具体操作步骤如下。

6.4.1 制作花草模型

01 将“创建”面板的下拉列表切换至“Itoo 软件”，如图 6-39 所示。

02 单击 Forest Pro 按钮 Forest Pro ，在场景中拾取花池模型内的样条线，即可在闭合的样条线范围内产生 Forest Pro 物体，如图 6-40 所示。

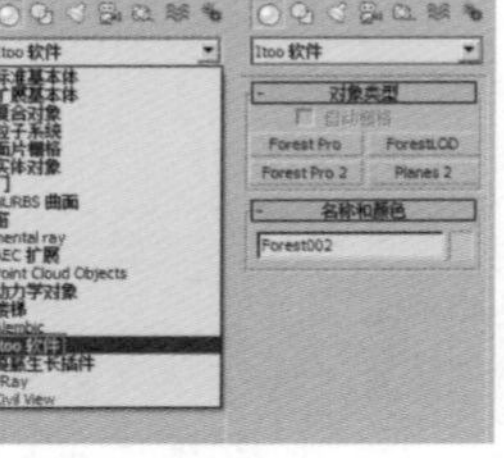

图 6-39

图 6-40

03 在“修改”面板中，展开“几何体”卷展栏，单击“库”按钮，如图 6-41 所示，即可弹出“库浏览器”对话框，如图 6-42 所示。

图 6-41

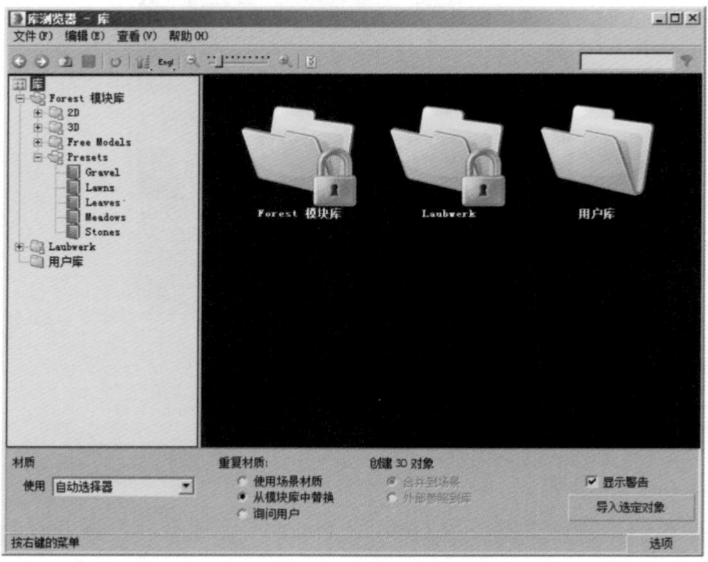

图 6-42

04 在“库浏览器”对话框左侧的库目录中，单击展开 Presets/Lawns 文件夹，选择“白三叶草”，如图 6-43 所示。

图 6-43

05　选择时系统会自动弹出“外部参照对象合并”对话框，单击“确定”按钮 确定，即可完成三叶草模型的创建，如图6-44所示。

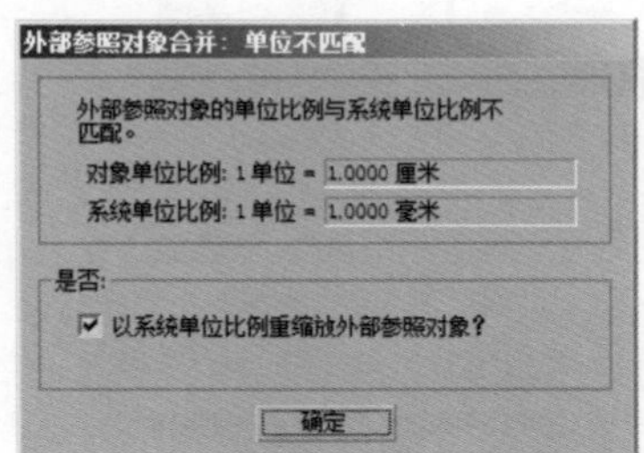

图 6-44

06　创建完成后，可以看到场景中花池模型位置处已经种植上 Forest Pack Pro（专业森林）插件为用户提供的三叶草群组模型，如图 6-45 所示。

图 6-45

07　渲染当前场景，可以看到三叶草的渲染结果如图 6-46 所示。

图 6-46

6.4.2　制作灌木模型

01　将“创建”面板的下拉列表切换至“Itoo 软件”，单击 Forest Pro 按钮 Forest Pro，在场景中拾取花池模型内的样条线，在闭合的样条线范围内产生 Forest Pro 物体，如图 6-47 所示。

图 6-47

02 在“修改”面板中，展开“几何体”卷展栏，单击“库”按钮。在弹出的“库浏览器”对话框左侧的库目录中，单击展开 Free Models/HQPlants Free 文件夹，选择 Bush（灌木）模型，如图 6-48 所示。

图 6-48

03 创建完成后，即可在视图中观察所创建完成的灌木模型，如图 6-49 所示。

图 6-49

04 渲染当前场景，可以看到灌木的渲染结果如图 6-50 所示。

图 6-50

6.4.3 制作树木模型

01 将“创建”面板的下拉列表切换至“Itoo 软件”，单击 Forest Pro 按钮 Forest Pro ，在场景中拾取花池模型内的样条线，在闭合的样条线范围内产生 Forest Pro 物体，如图 6-51 所示。

图 6-51

02 在“修改”面板中，展开“几何体”卷展栏，单击“库”按钮。在弹出的“库浏览器”对话框左侧的库目录中，单击展开 Free Models/HQPlants Free 文件夹，选择 Maple（枫树）模型，如图 6-52 所示。

图 6-52

03 创建完成后，即可在视图中观察所创建完成的枫树模型，如图 6-53 所示。

图 6-53

04 在“修改”面板中，单击展开“区域”卷展栏，设置“比例”的值为 177，调节树木的生长密度，如图 6-54 所示。

图 6-54

05 单击展开“变换”卷展栏，勾选“旋转”组中的“启用”选项，调整树木的随机旋转形态，如图 6-55 所示。

图 6-55

06 在“变换”卷展栏中，勾选“比例”组内的“启用”选项，并设置“最小”值为 60，“最大”值为 120，调整树木的随机大小形态，如图 6-56 所示。

图 6-56

07 设置完成后，渲染当前场景，可以看到树木的渲染结果如图 6-57 所示。

图 6-57

6.5　使用“填充”命令制作角色模型

01 单击展开 3ds　Max 的“填充”命令面板，如图 6-58 所示。

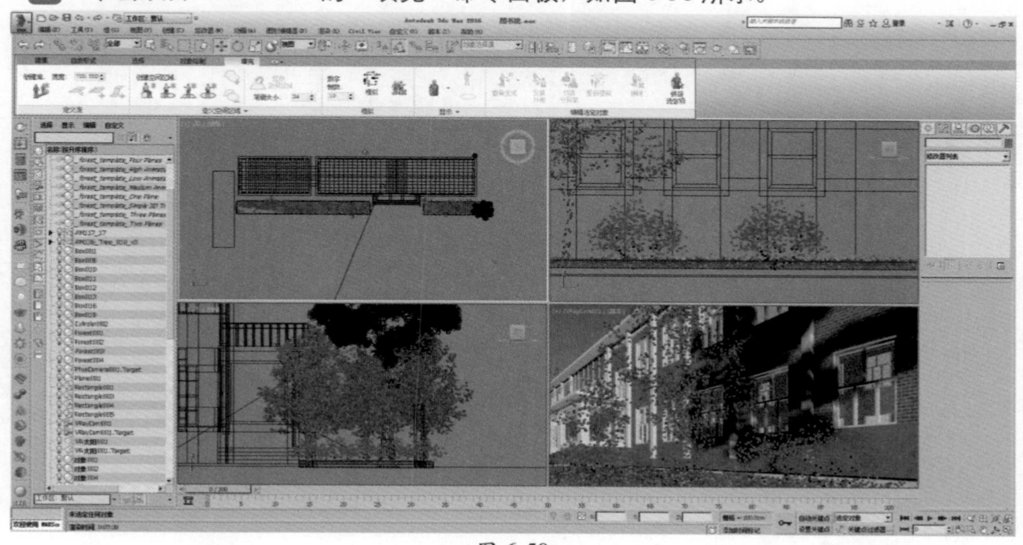

图 6-58

02 单击“创建流”按钮，在“顶”视图中创建一个“流”对象，如图 6-59 所示。

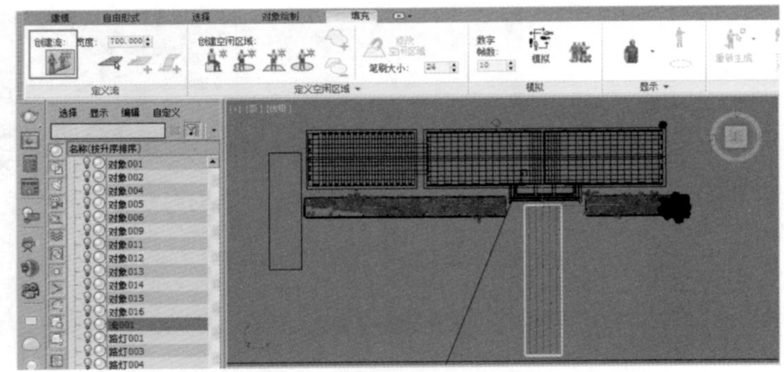

图 6-59

03 将“数字帧数”的值设置为 10，单击“模拟”按钮，对“流”对象进行人流动画计算，如图 6-60 所示。

图 6-60

04 计算完成后，即可在视图中看到所生成的带有动画结果的人物模型，如图 6-61 所示。

图 6-61

05 设置完成后，渲染当前场景，可以看到人物模型的渲染结果，如图 6-62 所示。

图 6-62

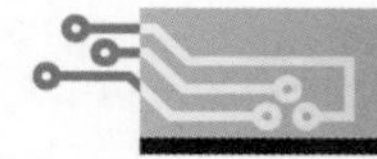

6.6　制作日光及天空环境

本案例中的灯光表现模拟的是室外天空照明效果，故在灯光的使用上选择的是 VRay 渲染器提供的“VR- 太阳”来进行照明制作。

01　在创建“灯光”面板中，将灯光的下拉列表切换至 VRay 选项，如图 6-63 所示。

02　单击“VR- 太阳”按钮，在“顶”视图中创建一个“VR- 太阳”灯光，灯光位置如图 6-64 所示。

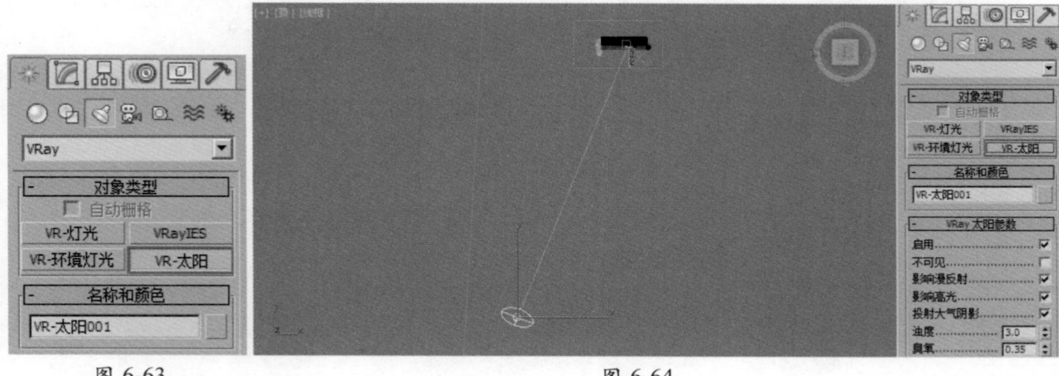

图 6-63　　　　图 6-64

03　创建灯光时，系统会自动弹出“VRay 太阳”对话框，询问用户是否在场景中添加 VR 天空环境贴图，单击“是”按钮完成灯光的创建，如图 6-65 所示。

04　按下快捷键 F 键，在“前”视图中，调整“VR- 太阳”灯光的位置至图 6-66 所示，完成本场景中灯光的创建。

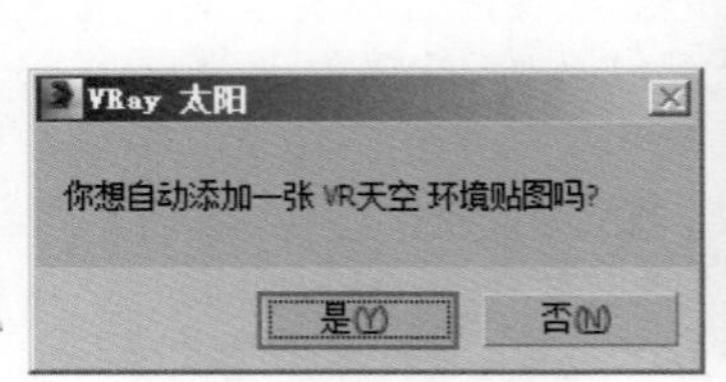

图 6-65

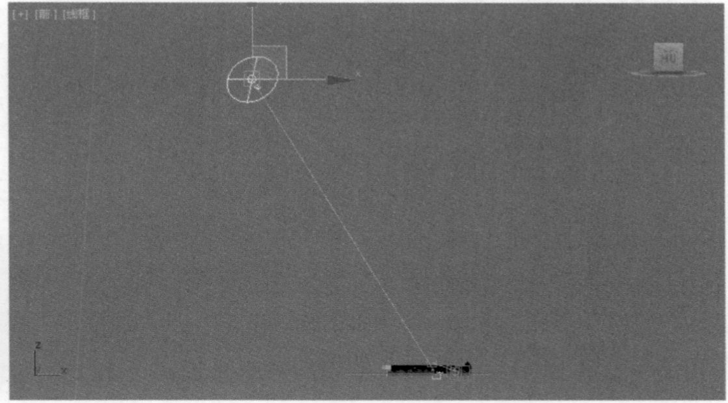

图 6-66

6.7　渲染设置

对场景进行摄影机和灯光创建完成后，就可以开始设置渲染了。

01　在“主工具栏”上单击“渲染设置”按钮，打开“渲染设置”面板，将渲染器设置为使用 VRay 渲染器，如图 6-67 所示。

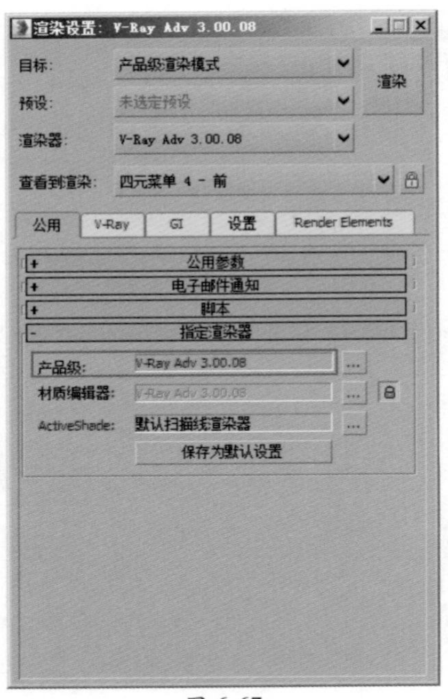

图 6-67

02 单击GI选项卡，勾选“启用全局照明（GI）”选项，设置“首次引擎”为“发光图”，设置“二次引擎”为“灯光缓存”，设置“饱和度”的值为0.3，如图6-68所示。

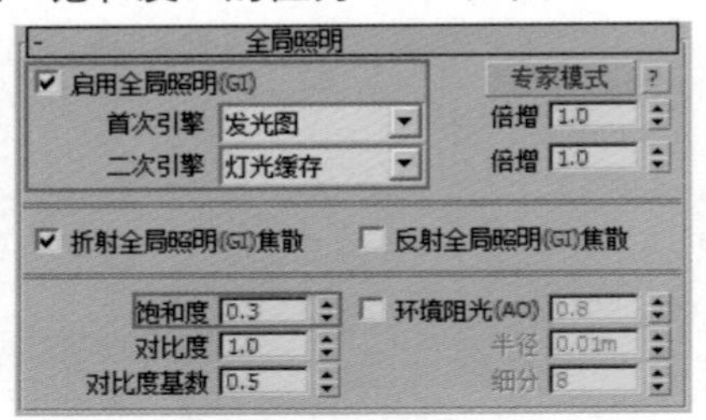

图 6-68

03 展开“发光图”卷展栏，将“当前预设”更改为“自定义”选项，设置“最小速率”的值为-2，设置“最大速率”的值为-2，如图6-69所示。

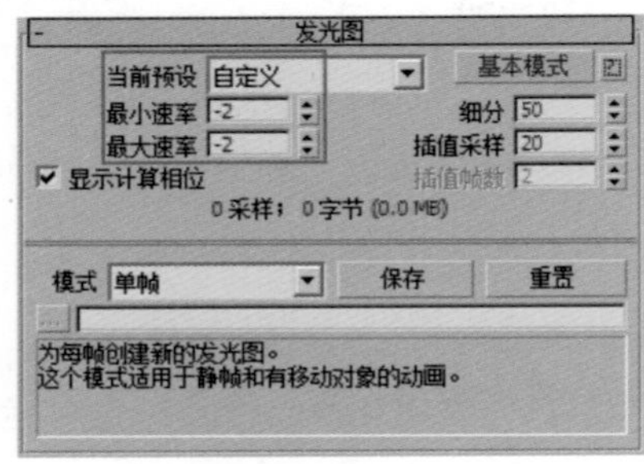

图 6-69

04 展开“灯光缓存”卷展栏，设置“细分”的值为1500，如图6-70所示。

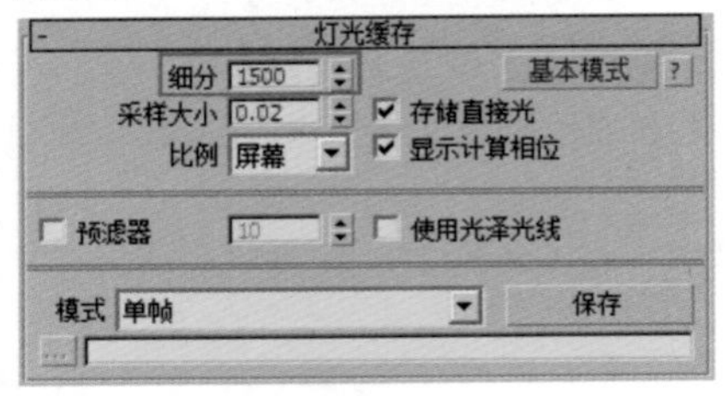

图 6-70

05 单击V-Ray选项卡，展开“图像采样器（抗锯齿）”卷展栏，设置“类型”为“自适应”选项，设置“过滤器”为Catmull-Rom选项，如图6-71所示。

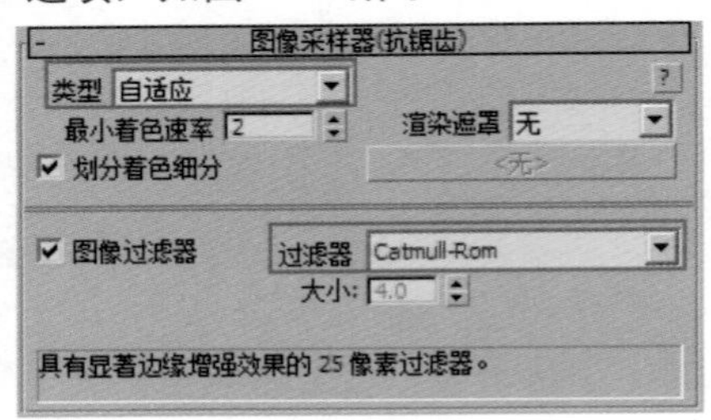

图 6-71

06 展开“自适应图像采样器”卷展栏，设置“最小细分”的值为1，设置“最大细分”的值为16，如图6-72所示。

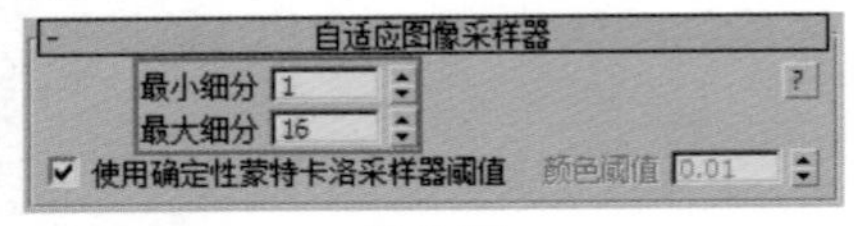

图 6-72

07 展开“全局确定性蒙特卡洛”卷展栏，设置“全局细分倍增”的值为3，如图6-73所示。

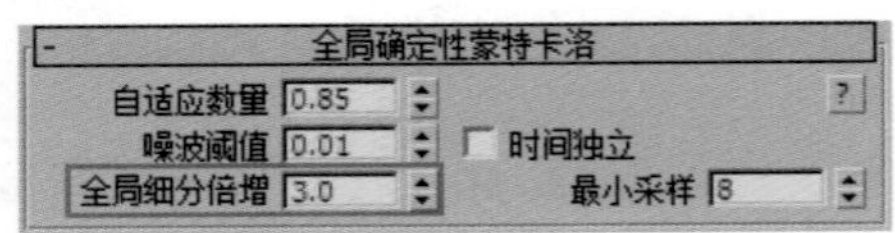

图 6-73

08 设置完成后，渲染场景，渲染结果如图6-74所示。

图 6-74

6.8 后期调整

01 在 VRay 渲染窗口中，单击左下角的“显示校正设置”按钮，打开 Color corrections（色彩校正）对话框，如图 6-75 所示。

图 6-75

02 单击 Exposure（曝光）卷展栏上的 Show/Hide（显示/隐藏）按钮，展开 Exposure（曝光）卷展栏，设置 Contrast（对比度）的值为 0.2，提高图像的层次感，如图 6-76 所示。

图 6-76

03 展开 Hue/Saturation（色相 / 饱和度）卷展栏，调整 Saturation（饱和度）的值为 0.08，提高图像的色彩饱和度，如图 6-77 所示。

图 6-77

04 展开 Curve（曲线）卷展栏，调整曲线的弧度如图 6-78 所示，提高图像的明亮程度。

图 6-78

05 图像调整完成后，最终结果如图 6-79 所示。

图 6-79

第 7 章

水景别墅日光表现技术

7.1 项目介绍

本案例为国外别墅项目的外观展示表现，该别墅依山傍水，筑于一处小坡之上，别墅旁建有宽敞的泳池。别墅外观设计简洁轻快，别墅地点远离城市喧嚣，整体设计给人以安静、舒适及亲近大自然的生活体验。本案例表现以水景为卖点，最终渲染效果及线框图如图 7-1 所示。

图 7-1

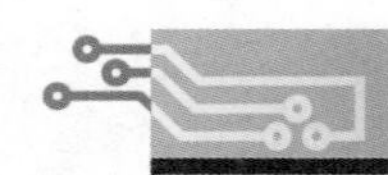

7.2 创建摄影机构图

01 打开场景文件，本场景文件中已经创建好了模型，下面，我们首先在场景中进行摄影机的摆放及摄影机的角度调整，如图 7-2 所示。

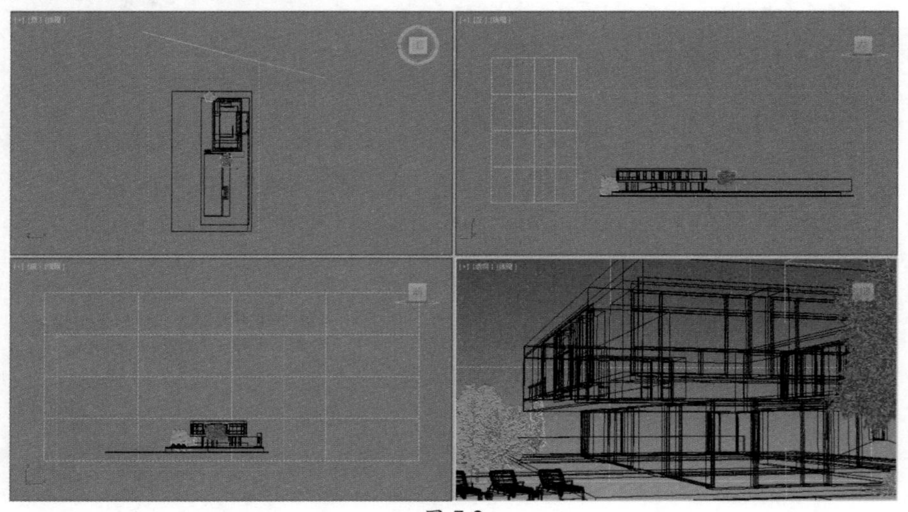

图 7-2

02 在“创建”面板中，单击“摄影机”按钮，切换至创建“摄影机”面板，并将“摄影机”下拉列表选择为 VRay，如图 7-3 所示。

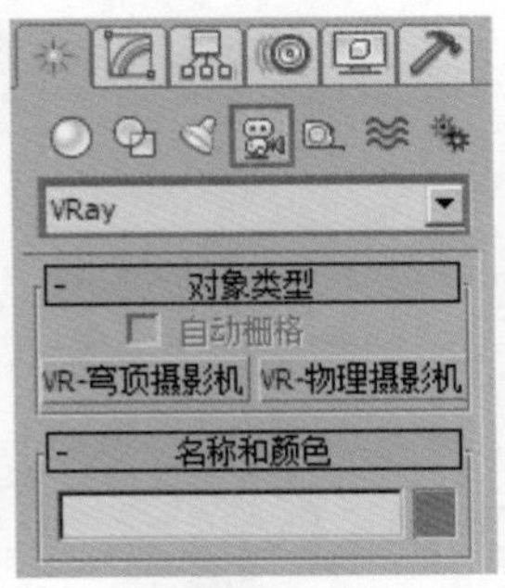

图 7-3

03 单击“VR- 物理摄影机”按钮，在“顶”视图中，创建一个“VR- 物理摄影机”，如图 7-4 所示。

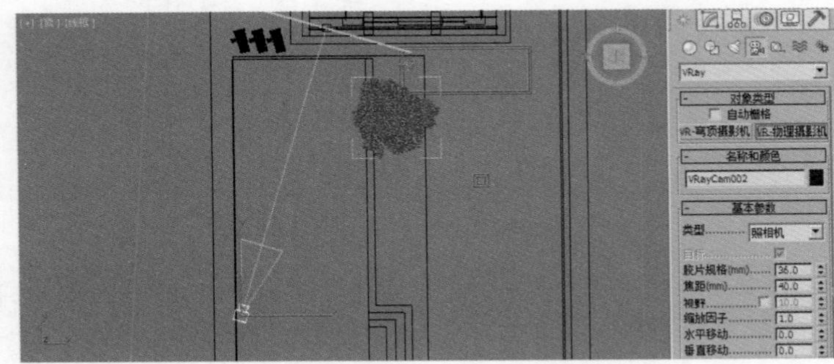

图 7-4

04 按下快捷键 W 键，将鼠标命令设置为“选择并移动”状态，在“左”视图中，调整“VR- 物理摄影机”及其目标点的位置至图 7-5 所示处。

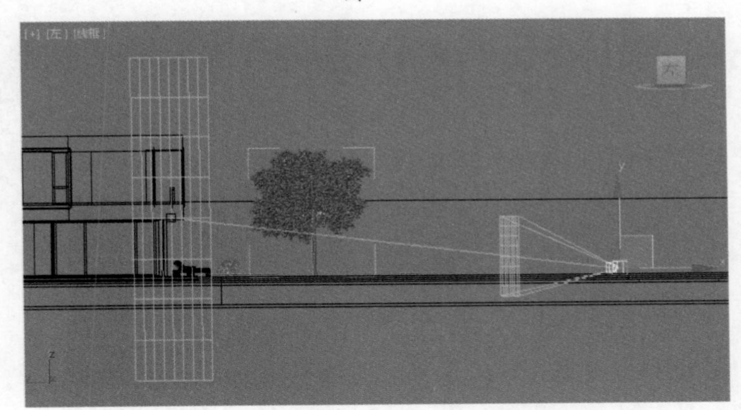

图 7-5

05 按下快捷键 C 键，在“摄影机”视图中观察摄影机取景的范围，如图 7-6 所示。

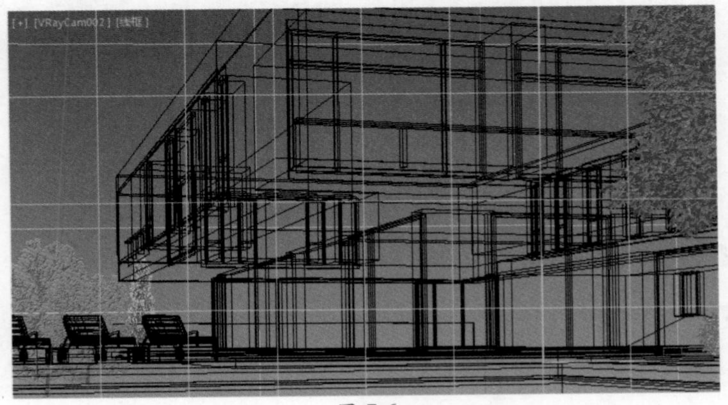

图 7-6

06 在“主工具栏”上，单击“渲染设置”按钮，打开“渲染设置”面板。在“公用”选项卡中，设置“输出大小”组内的“宽度”值为1200，“高度”值为1500，设置本案例的构图为竖向构图，如图7-7所示。

公用 V-Ray GI 设置 Render Elements

公用参数

时间输出
单帧 每N帧：1
活动时间段： 0 到 100
范围：0 至 100
文件起始编号：0
帧：1,3,5-12

要渲染的区域
视图 选择的自动区域

输出大小
自定义 光圈宽度(毫米)：36.0
宽度：1200 320x240 720x486
高度：1500 640x480 800x600
图像纵横比：0.80000 像素纵横比：1.0

选项
大气 渲染隐藏几何体
效果 区域光源/阴影视作点光源
置换 强制双面

图 7-7

07 设置完成后，激活“摄影机”视图，并按下组合键Shift+F，即可显示出“安全框”，藉此可以在“摄影机”视图中很方便地观察摄影机的渲染范围，如图7-8所示。

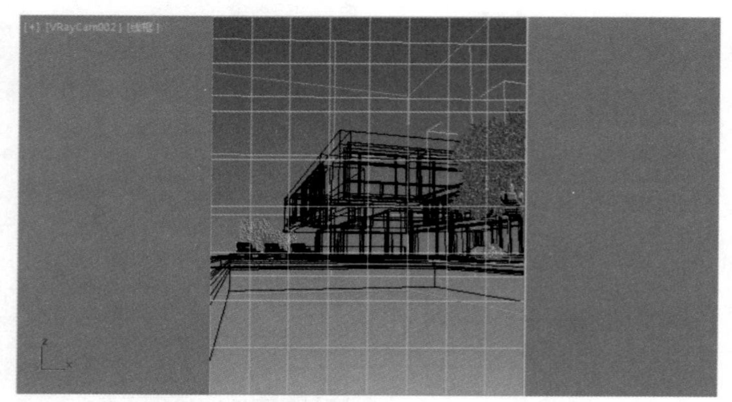

图 7-8

08 在“修改”面板中，设置“VR-物理摄影机”的“胶片规格（mm）”值为22.68，调整摄影机的视野范围，如图7-9所示。

基本参数

类型………… 照相机
目标………………
胶片规格(mm)…… 22.68
焦距(mm)………… 40.0
视野…………… 31.607
缩放因子………… 1.0
水平移动………… 0.0
垂直移动………… 0.0
光圈数…………… 8.0
目标距离………… 24.56m
垂直倾斜………… 0.0
水平倾斜………… 0.0
自动猜测垂直倾斜
猜测垂直倾斜 猜测水平倾斜

图 7-9

09 单击“猜测垂直倾斜”按钮猜测垂直倾斜，使得“VR-物理摄影机”渲染的墙线垂直画面，如图 7-10 所示。

图 7-10

10 设置完成后，摄影机的构图如图 7-11 所示。

图 7-11

7.3 材质制作

本案例中所涉及到的主要材质分别为墙体材质、木纹墙体材质、玻璃材质、窗框材质、池水材质、环境材质和树叶材质。

7.3.1 制作墙体材质

本案例中所体现出来的墙体材质渲染效果如图 7-12 所示。

图 7-12

01 按下快捷键M键，打开“材质编辑器”面板，选择一个空白材质球，将其更改为VRayMtl材质，并重命名为“墙体”，如图7-13所示。

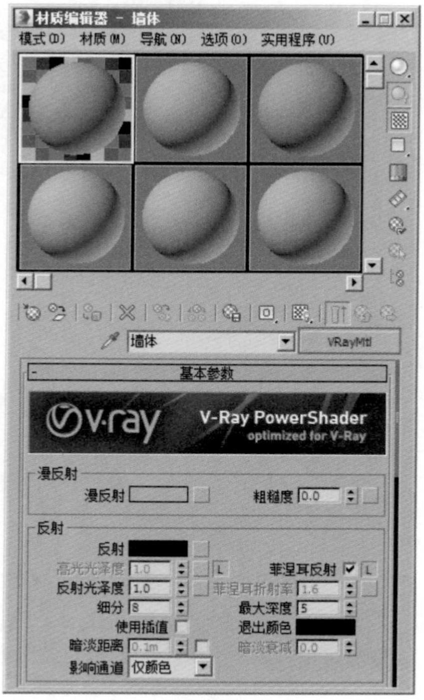

图 7-13

02 在“基本参数”卷展栏内，在“漫反射”的贴图通道中添加一张“AS2_concrete_13.jpg”贴图文件，如图7-14所示。

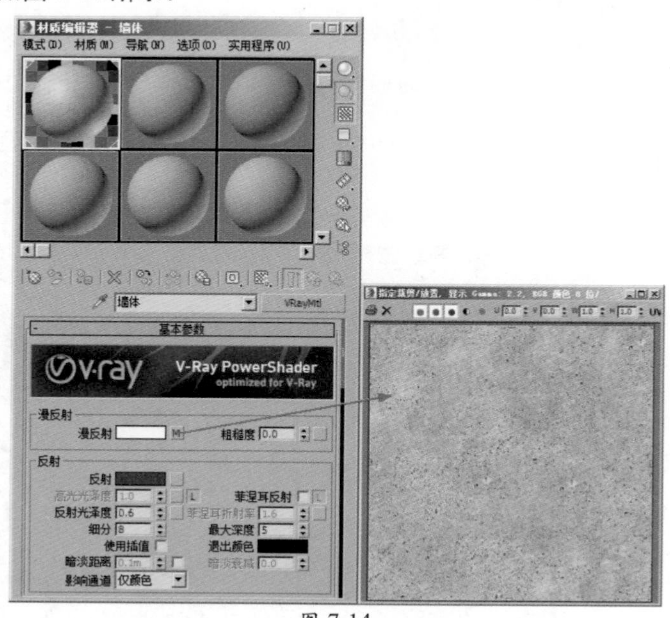

图 7-14

03 在“反射”组中，设置“反射”的颜色为灰色（红:10，绿:10，蓝:10），设置“反射光泽度”的值为 0.6，并取消勾选“菲涅耳反射”选项，制作出墙体材质的反射及高光细节，如图 7-15 所示。

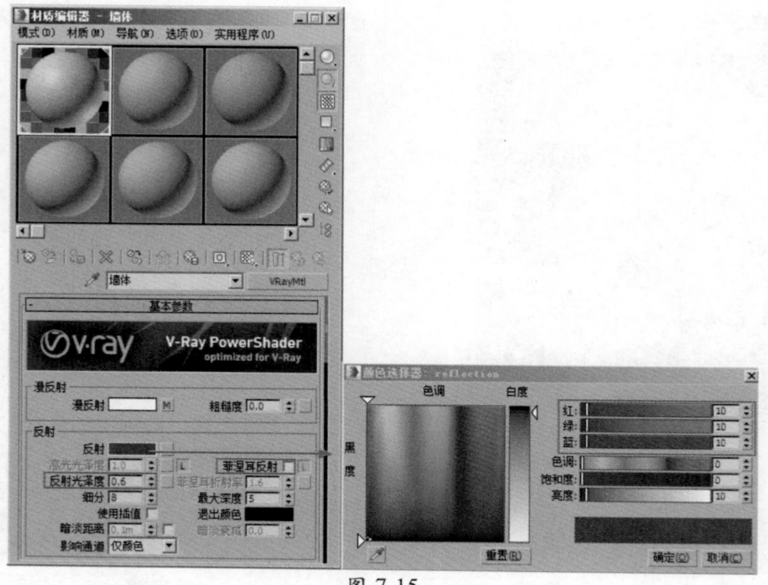

图 7-15

04 单击展开“贴图”卷展栏，将“漫反射”贴图通道中的贴图以拖曳的方式复制到“凹凸”贴图通道上，并设置“凹凸”的强度值为 30，制作墙体材质的表面凹凸细节，如图 7-16 所示。

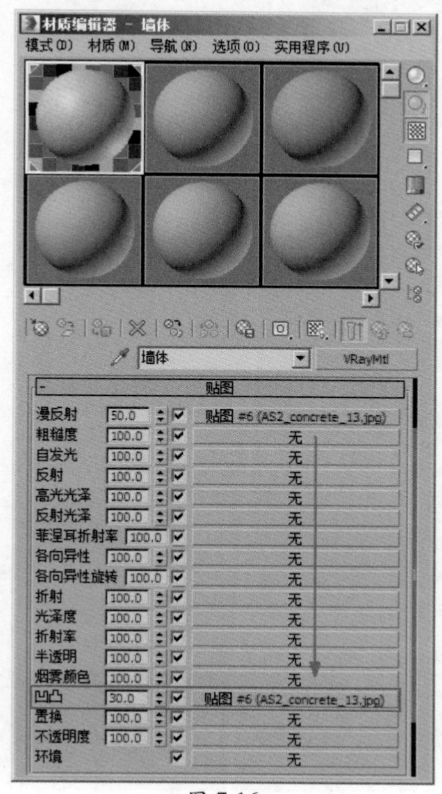

图 7-16

05 制作完成后的墙体材质球显示效果如图 7-17 所示。

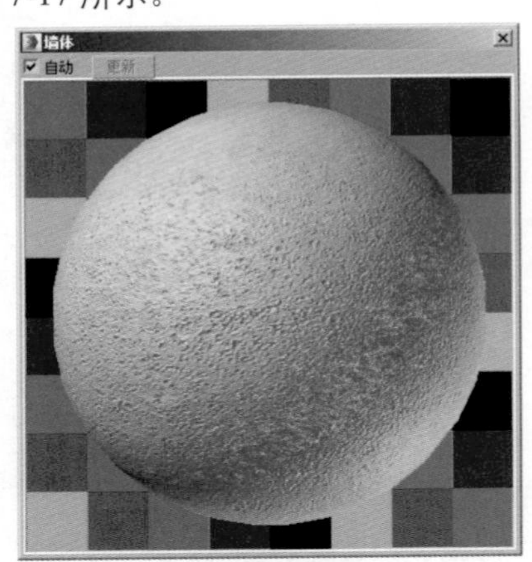

图 7-17

7.3.2 制作木纹墙体材质

本案例中所体现出来的木纹墙体材质渲染效果如图 7-18 所示。

图 7-18

01 按下快捷键 M 键，打开“材质编辑器”面板，选择一个空白材质球，将其更改为 VRayMtl 材质，并重命名为“木纹墙”，如图 7-19 所示。

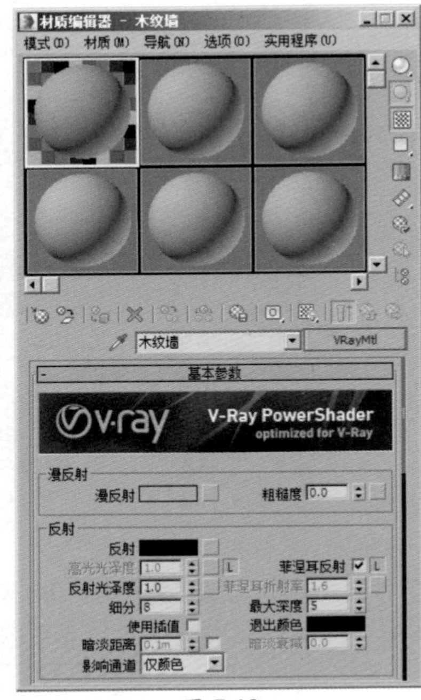

图 7-19

02 在“基本参数”卷展栏内，在“漫反射”的贴图通道中添加一张“AS2_wood_12a.jpg”贴图文件，如图 7-20 所示。

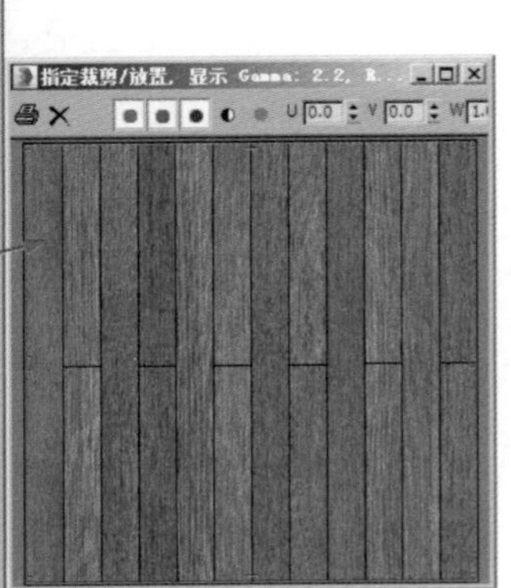

图 7-20

03 在“反射”组内，设置“反射”的颜色为灰色（红 :13，绿 :13，蓝 :13），设置“反射光泽度”的值为 0.67，并取消勾选“菲涅耳反射”复选项，制作出木纹墙材质的反射及高光效果，如图 7-21 所示。

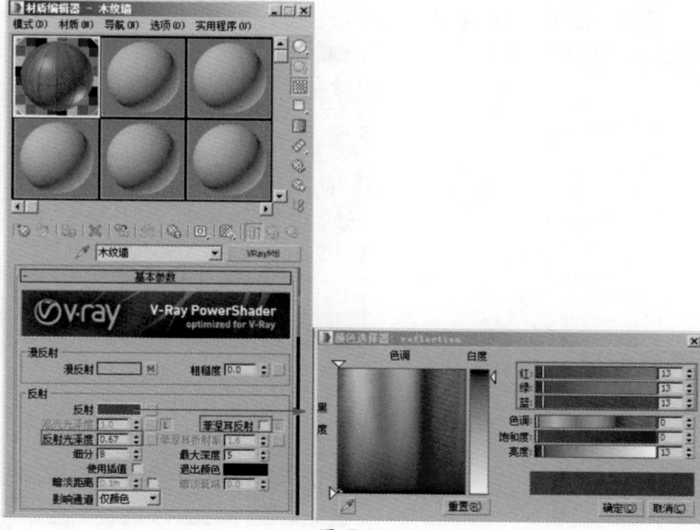

图 7-21

04 单击展开“贴图”卷展栏，将“漫反射”贴图通道中的贴图文件拖曳至“凹凸”贴图通道上，并设置“凹凸”的强度值为 50，如图 7-22 所示。

05 制作完成后的木纹墙体材质球显示效果如图 7-23 所示。

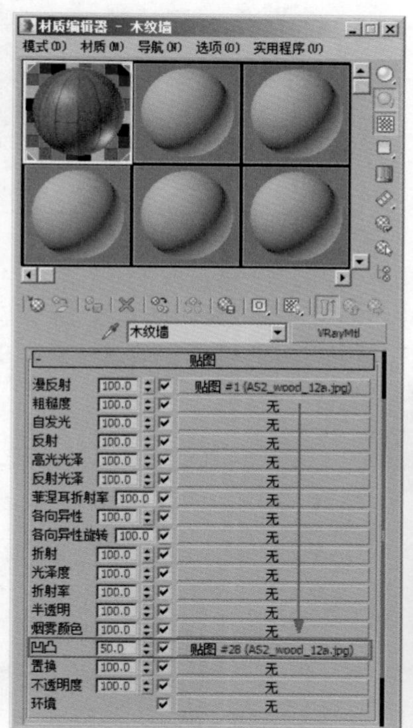

图 7-22

图 7-23

7.3.3　制作玻璃材质

本案例中所体现出来的玻璃材质较为通透明亮，反射较强。渲染效果如图 7-24 所示。

图 7-24

01 按下快捷键 M 键，打开“材质编辑器”面板，选择一个空白材质球，将其更改为 VRayMtl 材质，并重命名为“玻璃”，如图 7-25 所示。

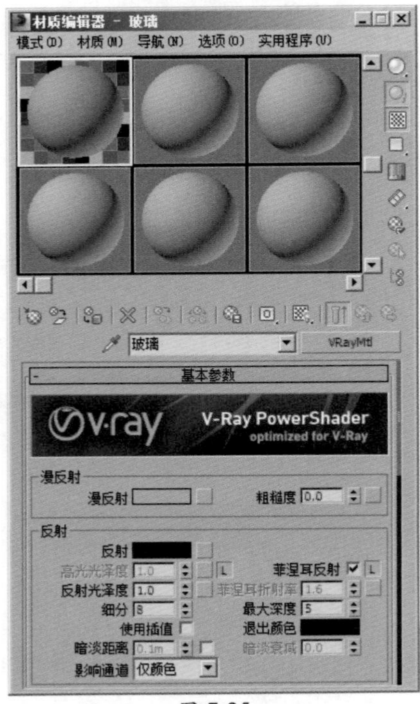

图 7-25

02 在“基本参数”卷展栏内，设置“漫反射”的颜色为白色（红 :255，绿 :255，蓝 :255），在“反射”组内，设置“反射”的颜色为灰色（红 :57，绿 :57，蓝 :57），设置“反射光泽度”的值为 0.93，取消勾选“菲涅耳反射”选项，制作出玻璃材质的高光及反射属性，如图 7-26 所示。

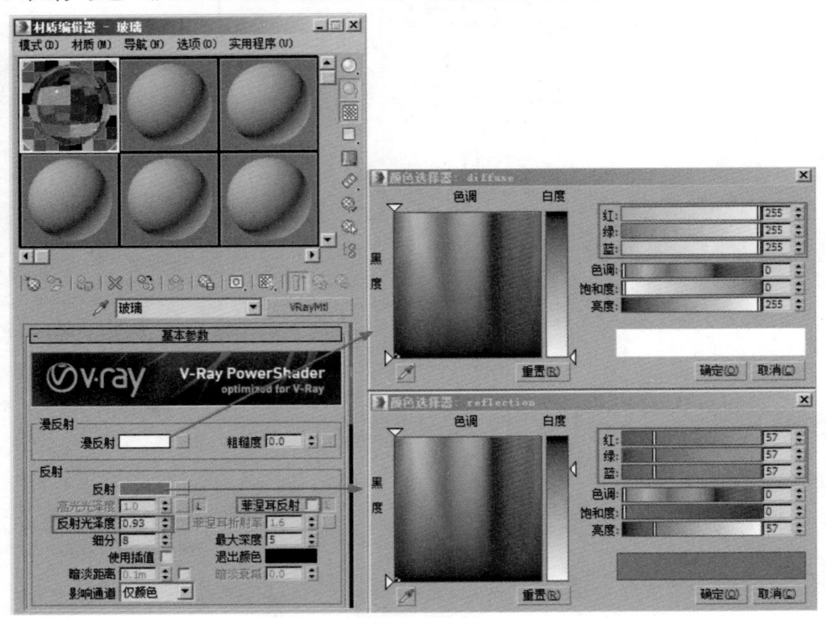

图 7-26

03 在“折射”组内，设置“折射”的颜色为白色（红 :255，绿 :255，蓝 :255），勾选“影响阴影”选项，如图 7-27 所示。

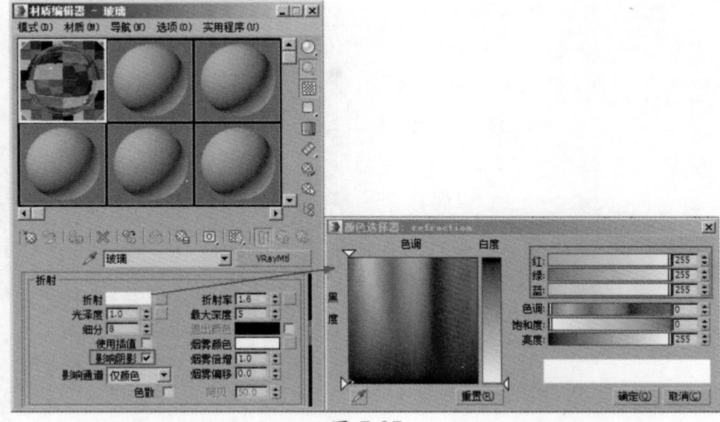

图 7-27

04 制作完成后的玻璃材质球显示效果如图 7-28 所示。

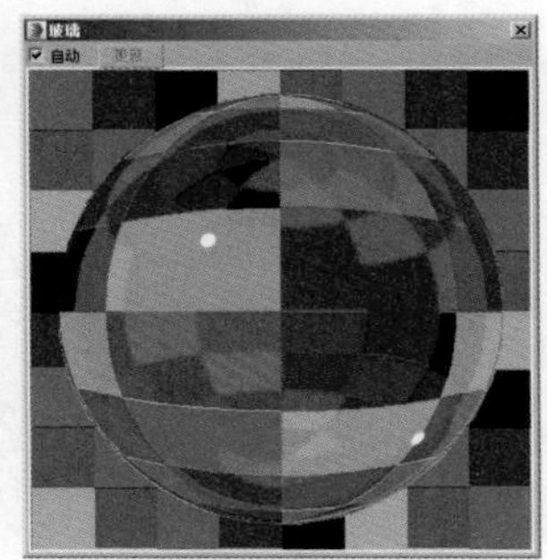

图 7-28

7.3.4 制作窗框材质

本案例中窗框材质的渲染效果如图 7-29 所示。

图 7-29

01 按下快捷键 M 键，打开“材质编辑器”面板，选择一个空白材质球，将其更改为 VRayMtl 材质，并重命名为“窗框”，如图 7-30 所示。

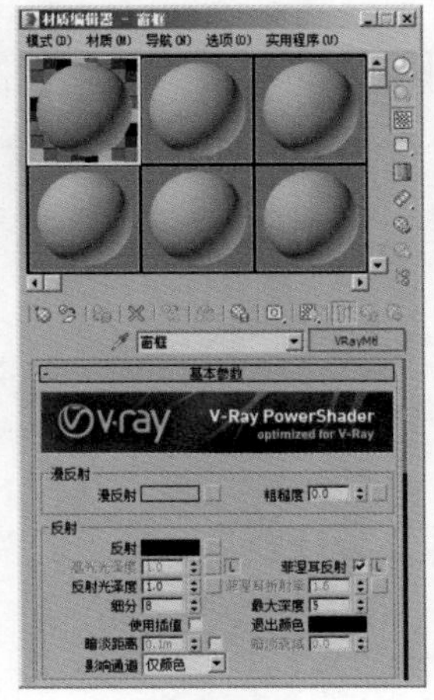

图 7-30

02 在“基本参数”卷展栏内，设置“漫反射”的颜色为白色（红:255，绿:255，蓝:255），在“反射”组内，设置“反射”的颜色为白色（红:253，绿:253，蓝:253），设置“反射光泽度”的值为0.8，取消勾选“菲涅耳反射”选项，如图7-31所示。

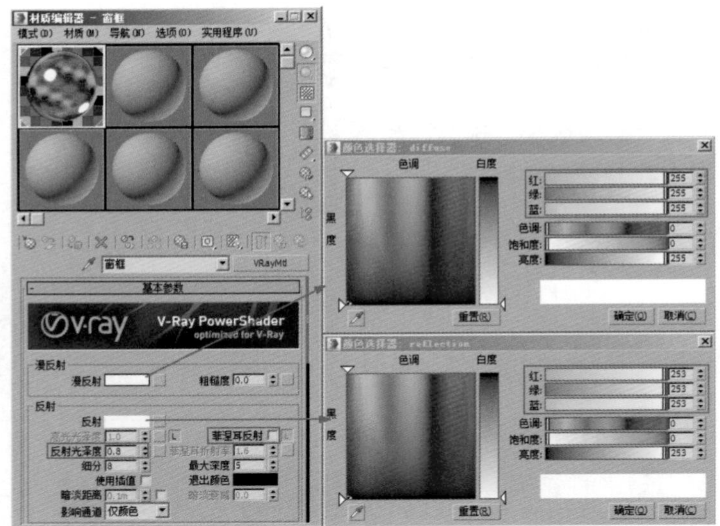

图 7-31

03 制作完成后的窗框材质球显示效果如图7-32所示。

图 7-32

7.3.5 制作池水材质

本案例中所体现出来的池水材质渲染效果如图7-33所示。

图 7-33

01 按下快捷键M键，打开“材质编辑器”面板，选择一个空白材质球，将其更改为VRayMtl材质，并重命名为“水面”，如图7-34所示。

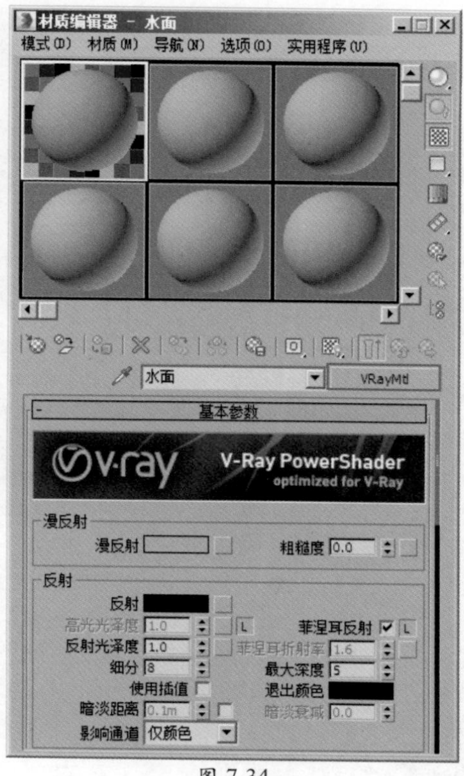

图 7-34

02 在“漫反射”组中，设置“漫反射”的颜色为天蓝色（红 :0，绿 :184，蓝 :252），在“反射”组中，设置“反射”的颜色为灰色（红 :173，绿 :173，蓝 :173），设置“反射光泽度”的值为 0.92，如图 7-35 所示。

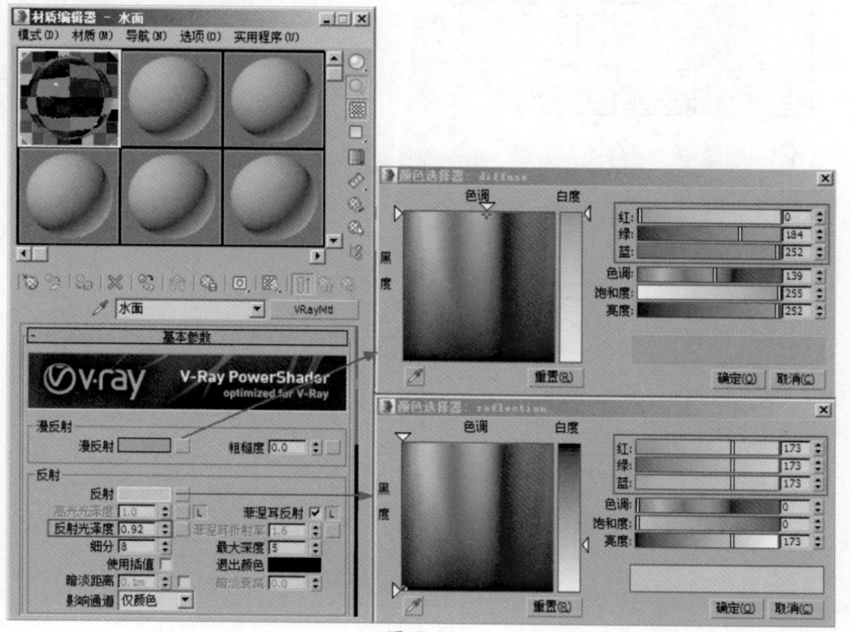

图 7-35

03 在“折射”组中，设置“折射”的颜色为白色（红 :255，绿 :255，蓝 :255），设置“烟雾颜色”为淡蓝色（红 :232，绿 :255，蓝 :255），设置“烟雾倍增”的值为 0.1，勾选“影响阴影”选项，如图 7-36 所示。

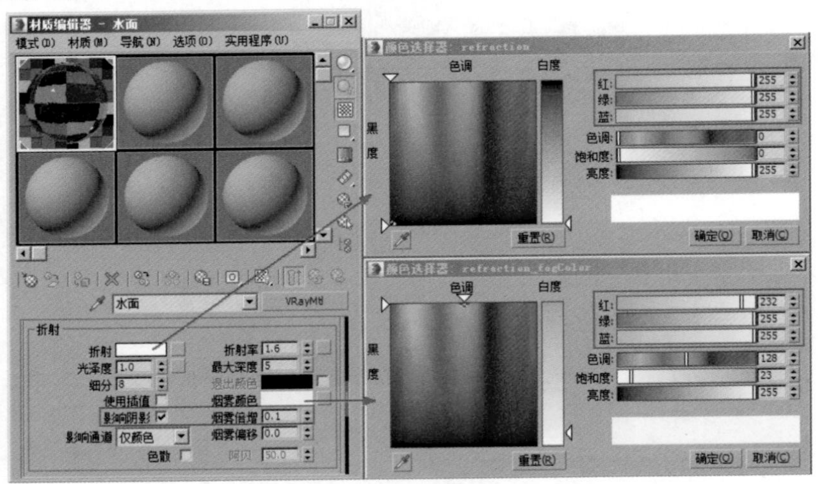

图 7-36

04 展开“贴图”卷展栏，在“凹凸”的贴图通道上添加一张“噪波”程序贴图，并在“噪波参数”卷展栏中设置噪波的“大小”值为 200，设置“凹凸”的强度值为 5，制作池水表面的波纹效果，如图 7-37 所示。

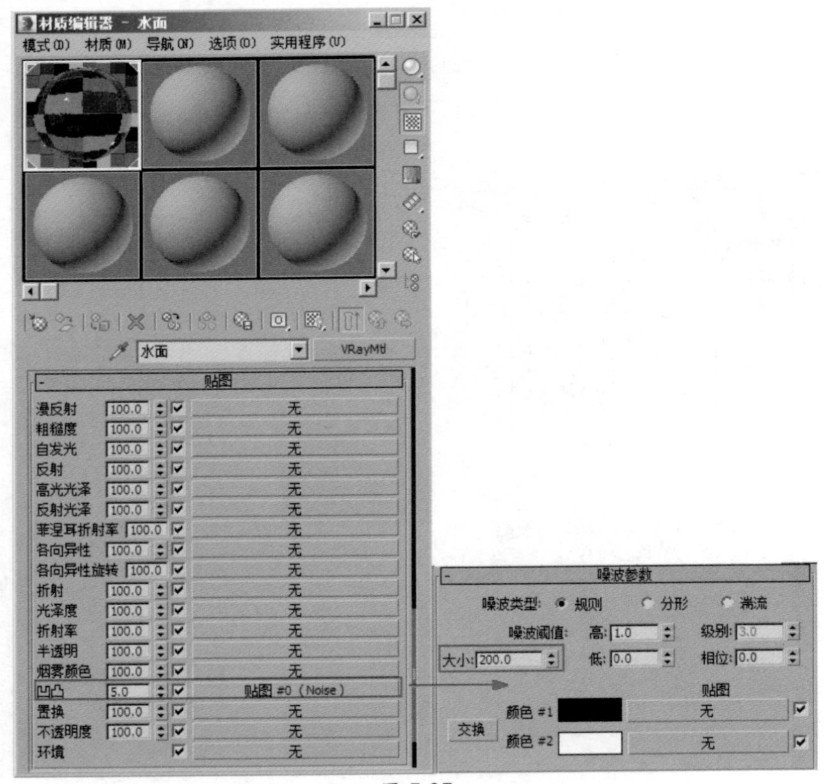

图 7-37

05　制作完成后的池水材质球显示效果如图 7-38 所示。

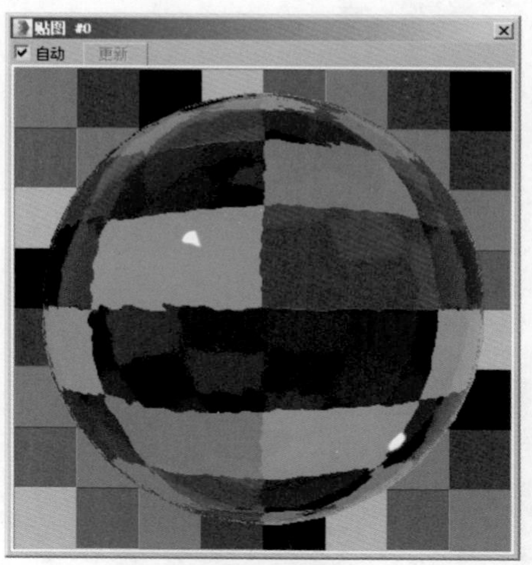

图 7-38

7.3.6　制作环境材质

本案例中所体现出来的环境材质渲染效果如图 7-39 所示。

图 7-39

01　按下快捷键 M 键，打开“材质编辑器”面板，选择一个空白材质球，将其更改为“VR- 灯光材质”，并重命名为“环境”，如图 7-40 所示。

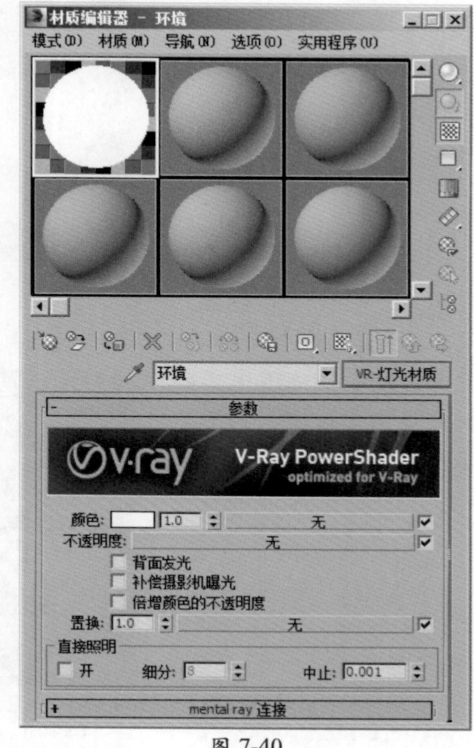

图 7-40

02　在“参数”卷展栏中，在“颜色”的贴图通道上加载一张“sky.jpg”贴图文件，并设置“颜色”的强度值为 35，如图 7-41 所示。

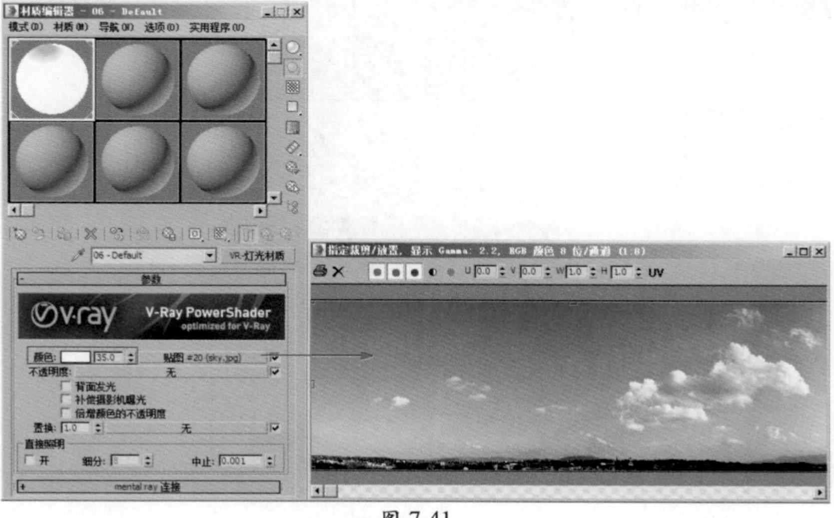

图 7-41

03 制作完成后的环境材质球显示效果如图 7-42 所示。

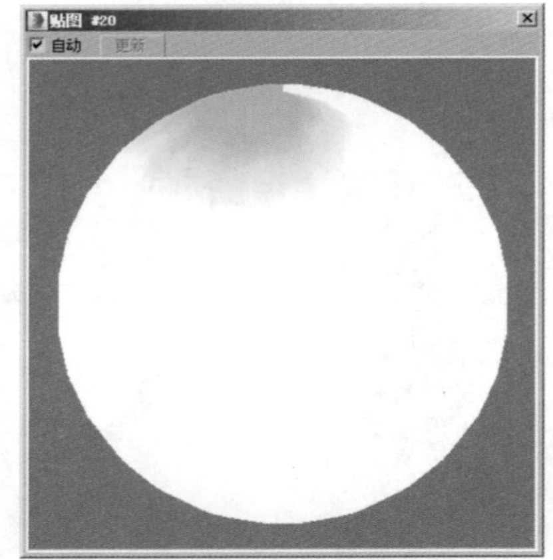

图 7-42

7.3.7 制作树叶材质

本案例中所体现出来的树叶材质渲染效果如图 7-43 所示。

图 7-43

01 按下快捷键 M 键，打开“材质编辑器”面板，选择一个空白材质球，将其更改为 VRayMtl 材质，并重命名为“树叶”，如图 7-44 所示。

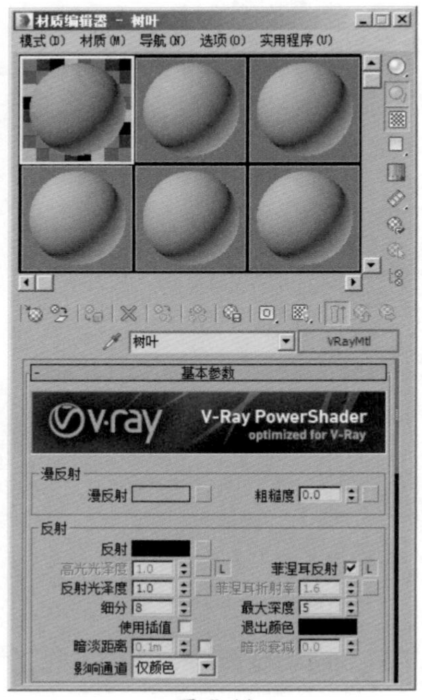

图 7-44

02 在“基本参数”卷展栏内，在“漫反射”的贴图通道中添加一张“AM136_012_leaf_color_03.JPG”贴图文件，如图 7-45 所示。

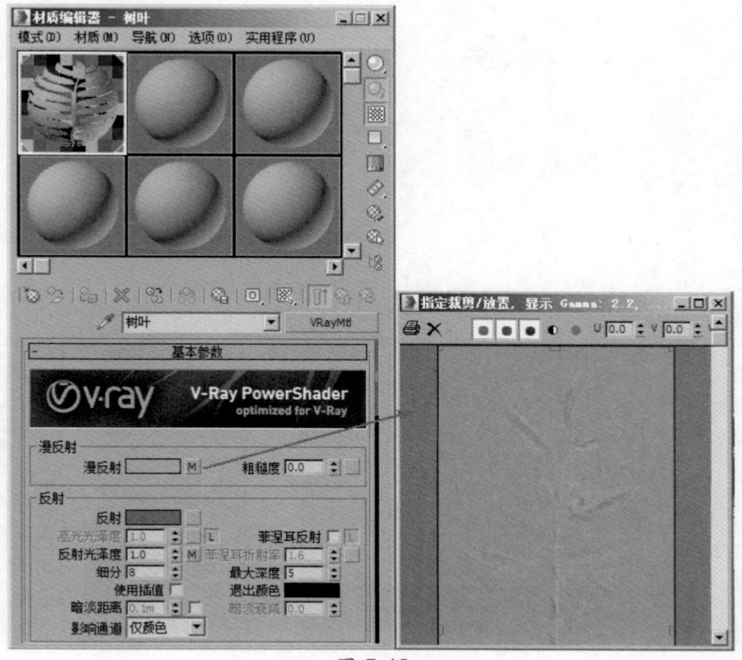

图 7-45

03 在“反射”组中，设置“反射”的颜色为灰色（红 :47，绿 :47，蓝 :47），在“反射光泽度”的贴图通道上添加一张“AM136_012_leaf_bump_01.JPG”贴图文件，并取消勾选“菲涅耳反射”选项，如图 7-46 所示。

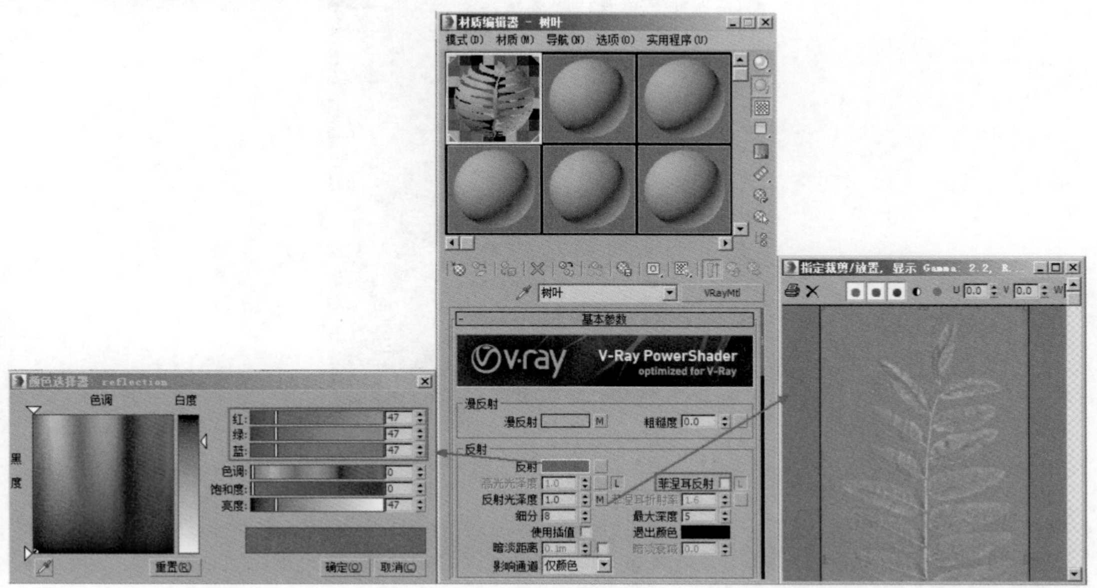

图 7-46

04 展开“贴图”卷展栏，在“不透明度”贴图通道中添加一张“AM136_012_leaf_opacity_0 1.PNG”贴图文件，如图 7-47 所示。

图 7-47

05 制作完成后的树叶材质球显示效果如图 7-48 所示。

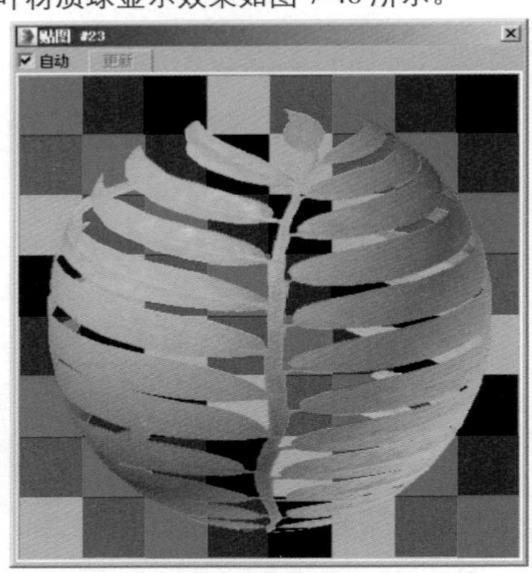

图 7-48

7.4 制作日光效果

本案例中的灯光表现模拟的是室外天空照明效果，故在灯光的使用上选择的是 VRay 渲染器提供的“VR- 太阳”来进行照明制作。

01 在创建“灯光”面板中，将灯光的下拉列表切换至 VRay 选项，如图 7-49 所示。

图 7-49

02 单击“VR- 太阳”按钮，在“顶”视图中创建一个“VR- 太阳”灯光，灯光位置如图 7-50 所示。

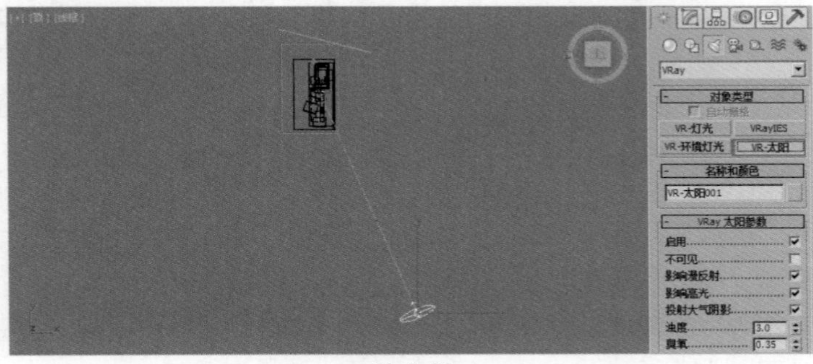

图 7-50

03 创建灯光时，系统会自动弹出“VRay 太阳”对话框，询问用户是否在场景中添加 VR 天空环境贴图，单击“是”按钮完成灯光的创建，如图 7-51 所示。

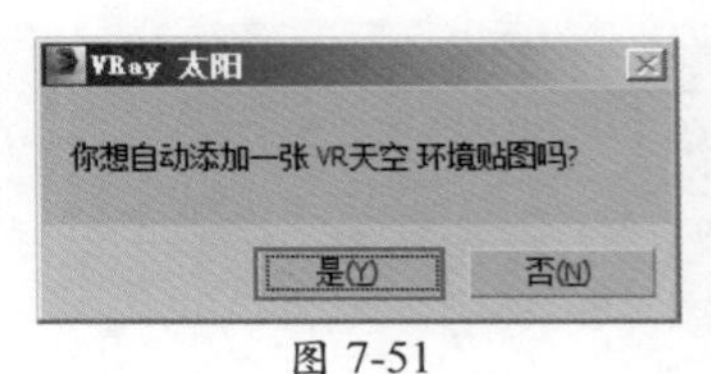

图 7-51

04 按下快捷键 F 键，在“前”视图中，调整“VR- 太阳”灯光的位置至图 7-52 所示，完成本场景中灯光的创建。

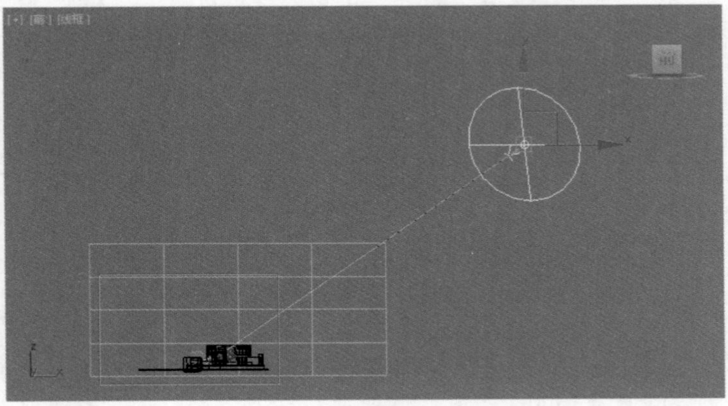

图 7-52

7.5　渲染设置

对场景进行摄影机和灯光创建完成后，就可以开始设置渲染了。

01 在“主工具栏”上单击“渲染设置”按钮，打开“渲染设置”面板，将渲染器设置为使用 VRay 渲染器，如图 7-53 所示。

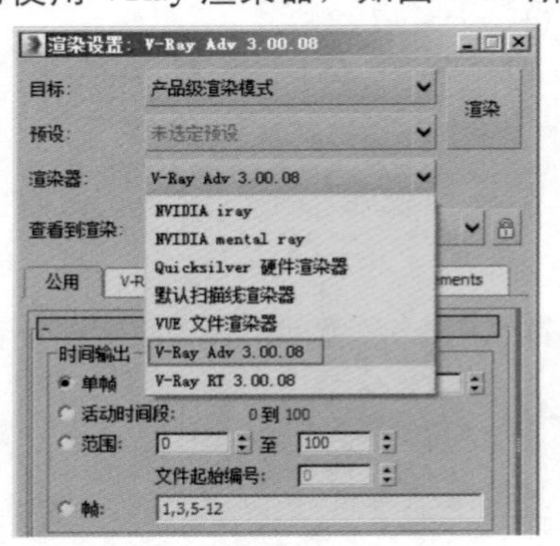

图 7-53

02 单击 GI 选项卡，勾选“启用全局照明（GI）”选项，设置“首次引擎”为“发光图”，设置“二次引擎”为“灯光缓存”，如图 7-54 所示。

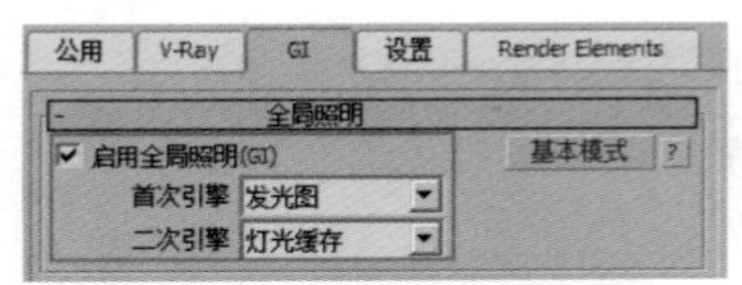

图 7-54

03 展开“发光图”卷展栏，将“当前预设”更改为“自定义”选项，设置“最小速率”的值为 -2，设置“最大速率”的值为 -2，设置“细分”的值为 55，如图 7-55 所示。

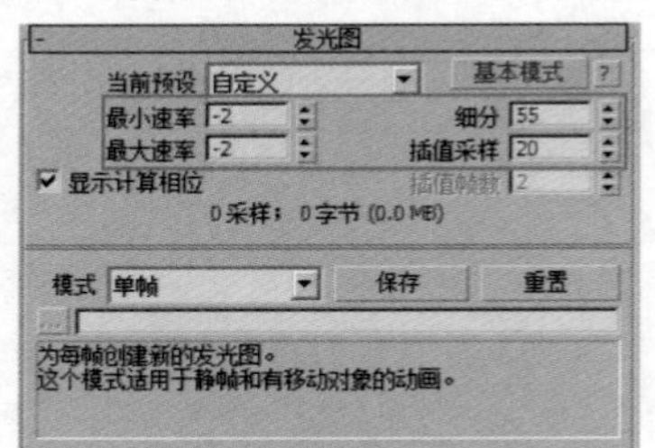

图 7-55

04 展开“灯光缓存”卷展栏，设置“细分”的值为 1300，如图 7-56 所示。

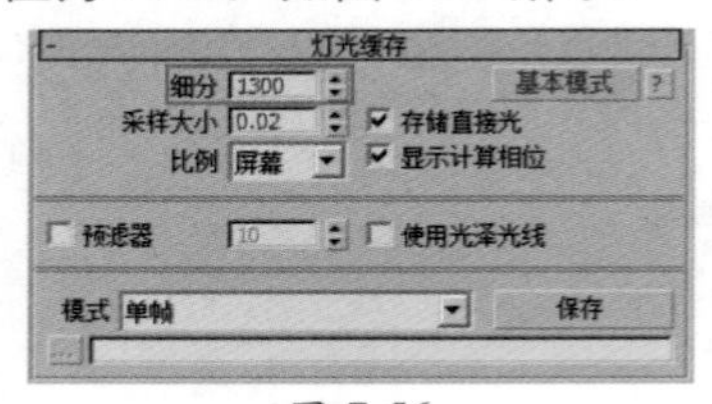

图 7-56

05 单击 V-Ray 选项卡，展开“图像采样器(抗锯齿)”卷展栏，设置“过滤器”为“区域”选项，设置“大小”值为 1，如图 7-57 所示。

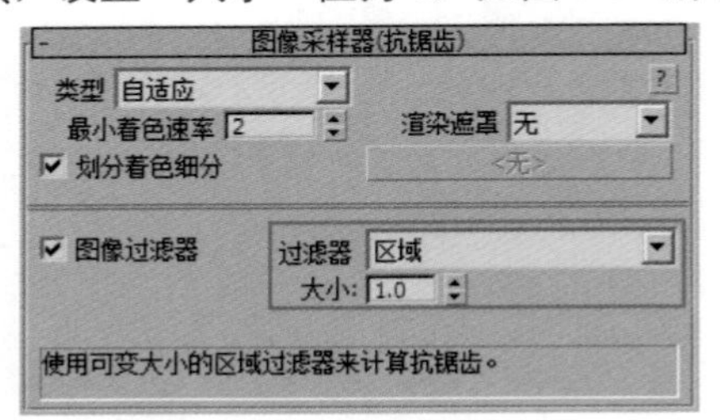

图 7-57

06 展开“自适应图像采样器”卷展栏，设置“最小细分”的值为 1，设置“最大细分”的值为 16，如图 7-58 所示。

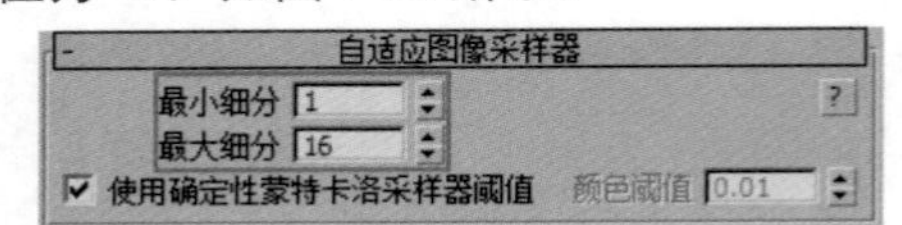

图 7-58

07 展开“全局确定性蒙特卡洛”卷展栏，设置“全局细分倍增”的值为 2，如图 7-59 所示。

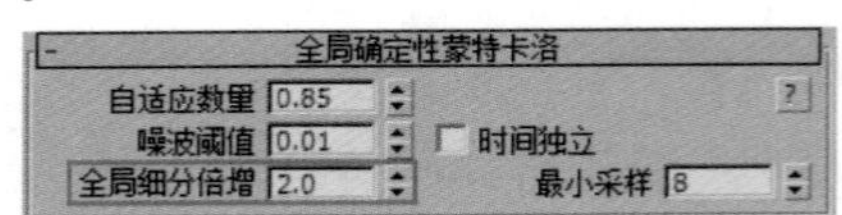

图 7-59

08 设置完成后，渲染场景，渲染结果如图 7-60 所示。

图 7-60

7.6　后期调整

01　在VRay渲染窗口中，单击左下角的“显示校正设置”按钮，打开Color corrections（色彩校正）对话框，如图7-61所示。

图 7-61

02　单击Exposure（曝光）卷展栏上的Show/Hide（显示/隐藏）按钮，展开Exposure（曝光）卷展栏，设置Contrast（对比度）的值为0.3，提高图像的层次感，如图7-62所示。

图 7-62

03 展开 Hue/Saturation（色相/饱和度）卷展栏，调整 Saturation（饱和度）的值为 0.15，提高图像的色彩饱和度，如图 7-63 所示。

图 7-63

04 展开 Curve（曲线）卷展栏，调整曲线的弧度如图 7-64 所示，提高图像的明亮程度。

图 7-64

05 图像调整完成后，最终结果如图 7-65 所示。

图 7-65

第 8 章

古建黄昏时分表现技术

8.1　项目介绍

本案例为重庆市人民大礼堂的建筑局部外观表现。重庆市人民大礼堂于1951年兴建，于1954年完成，是一座仿古建筑群，也是重庆地区的标志性建筑物。整个建筑采用了轴向对称的传统设计理念，仿明、清时期的宫殿建筑风格，传承了北京多个古代建筑物的设计风格。本案例的最终渲染效果及线框图如图8-1所示。

图 8-1

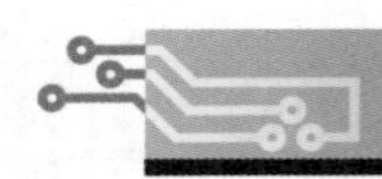

8.2　创建摄影机构图

01 打开场景文件，本场景文件中已经创建好了模型，下面，我们首先在场景中进行摄影机的摆放及摄影机的角度调整，如图8-2所示。

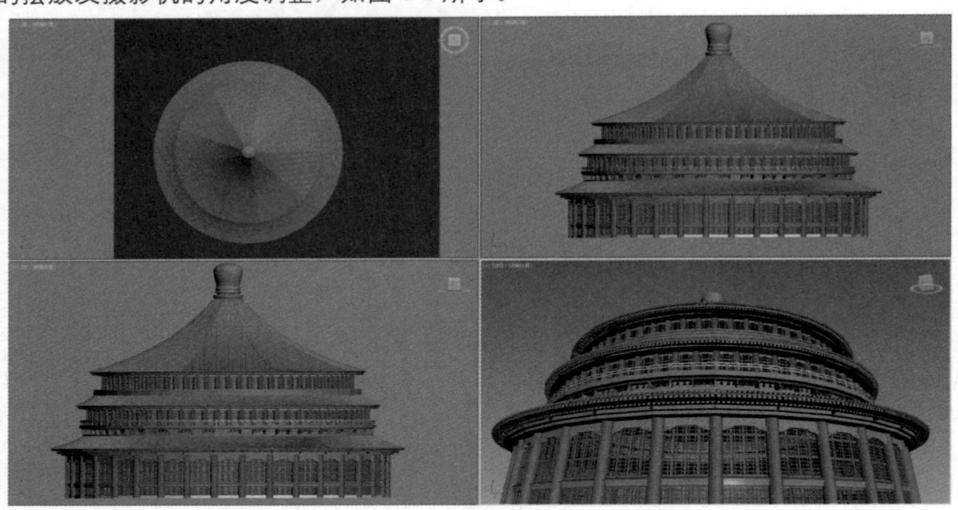

图 8-2

02 在“创建”面板中，单击“摄影机”按钮，切换至“创建摄影机”面板，并将“摄影机”下拉列表选择为VRay，如图8-3所示。

图 8-3

03 单击“VR-物理摄影机”按钮，在“顶”视图中，创建一个“VR-物理摄影机”，如图8-4所示。

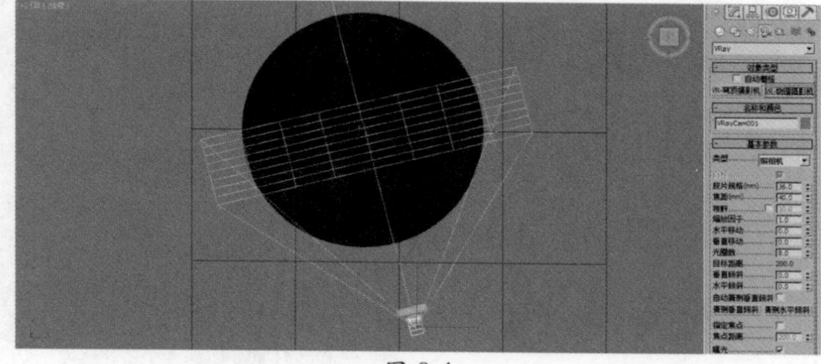

图 8-4

04 按下快捷键W键，将鼠标命令设置为“选择并移动”状态，在“前”视图中，调整“VR-物理摄影机”及其目标点的位置至图8-5所示位置处。

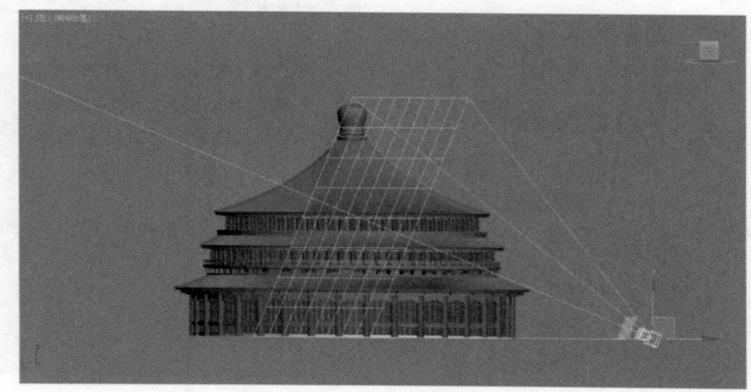

图 8-5

05 按下快捷键C键，在“摄影机”视图中观察摄影机取景的范围，如图8-6所示。

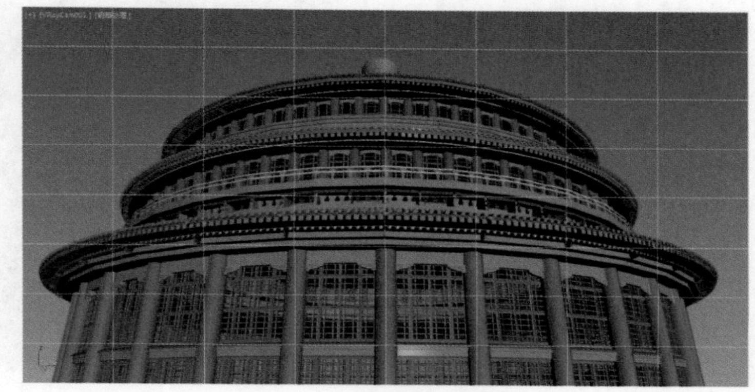

图 8-6

06 在“主工具栏”上，单击“渲染设置”按钮，打开“渲染设置”面板。在“公用”选项卡中，设置“输出大小”组内的“宽度”值为2500，“高度”值为1406，如图8-7所示。

图 8-7

07 设置完成后，激活“摄影机”视图，并按下组合键 Shift+F，显示出“安全框”，显示出摄影机的渲染范围，如图 8-8 所示。

图 8-8

08 在“修改”面板中，设置“VR- 物理摄影机”的“胶片规格（mm）”值为 46，调整摄影机的视野范围，如图 8-9 所示。

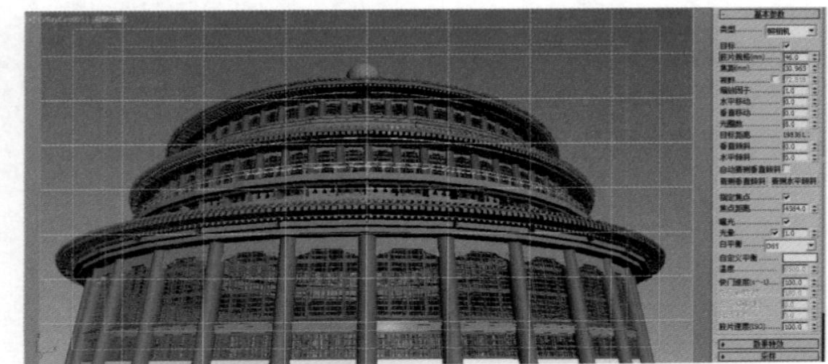
图 8-9

09 设置完成后，摄影机的构图如图 8-10 所示。

图 8-10

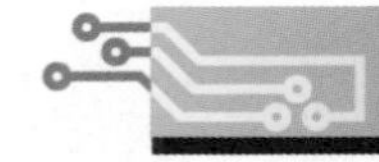

8.3 材质制作

本案例中所涉及到的主要材质分别为红色柱子材质、金色宝顶材质、玻璃材质、围栏材质、雀替彩绘材质及琉璃青瓦材质。

8.3.1 制作红色柱子材质

本案例中所体现出来的红色柱子材质渲染效果如图 8-11 所示。

图 8-11

01 按下快捷键 M 键，打开“材质编辑器”面板，选择一个空白材质球，将其更改为 VRayMtl 材质并重命名为“红色柱子”，如图 8-12 所示。

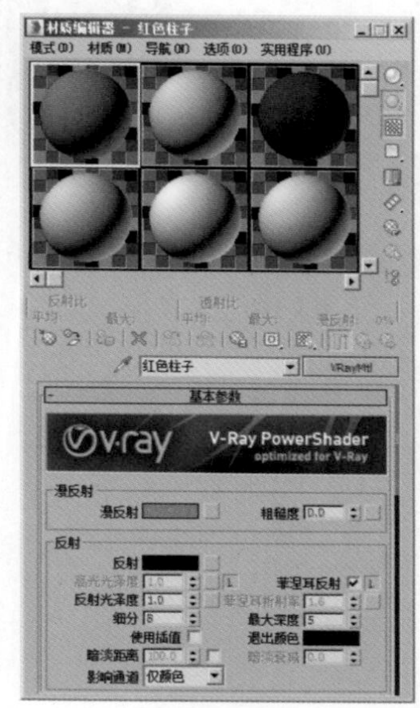

图 8-12

02 在“基本参数”卷展栏内，调整“漫反射”的颜色为红色（红 :199，绿 :17，蓝 :17），并在“漫反射”的贴图通道上添加一张“008.jpg”贴图文件，设置“瓷砖”的 U 值为 2.5，制作出柱子的表面颜色及贴图纹理，如图 8-13 所示。

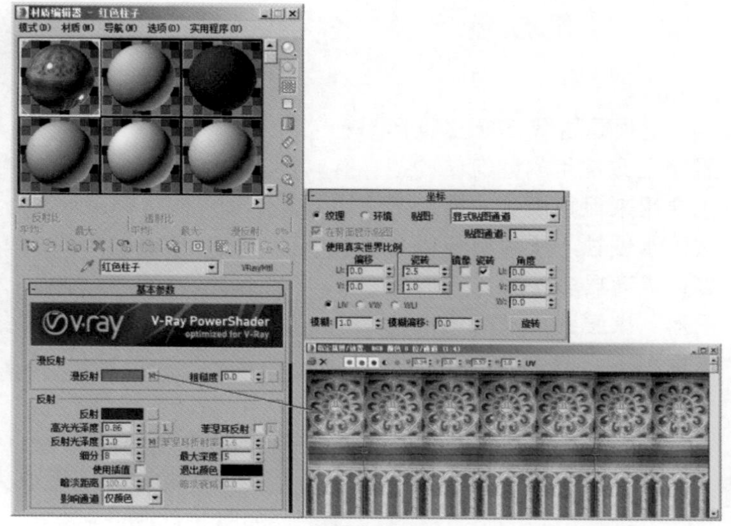

图 8-13

03 在“反射”组内，设置“反射”的颜色为灰色（红 :32，绿 :32，蓝 :32），设置“高光光泽度”的值为0.86，并将“漫反射”贴图通道中的贴图文件拖曳至“反射光泽度”的贴图通道上，制作出红色柱子的反射及高光，如图 8-14 所示。

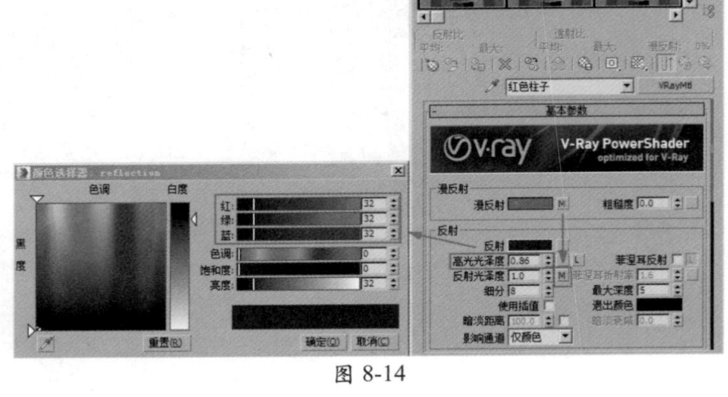

图 8-14

04 制作完成后的红色柱子材质球显示效果如图 8-15 所示。

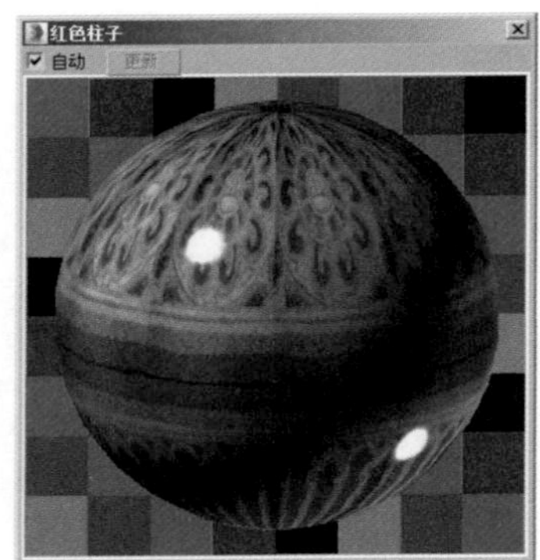

图 8-15

8.3.2 制作金色宝顶材质

宝顶是古代建筑里锥形屋顶上方常用的建筑结构，主要用来保护攒尖式屋顶不被雨水侵蚀，所用材料以金属、琉璃居多，形状一般有圆形、束腰圆形及宝塔形。本案例中所体现出来的金色宝顶即为束腰圆形，材质渲染效果如图 8-16 所示。

图 8-16

01 按下快捷键 M 键，打开“材质编辑器”面板，选择一个空白材质球，将其更改为 VRayMtl 材质，并重命名为“宝顶”，如图 8-17 所示。

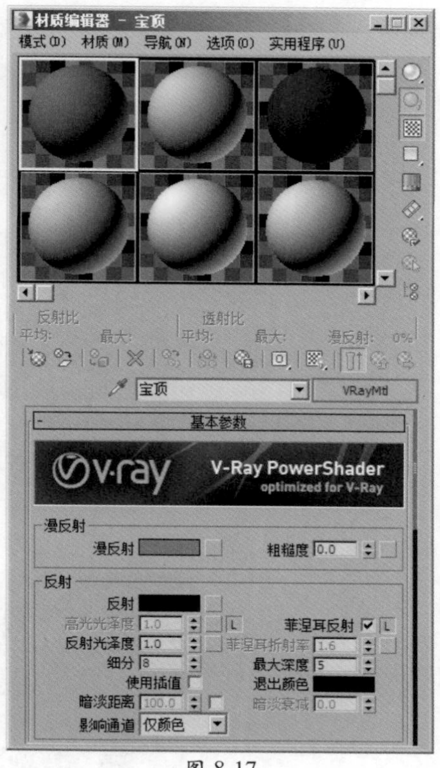

图 8-17

02　在“基本参数”卷展栏内，调整“漫反射”的颜色为黄色（红:185，绿:132，蓝:17），将“漫反射”的颜色以拖曳的方式复制到“反射”的颜色上，设置“反射光泽度”的值为 0.9，“细分”的值为 32，并取消勾选“菲涅耳反射”选项，如图 8-18 所示。

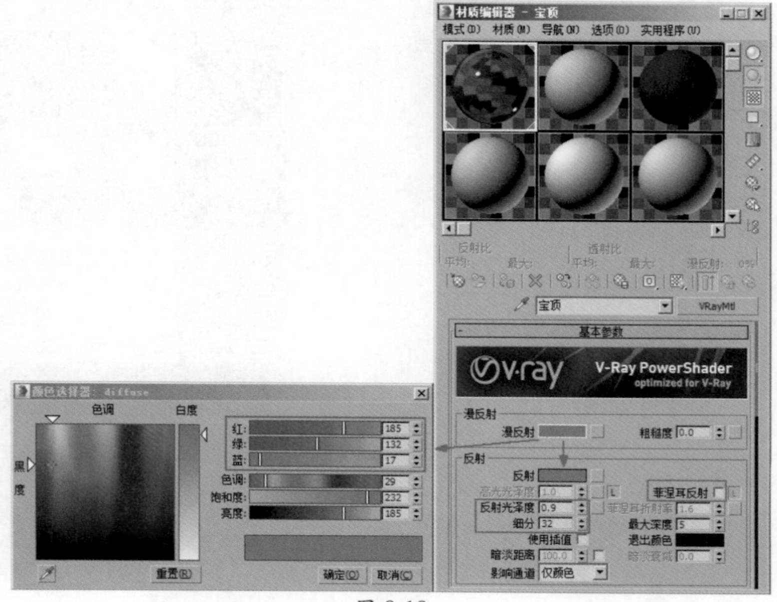

图 8-18

03 制作完成后的金色宝顶材质球显示效果如图 8-19 所示。

图 8-19

8.3.3 制作玻璃材质

本案例中所体现出来的玻璃材质较为通透明亮，反光较强，渲染效果如图 8-20 所示。

图 8-20

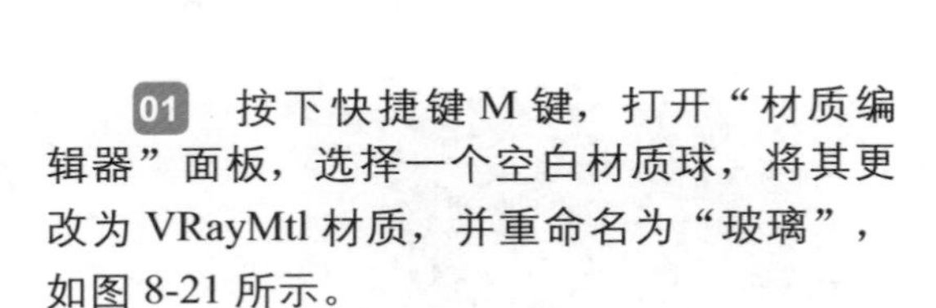

01 按下快捷键 M 键，打开“材质编辑器”面板，选择一个空白材质球，将其更改为 VRayMtl 材质，并重命名为“玻璃”，如图 8-21 所示。

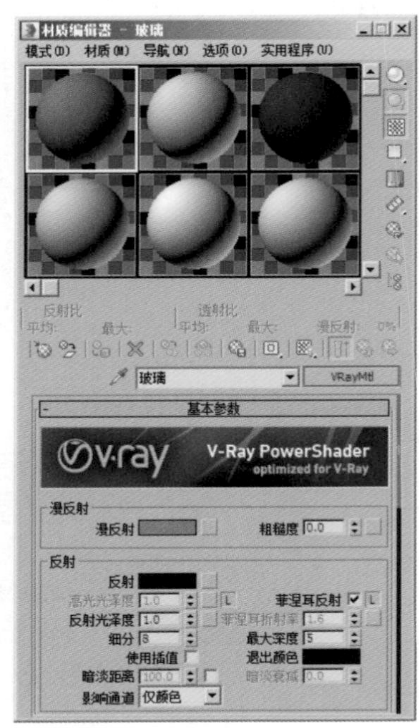

图 8-21

02 在“基本参数”卷展栏内，设置“漫反射”的颜色为白色（红 :34，绿 :34，蓝 :34），在“反射”组内，设置“反射”的颜色为灰色（红 :89，绿 :89，蓝 :89），取消勾选“菲涅耳反射”选项，制作出玻璃材质的反射，如图 8-22 所示。

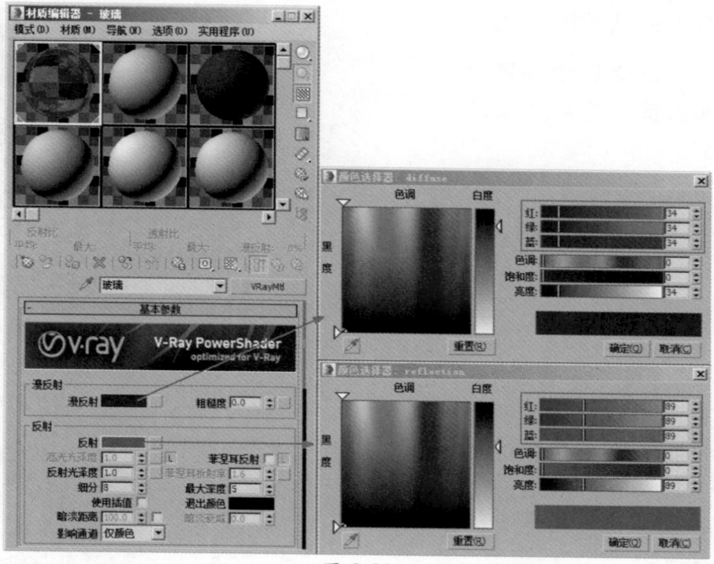

图 8-22

03 在“折射”组内，设置“折射”的颜色为白色（红 :245，绿 :245，蓝 :245），制作出玻璃的通透程度及折射，如图 8-23 所示。

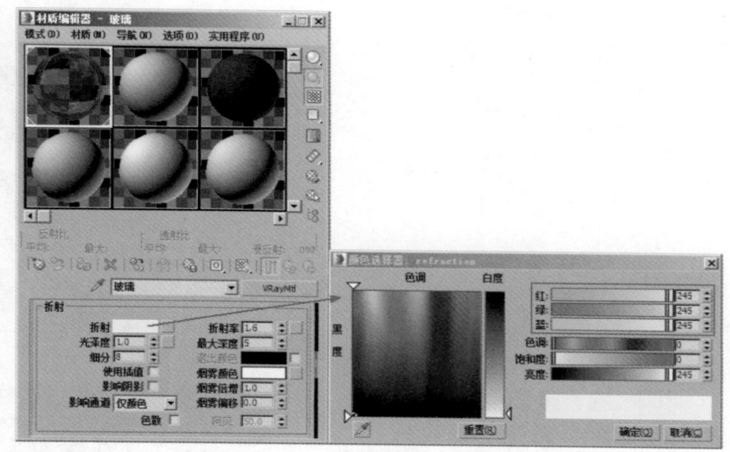

图 8-23

04 制作完成后的玻璃材质球显示效果如图 8-24 所示。

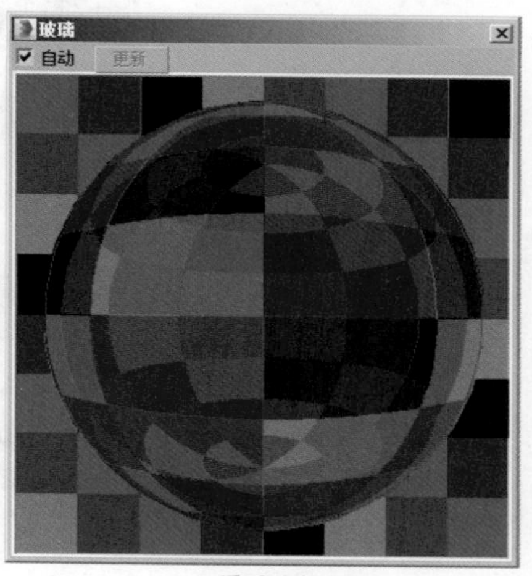

图 8-24

8.3.4 制作围栏材质

本案例中围栏材质的渲染效果如图 8-25 所示。

图 8-25

01 按下快捷键 M 键，打开“材质编辑器”面板，选择一个空白材质球，将其更改为 VRayMtl 材质，并重命名为“围栏”，如图 8-26 所示。

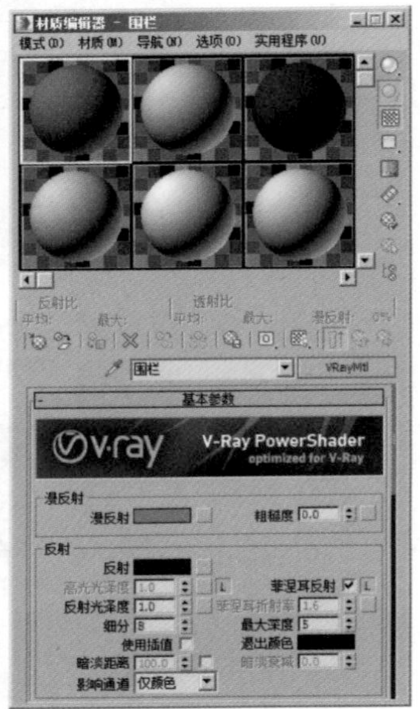

图 8-26

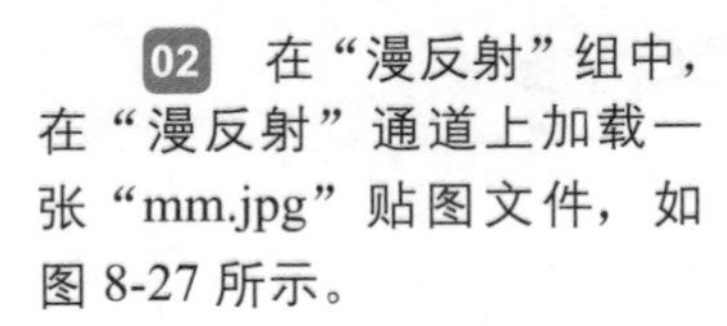

02 在“漫反射”组中，在“漫反射”通道上加载一张“mm.jpg”贴图文件，如图 8-27 所示。

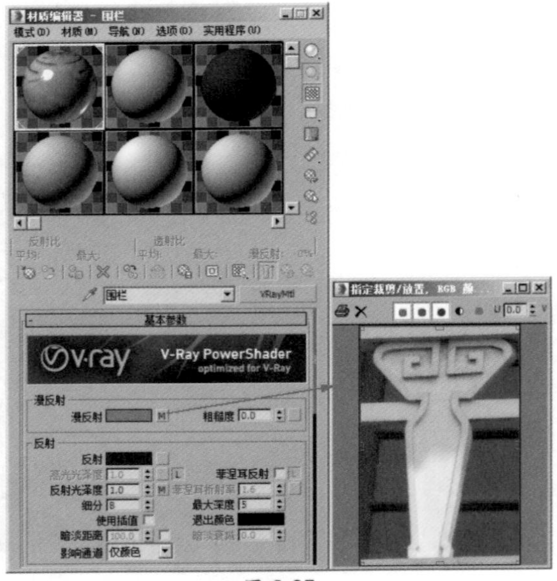

图 8-27

03 在“反射”组中，设置“反射”的颜色为灰色（红:27，绿:27，蓝:27），取消勾选“菲涅耳反射”选项，并将“漫反射”贴图通道中的贴图文件以拖曳的方式复制到“反射光泽度”的贴图通道上，制作出围栏材质的反射及高光效果，如图8-28所示。

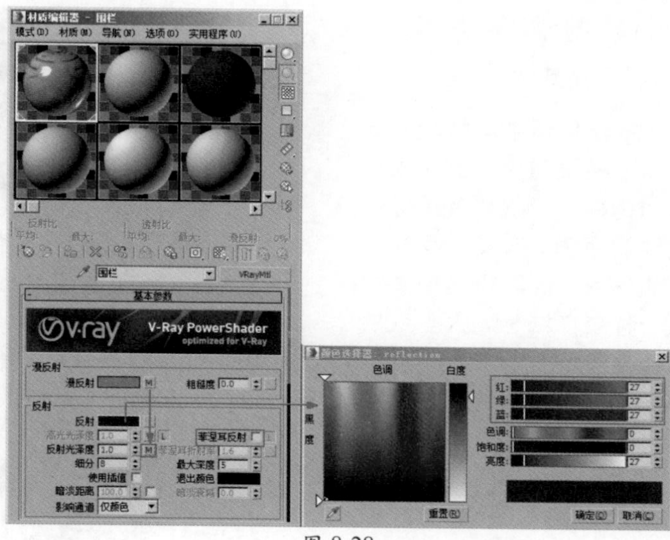

图 8-28

04 单击展开“贴图”卷展栏，将“反射光泽度”贴图通道中的贴图拖曳至“凹凸”贴图通道上，并设置“凹凸”的强度值为100，制作出围栏材质的凹凸质感，如图8-29所示。

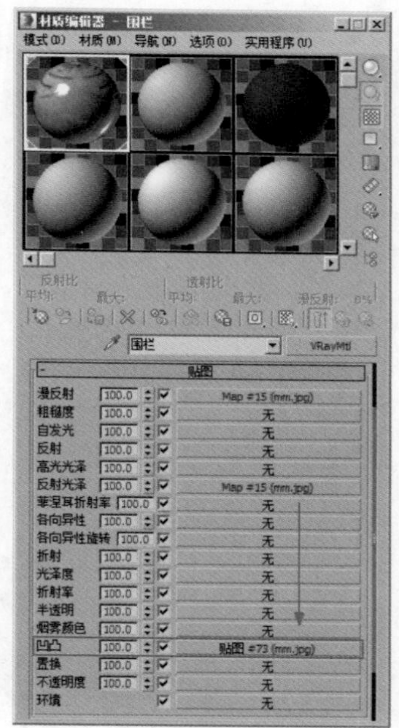

图 8-29

05 制作完成后的围栏材质球显示效果如图8-30所示。

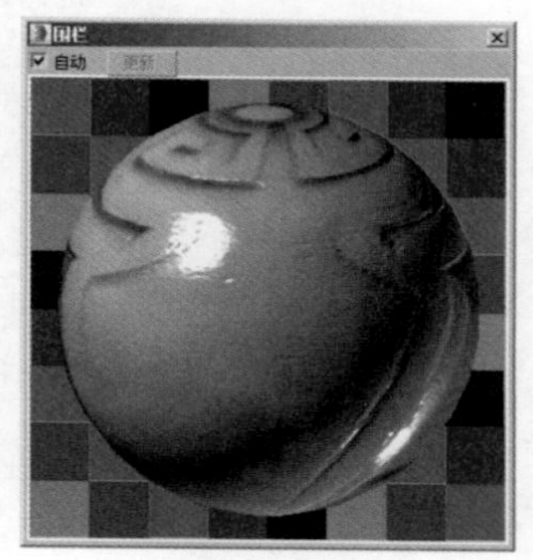

图 8-30

8.3.5 制作雀替彩绘材质

雀替是指中国古代建筑中用于横梁与柱子交接处的木制构件，形状如双翼般俯于柱头两侧，有减少梁枋跨距的作用，同时也是很美观的一种装饰结构。大多数的雀替在形状上均成为不规则的三角形，以对称的方式，或为雕刻，或为彩绘，极为美观。本案例中所体现出来的雀替彩绘材质渲染效果如图 8-31 所示。

图 8-31

01 按下快捷键 M 键，打开“材质编辑器”面板，选择一个空白材质球，将其更改为 VRayMtl 材质，并重命名为“彩绘”，如图 8-32 所示。

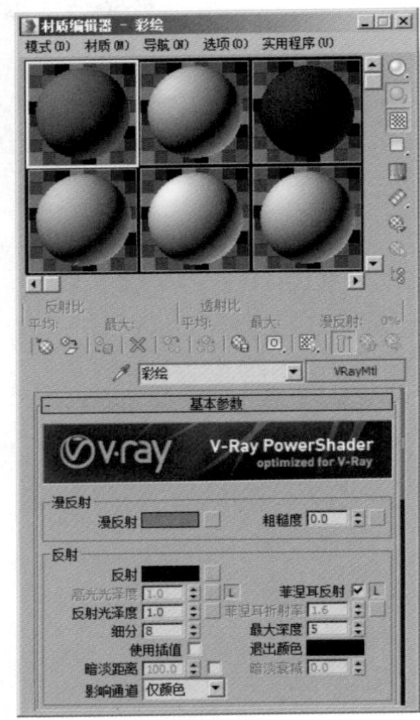

图 8-32

02 在“漫反射”组中，在“漫反射”的贴图通道上添加一张“009.jpg”贴图文件，如图 8-33 所示。

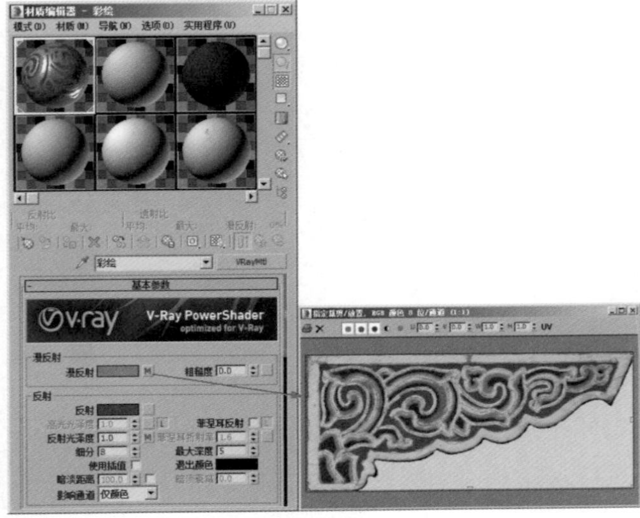

图 8-33

03 在“反射”组中，设置“反射”的颜色为灰色（红 :57，绿 :57，蓝 :57），设置将“漫反射”贴图通道中的贴图文件以拖曳的方式复制到“反射光泽度”的贴图通道上，并取消勾选“菲涅耳反射”选项，如图 8-34 所示。

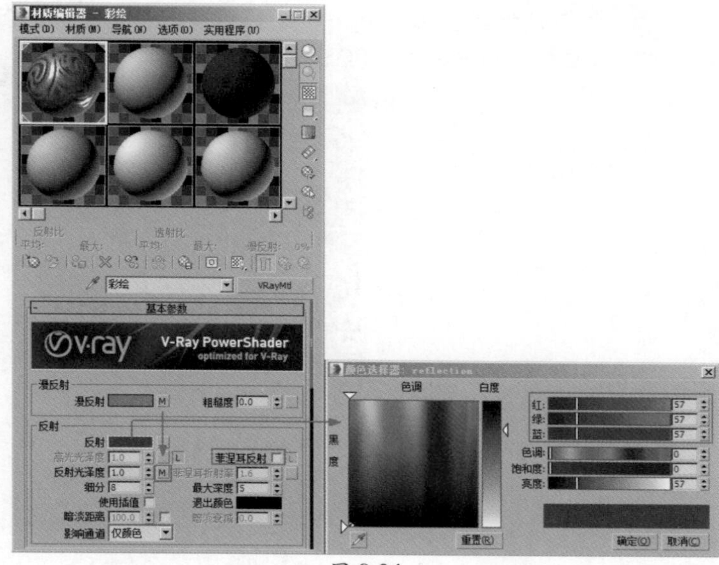

图 8-34

04 制作完成后的彩绘材质球显示效果如图 8-35 所示。

图 8-35

8.3.6 制作琉璃青瓦材质

本案例中所体现出来的琉璃青瓦材质渲染效果如图 8-36 所示。

图 8-36

01 按下快捷键 M 键，打开“材质编辑器”面板，选择一个空白材质球，将其更改为 VRayMtl 材质，并重命名为“琉璃青瓦”，如图 8-37 所示。

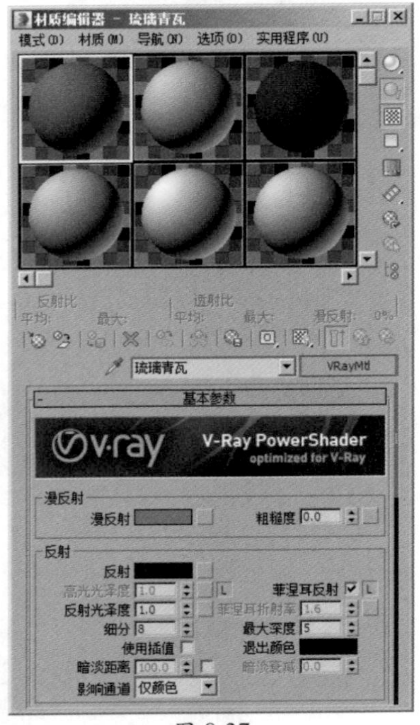

图 8-37

02 在“基本参数”卷展栏内，在“漫反射”的贴图通道中加载“平铺”贴图纹理，在“标准控制”卷展栏中，设置“平铺”的“预设类型”为“堆栈砌合”；在“高级控制”卷展栏中的“平铺设置”组中，设置“纹理”的颜色为青色（红 :27，绿 :102，蓝 :116），设置“水平数”的值为 1，“垂直数”的值均为 2。在“砖缝设置”组中，设置“纹理”的颜色为灰色（红 :51，绿 :51，蓝 :51），制作出青瓦的贴图纹理，如图 8-38 所示。

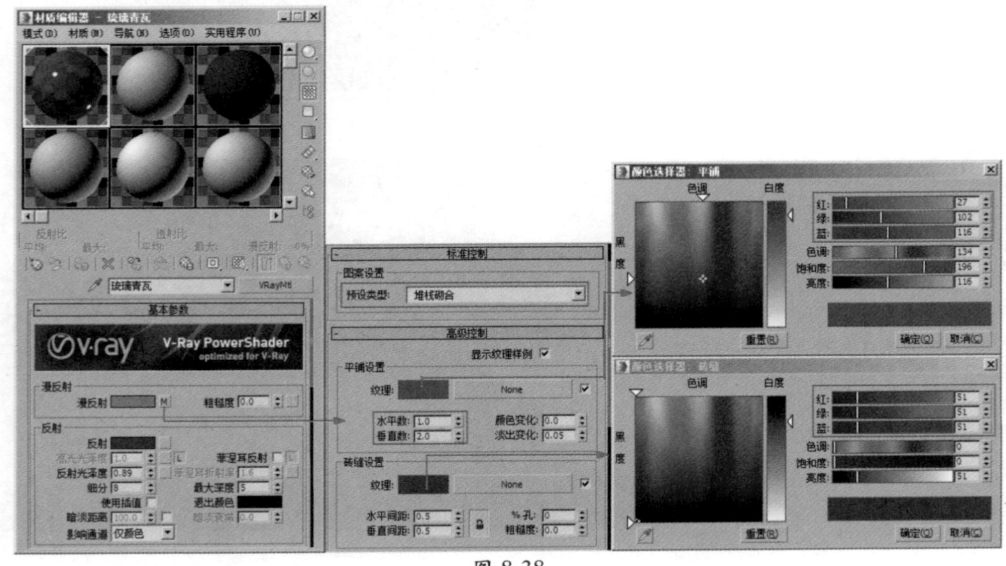

图 8-38

03 在“反射”组内，设置“反射”的颜色为灰色（红:50，绿:50，蓝:50），取消勾选“菲涅耳反射”选项，设置“反射光泽度”的值为0.89，如图8-39所示。

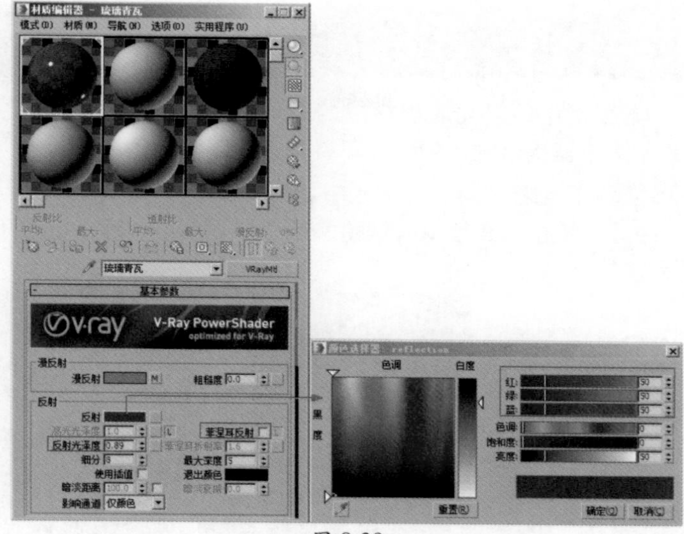

图 8-39

04 展开“贴图”卷展栏，将“漫反射”贴图通道中的贴图以拖曳的方式复制到“凹凸”的贴图通道上，并设置“凹凸”的强度值为100，如图8-40所示。

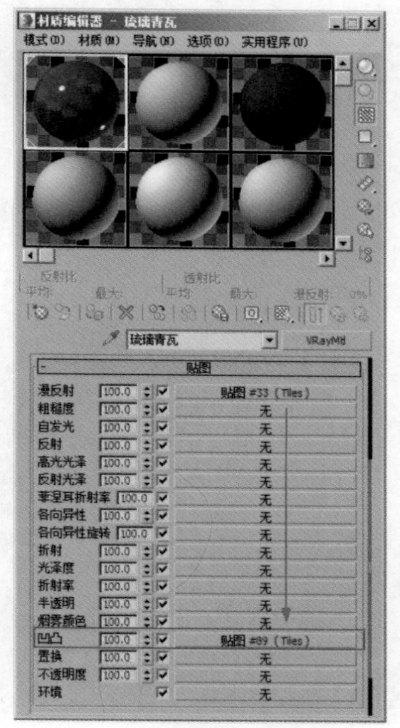

图 8-40

05 制作完成后的琉璃青瓦材质球显示效果如图8-41所示。

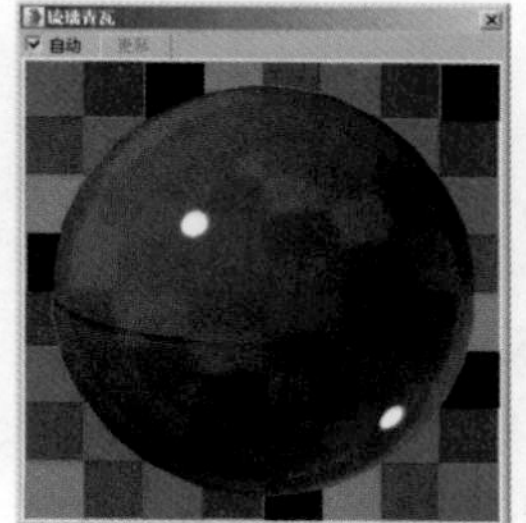
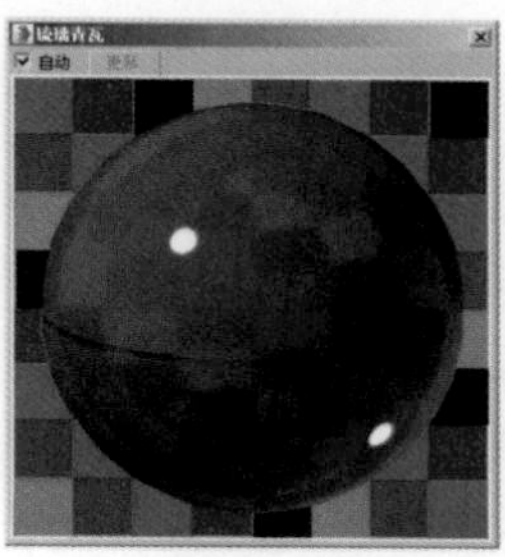

图 8-41

8.4　制作日光及天空环境

本案例中的灯光表现模拟的是黄昏时分的天空照明效果，故在灯光的使用上选择的是VRay 渲染器提供的“VR- 太阳”来进行照明制作。

01　在创建“灯光”面板中，将灯光的下拉列表切换至 VRay 选项，如图 8-42 所示。

02　单击“VR- 太阳”按钮，在“顶”视图中创建一个“VR- 太阳”灯光，灯光位置如图 8-43 所示。

图 8-42

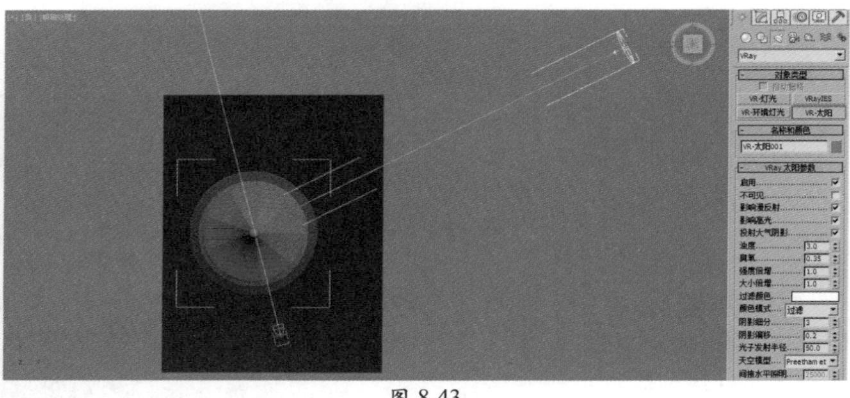

图 8-43

03　创建灯光时，系统会自动弹出“VRay 太阳”对话框，询问用户是否在场景中添加 VR 天空环境贴图，单击“是”按钮，完成灯光的创建，如图 8-44 所示。

04　按下快捷键 F 键，在“前”视图中，调整“VR- 太阳”灯光的位置至图 8-45 所示，完成本场景中灯光的创建。

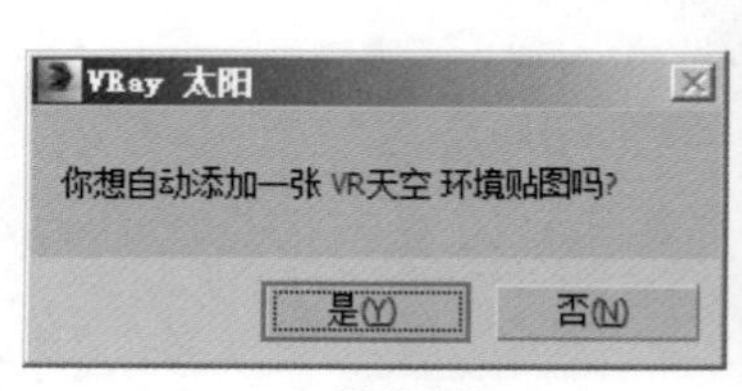

图 8-44

图 8-45

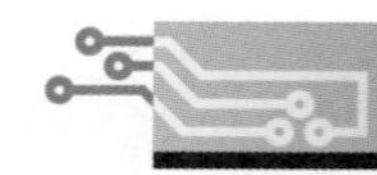

8.5　渲染设置

对场景进行摄影机和灯光创建完成后，就可以开始设置渲染了。

01　在“主工具栏”上单击“渲染设置”按钮，打开“渲染设置”面板，将渲染器设置为使用 VRay 渲染器，如图 8-46 所示。

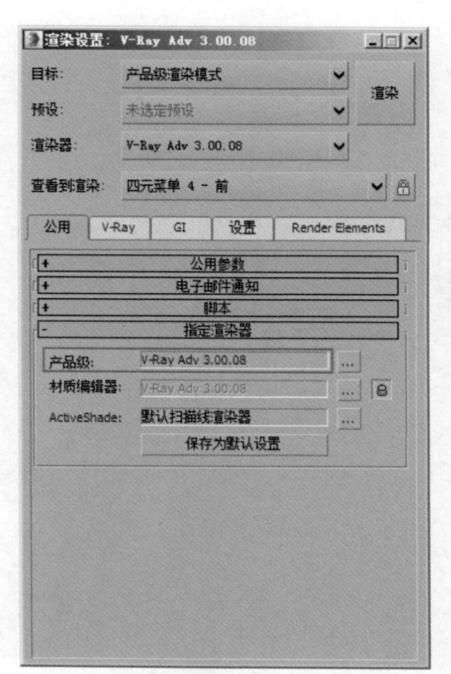

图 8-46

02　单击 GI 选项卡，勾选“启用全局照明（GI）”选项，设置“首次引擎”为“发光图”，设置“二次引擎”为“灯光缓存”，如图 8-47 所示。

图 8-47

03　展开“发光图”卷展栏，将“当前预设”更改为“自定义”选项，设置“最小速率”的值为 -2，设置“最大速率”的值为 -2，设置“细分”值为 60，如图 8-48 所示。

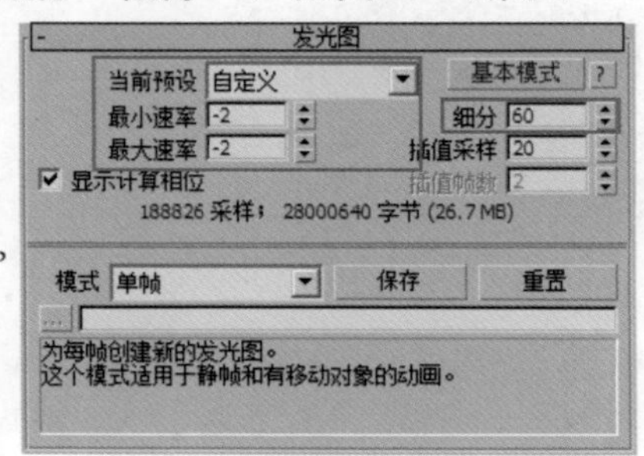

图 8-48

04　展开“灯光缓存”卷展栏，设置“细分”的值为 1300，如图 8-49 所示。

图 8-49

05　单击 V-Ray 选项卡，展开“图像采样器（抗锯齿）”卷展栏，设置“类型”为“自适应”选项，设置“过滤器”为 Catmull-Rom 选项，如图 8-50 所示。

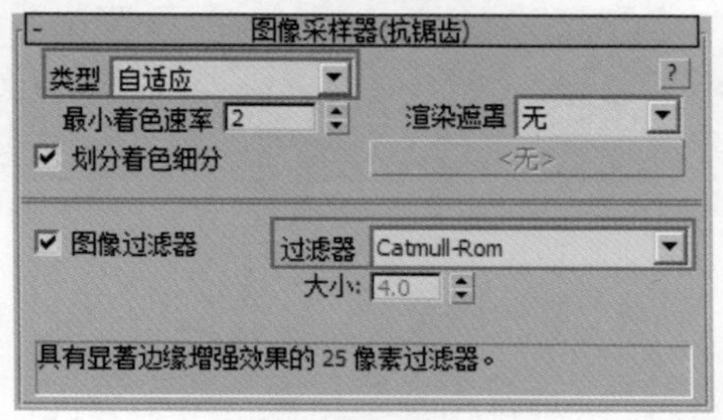

图 8-50

06　展开“自适应图像采样器”卷展栏，设置“最小细分”的值为 1，设置“最大细分”的值为 24，如图 8-51 所示。

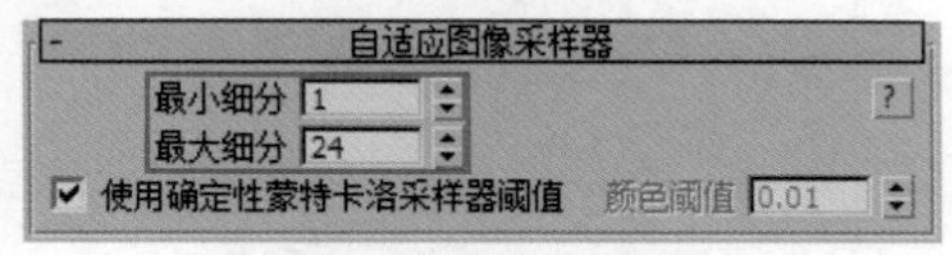

图 8-51

07　展开“全局确定性蒙特卡洛”卷展栏，设置“自适应数量”的值为 0.75，设置“全局细分倍增”的值为 2，如图 8-52 所示。

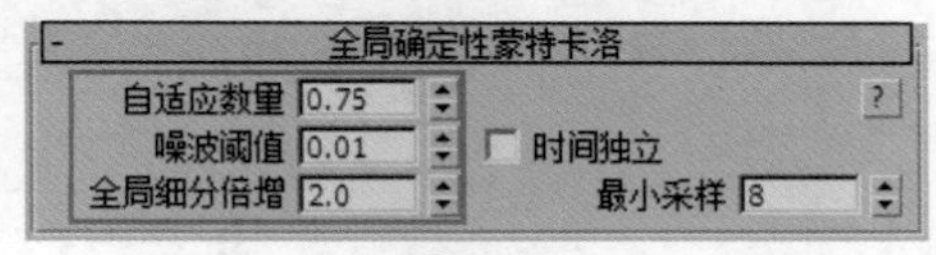

图 8-52

08　设置完成后，渲染场景，渲染结果如图 8-53 所示。

图 8-53

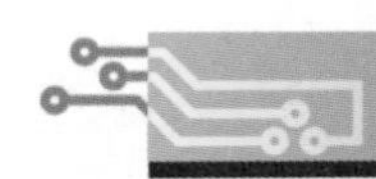

8.6 后期调整

01 在VRay渲染窗口中，单击左下角的“显示校正设置”按钮，打开Color corrections（色彩校正）对话框，如图8-54所示。

图 8-54

02 单击Exposure（曝光）卷展栏上的Show/Hide（显示/隐藏）按钮，展开Exposure（曝光）卷展栏，设置Exposure（曝光）的值为0.21，Contrast（对比度）的值为0.38，提高图像的层次感，如图8-55所示。

图 8-55

03　展开 Curve（曲线）卷展栏，调整曲线的弧度如图 8-56 所示，提高图像的明亮程度。

图 8-56

04　展开 Hue/Saturation（色相 / 饱和度）卷展栏，调整 Saturation（饱和度）的值为 0.3，提高图像的色彩饱和度，如图 8-57 所示。

图 8-57

05 图像调整完成后，最终结果如图 8-58 所示。

图 8-58

第 9 章

办公多层楼房午后时分表现技术

9.1　项目介绍

本案例为企业办公楼的外观表现。本案例的最终渲染效果及线框图如图 9-1 所示。

图 9-1

9.2　创建摄影机构图

01　打开场景文件，本场景文件中已经创建好了模型，下面，我们首先在场景中进行摄影机的摆放及摄影机的角度调整，如图 9-2 所示。

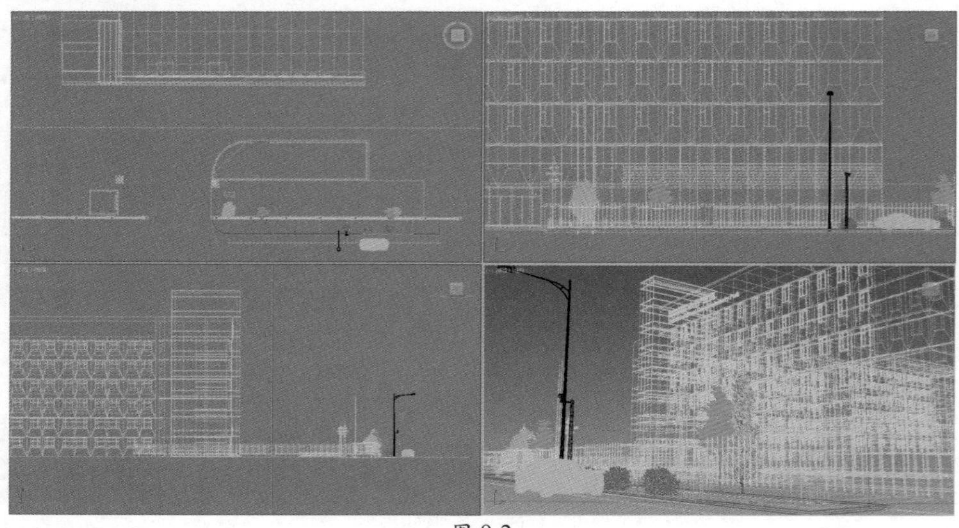

图 9-2

02 在“创建”面板中，单击“摄影机”按钮，切换至“创建摄影机”面板，并将“摄影机”下拉列表选择为 VRay，如图 9-3 所示。

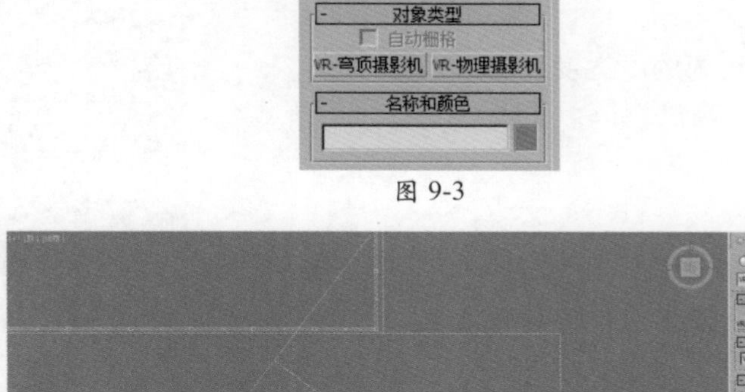

图 9-3

03 单击“VR- 物理摄影机”按钮，在“顶”视图中，创建一个“VR- 物理摄影机”，如图 9-4 所示。

图 9-4

04 按下快捷键 W 键，将鼠标命令设置为“选择并移动”状态，在“前”视图中，调整“VR- 物理摄影机”及其目标点的位置至图 9-5 所示位置处。

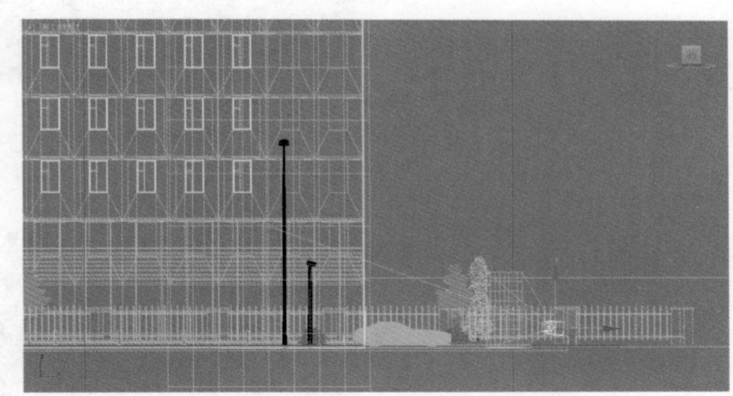

图 9-5

05 按下快捷键 C 键，在“摄影机”视图中观察摄影机取景的范围，如图 9-6 所示。

图 9-6

06 在“主工具栏”上，单击“渲染设置”按钮，打开“渲染设置”面板。在“公用”选项卡中，设置“输出大小”组内的“宽度”值为2000，“高度”值为2600，如图9-7所示。

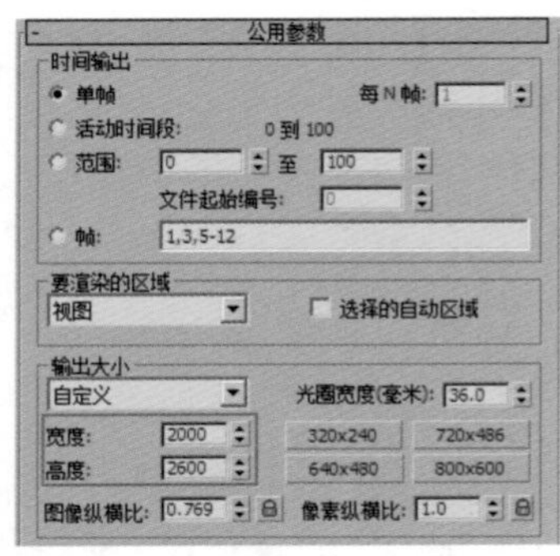

图 9-7

07 设置完成后，激活“摄影机”视图，并按下组合键Shift+F，显示出“安全框”，显示出摄影机的渲染范围，如图9-8所示。

图 9-8

08 在“修改”面板中，设置“VR-物理摄影机”的“胶片规格（mm）”值为25.14，调整摄影机的视野范围，如图9-9所示。

图 9-9

09 单击“猜测垂直倾斜”按钮猜测垂直倾斜，使得“VR-物理摄影机”渲染的墙线垂直画面，如图9-10所示。

图 9-10

10 设置完成后，摄影机的构图如图 9-11 所示。

图 9-11

9.3　材质制作

本案例中所涉及到的主要材质分别为制作灰色涂料材质、蓝色涂料材质、窗户玻璃材质、蓝色玻璃材质、路面材质、围墙材质、银色旗杆材质和环境材质。

9.3.1　制作灰色涂料材质

本案例中所体现出来的灰色墙体涂料材质渲染效果如图 9-12 所示。

图 9-12

01 按下快捷键 M 键，打开“材质编辑器”面板，选择一个空白材质球，将其更改为 VRayMtl 材质，并重命名为“灰色涂料”，如图 9-13 所示。

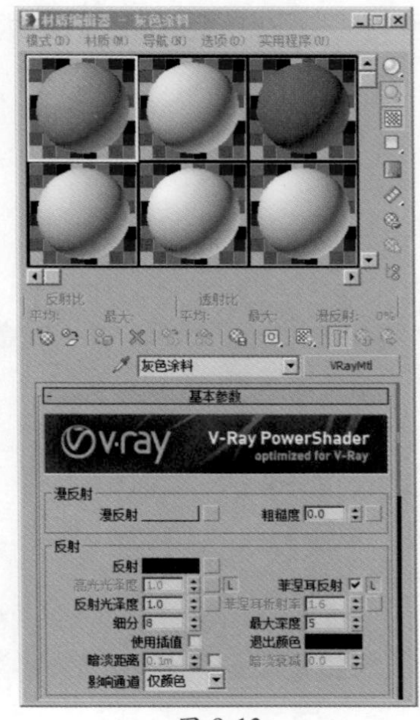

图 9-13

02 在“基本参数”卷展栏内，调整“漫反射”的颜色为灰色（红:29，绿:29，蓝:29），在“反射”组内，设置“反射”的颜色为灰色（红:23，绿:23，蓝:23），设置“反射光泽度”的值为 0.72，并取消勾选“菲涅耳反射”选项，制作出灰色涂料的表面颜色及高光，如图 9-14 所示。

03 制作完成后的灰色涂料材质球显示效果如图 9-15 所示。

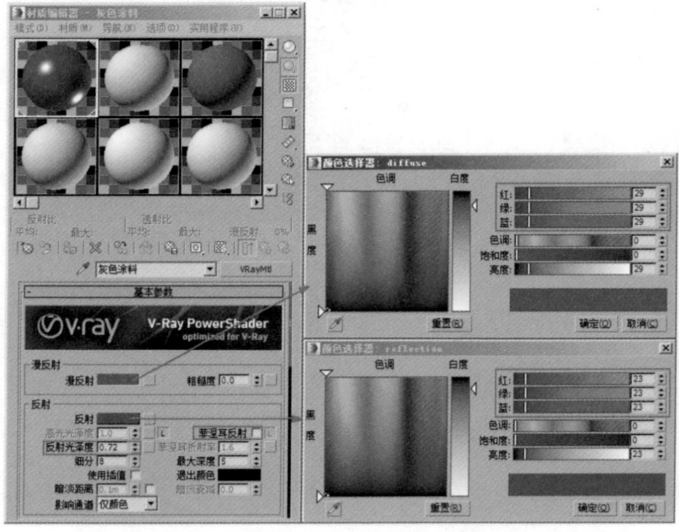

图 9-14

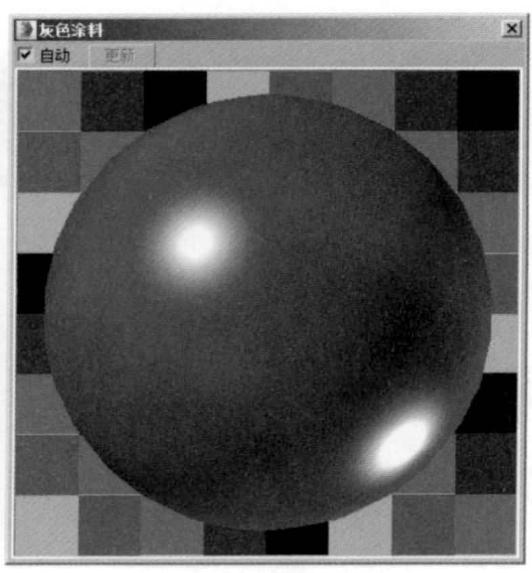

图 9-15

9.3.2 制作蓝色涂料材质

本案例中所体现出来的蓝色涂料材质渲染效果如图 9-16 所示。

01 按下快捷键 M 键，打开“材质编辑器”面板，选择一个空白材质球，将其更改为 VRayMtl 材质，并重命名为“蓝色涂料”，如图 9-17 所示。

图 9-16

图 9-17

02 在“基本参数”卷展栏内，调整“漫反射”的颜色为蓝色（红 :96，绿 :150，蓝 :204），如图 9-18 所示。

03 制作完成后的蓝色涂料材质球显示效果如图 9-19 所示。

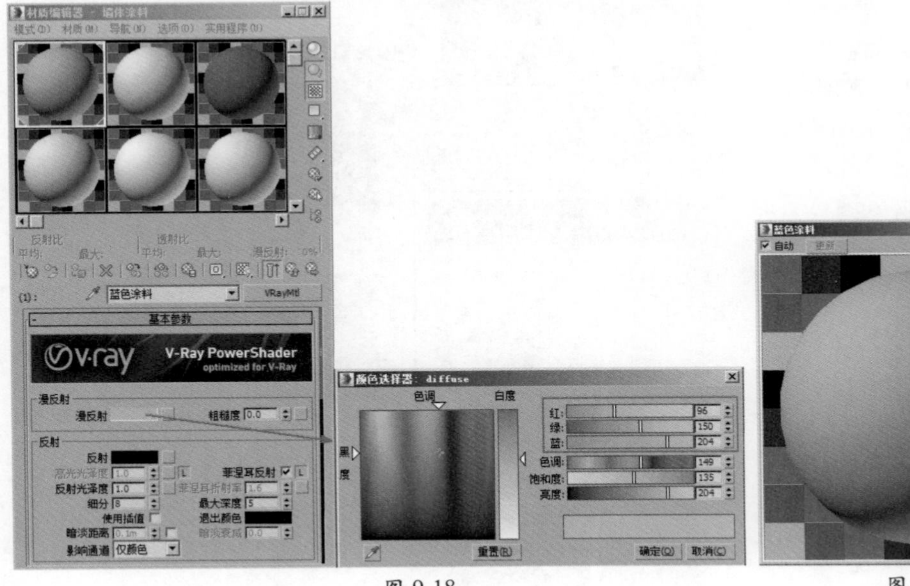

图 9-18

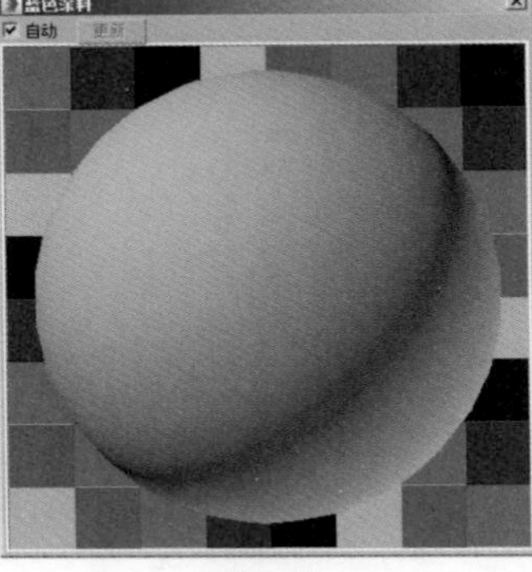

图 9-19

9.3.3 制作窗户玻璃材质

本案例中所体现出来的玻璃材质较为明亮且反射较强，渲染效果如图 9-20 所示。

01 按下快捷键 M 键，打开“材质编辑器”面板，选择一个空白材质球，将其更改为 VRayMtl 材质，并重命名为“窗户玻璃”，如图 9-21 所示。

图 9-20

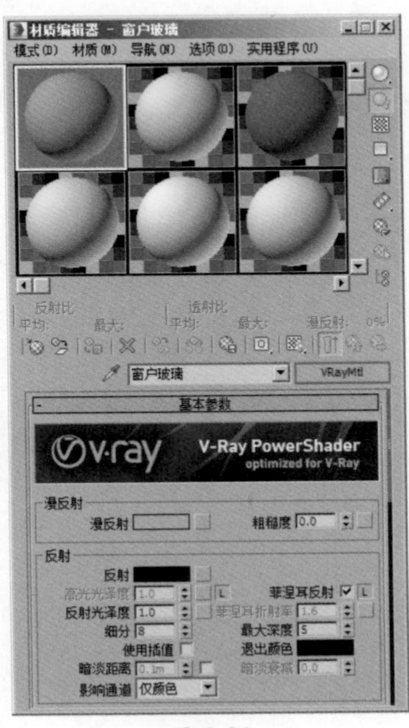

图 9-21

02 在“基本参数”卷展栏内，设置“漫反射”的颜色为白色（红:253，绿:253，蓝:253），在“反射”组内，设置“反射”的颜色为灰色（红:143，绿:143，蓝:143），“高光光泽度”的值为0.95，并取消勾选“菲涅耳反射”复选项，制作出玻璃材质的反射，如图9-22所示。

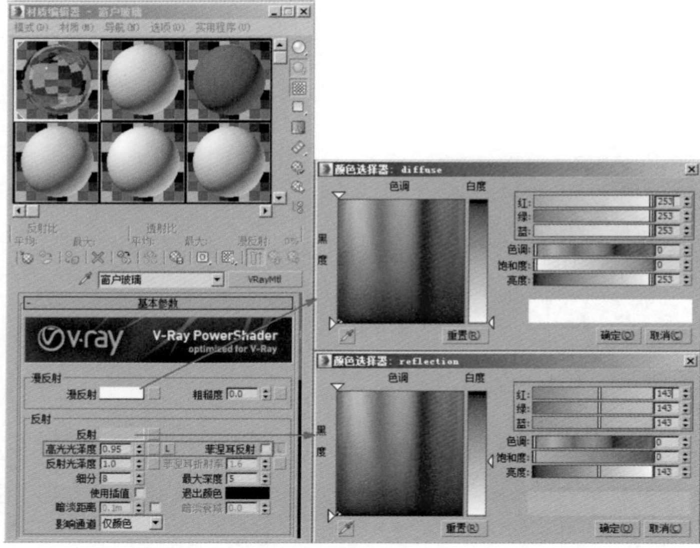

图 9-22

03 在“折射”组内，设置“折射”的颜色为白色（红:253，绿:253，蓝:253），制作出玻璃的折射效果，如图9-23所示。

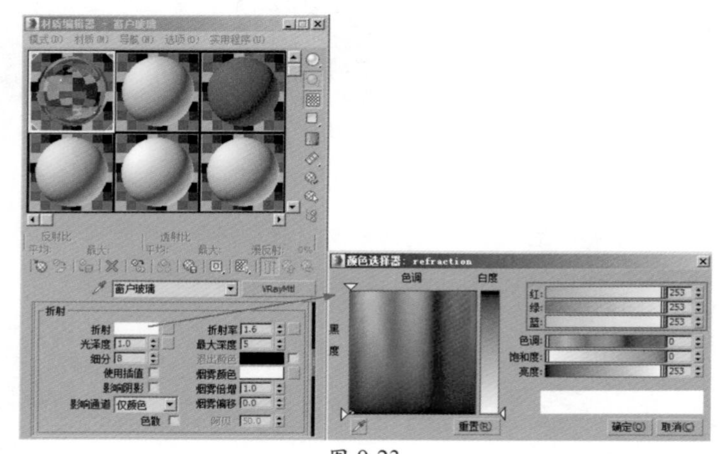

图 9-23

04 制作完成后的玻璃材质球显示效果如图9-24所示。

图 9-24

9.3.4　制作蓝色玻璃材质

本案例中所体现出来的蓝色玻璃材质反射较强，渲染效果如图 9-25 所示。

01 按下快捷键 M 键，打开“材质编辑器”面板，选择一个空白材质球，将其更改为 VRayMtl 材质，并重命名为“蓝色玻璃”，如图 9-26 所示。

图 9-25

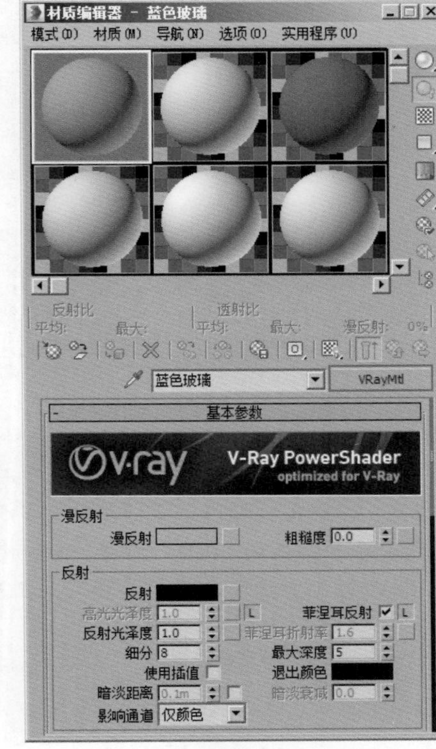

图 9-26

02 在“基本参数”卷展栏内，设置“漫反射”的颜色为白色（红:253，绿:253，蓝:253），在“反射”组内，设置“反射”的颜色为灰色（红:87，绿:87，蓝:87），“高光光泽度”的值为 0.9，并取消勾选“菲涅耳反射”选项，制作出玻璃材质的反射，如图 9-27 所示。

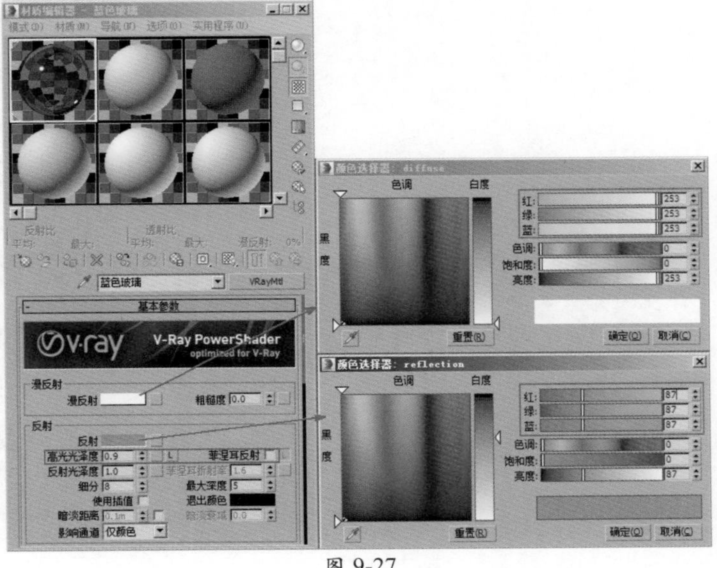

图 9-27

03 在“折射”组内，设置“折射”的颜色为白色（红 :253，绿 :253，蓝 :253），制作出玻璃的折射效果。设置“烟雾颜色”为淡蓝色（红 :240，绿 :246，蓝 :254），如图 9-28 所示。

04 制作完成后的玻璃材质球显示效果如图 9-29 所示。

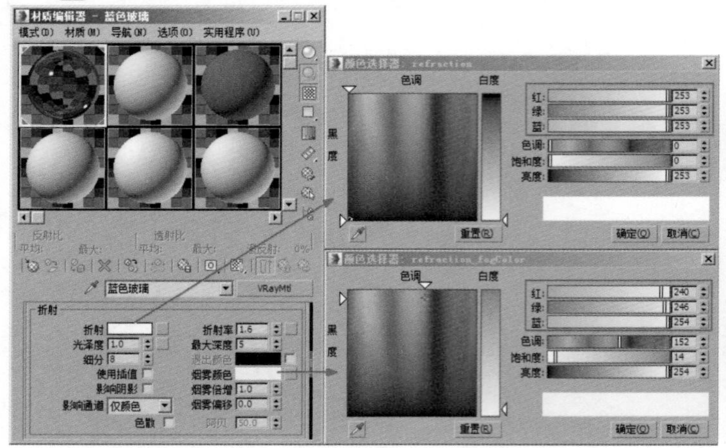

图 9-28

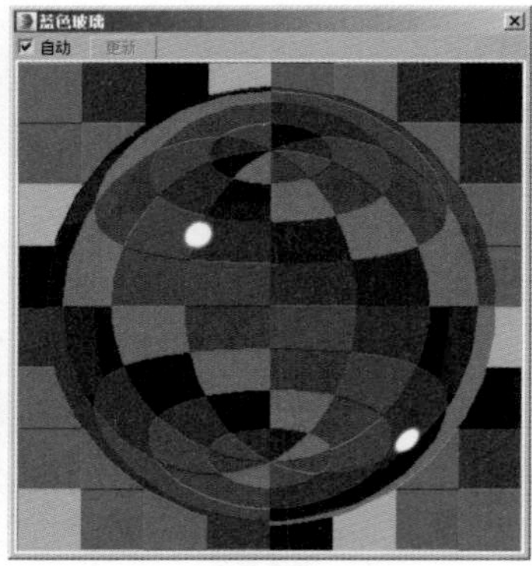

图 9-29

9.3.5 制作路面材质

本案例中路面材质的渲染效果如图 9-30 所示。

01 按下快捷键 M 键，打开“材质编辑器”面板，选择一个空白材质球，将其更改为 VRayMtl 材质，并重命名为“路面”，如图 9-31 所示。

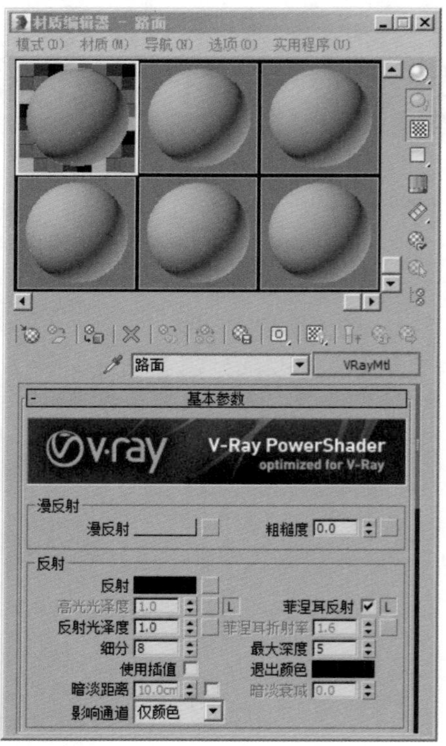

图 9-30

图 9-31

02 在“漫反射”组中，在“漫反射”通道上加载一张“砂石 .jpg”贴图文件，如图 9-32 所示。

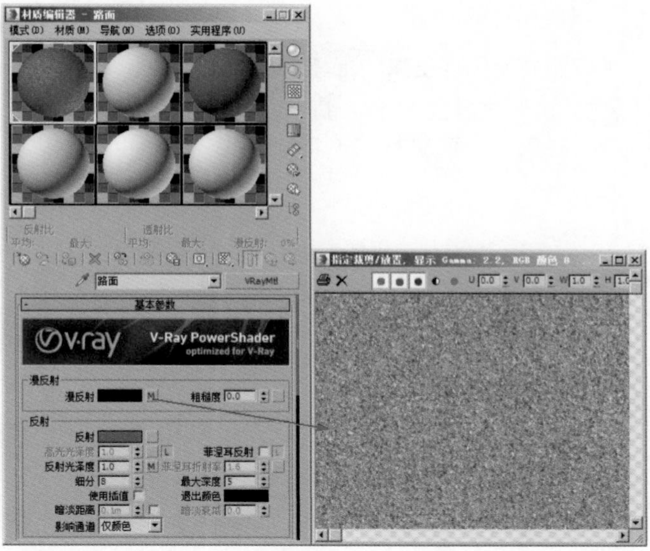

图 9-32

03 在“反射”组中，设置“反射”的颜色为灰色（红 :37，绿 :37，蓝 :37），取消勾选“菲涅耳反射”选项，将“漫反射”贴图通道中的贴图拖曳至“反射光泽度”的贴图通道上，制作出路面材质的反射及高光效果，如图 9-33 所示。

图 9-33

04 制作完成后的路面材质球显示效果如图 9-34 所示。

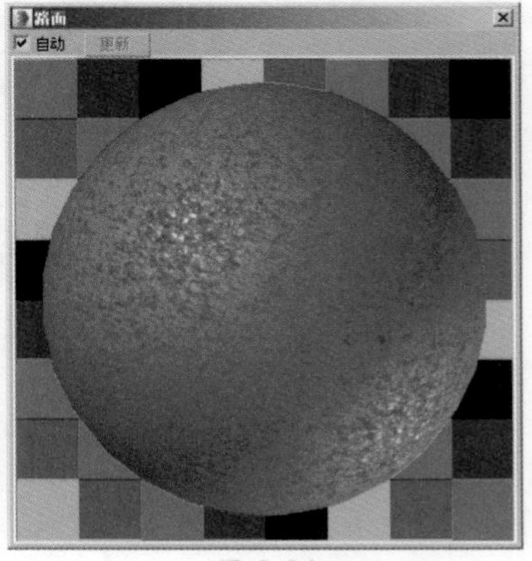

图 9-34

9.3.6 制作围墙材质

本案例中所体现出来的围墙材质渲染效果如图 9-35 所示。

01 按下快捷键 M 键，打开“材质编辑器”面板，选择一个空白材质球，将其更改为 VRayMtl 材质，并重命名为“围墙”，如图 9-36 所示。

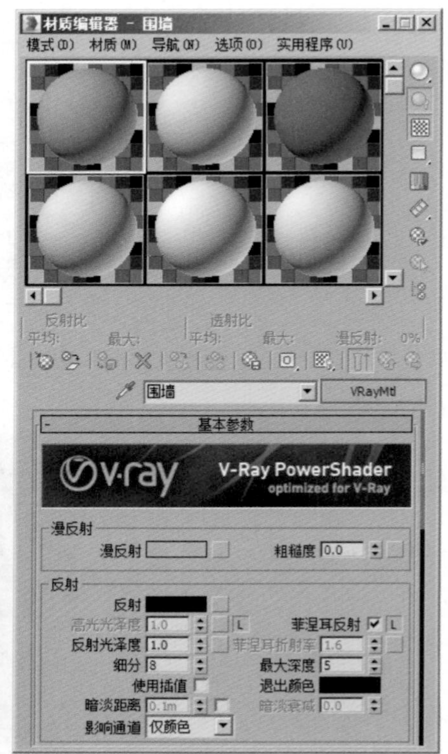

图 9-35

图 9-36

02 在“漫反射”组中，在“漫反射”通道上加载一张“墙副本.jpg”贴图文件，如图 9-37 所示。

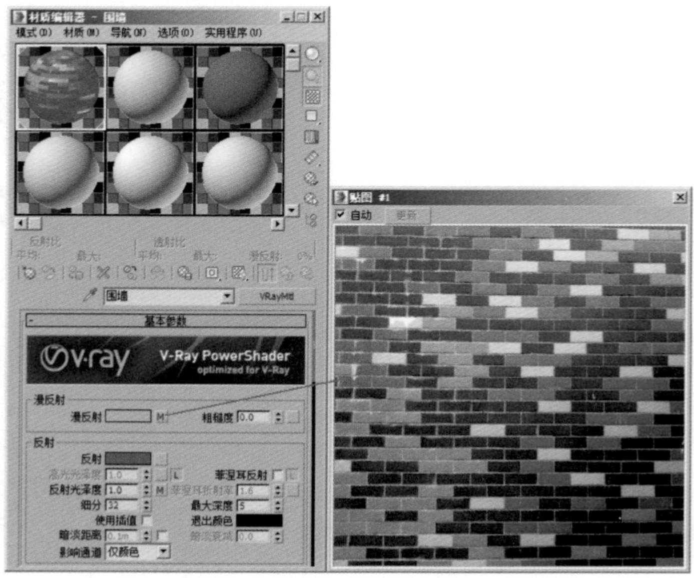

图 9-37

03 在“反射”组中，设置“反射”的颜色为灰色（红 :27，绿 :27，蓝 :27），取消勾选“菲涅耳反射”复选项，将“漫反射”贴图通道中的贴图拖曳至“反射光泽度”的贴图通道上，并设置“细分”的值为 32，如图 9-38 所示。

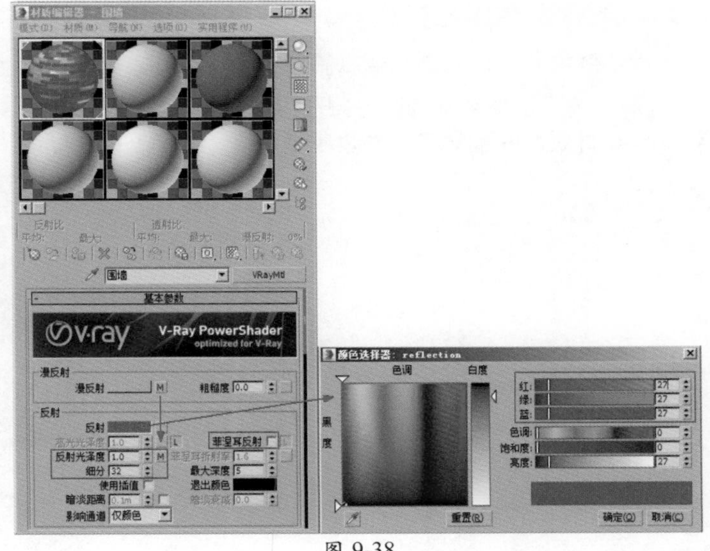

图 9-38

04 展开“贴图”卷展栏，将“反射光泽度”贴图通道中的贴图文件拖曳至“凹凸”贴图通道上，并设置“凹凸”的强度值为 -50，如图 9-39 所示。

05 制作完成后的围墙材质球显示效果如图 9-40 所示。

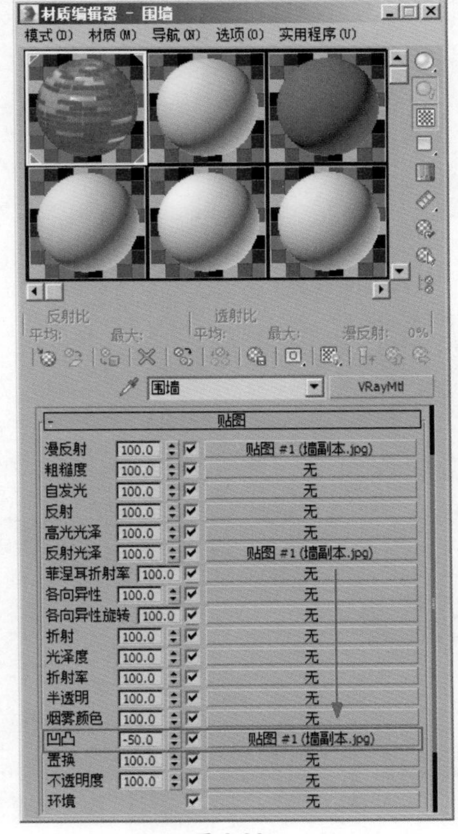

图 9-39

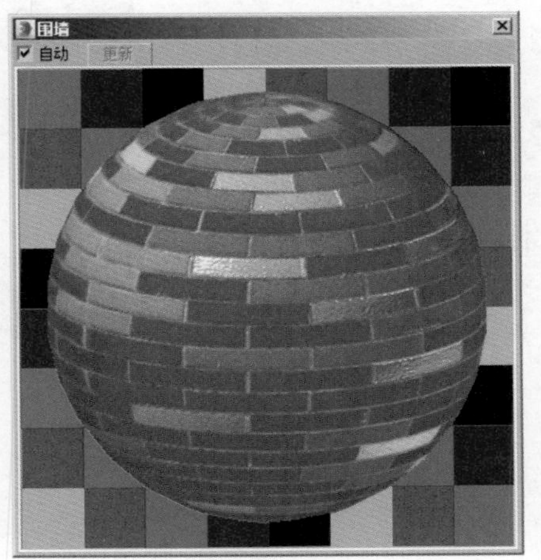

图 9-40

9.3.7 制作金属旗杆材质

本案例中所体现出来的金属旗杆材质渲染效果如图 9-41 所示。

01 按下快捷键 M 键，打开“材质编辑器”面板，选择一个空白材质球，将其更改为 VRayMtl 材质，并重命名为“金属旗杆”，如图 9-42 所示。

图 9-41

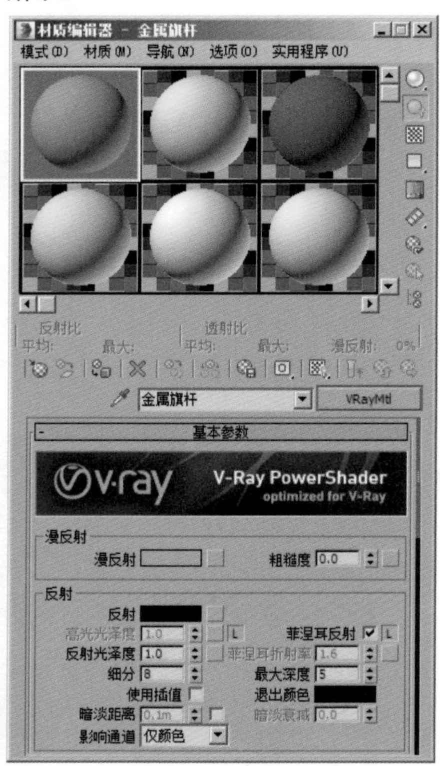

图 9-42

02 在“基本参数”卷展栏内，设置“漫反射”的颜色为灰色（红 :128，绿 :128，蓝 :128），在“反射”组内，设置“反射”的颜色为白色（红 :237，绿 :237，蓝 :237），“反射光泽度”的值为 0.76，并取消勾选“菲涅耳反射”选项，制作出金属材质的表面反射及高光，如图 9-43 所示。

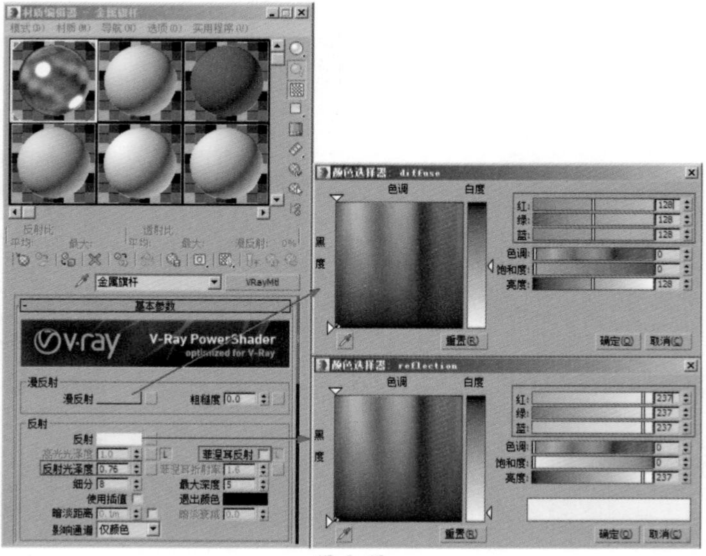

图 9-43

03 制作完成后的金属旗杆材质球显示效果如图 9-44 所示。

图 9-44

9.3.8　制作环境材质

本案例中所体现出来的环境材质渲染效果如图 9-45 所示。

图 9-45

01 按下快捷键 M 键，打开“材质编辑器”面板，选择一个空白材质球，将其更改为“VR- 灯光材质”，并重命名为“环境”，如图 9-46 所示。

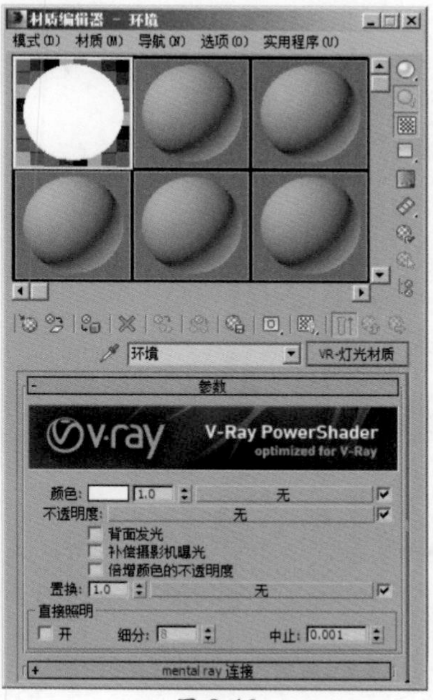

图 9-46

02 在“参数”卷展栏中，在“颜色”的贴图通道上加载一张“环境.jpg”贴图文件，并设置“颜色”的强度值为 29，如图 9-47 所示。

03 制作完成后的环境材质球显示效果如图 9-48 所示。

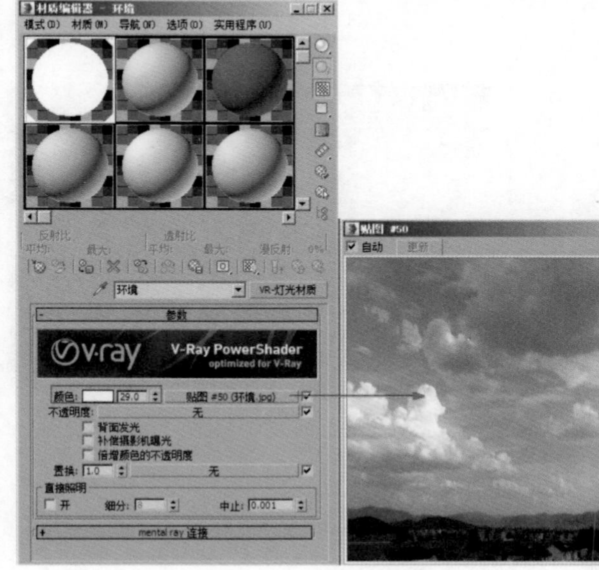

图 9-47

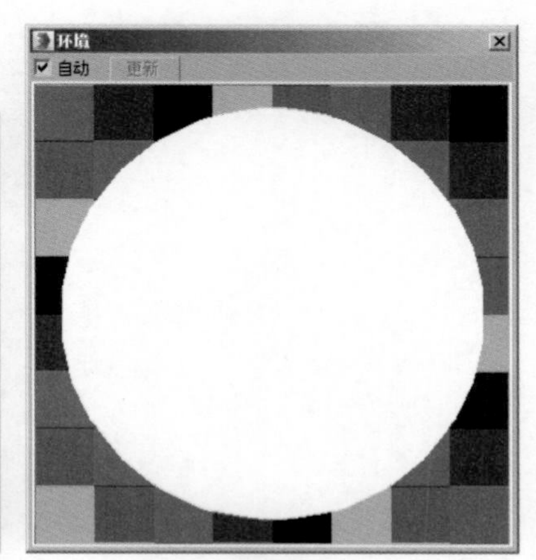

图 9-48

9.4 使用 Forest Pack Pro 专业森林插件制作花草模型

本实例中的花草模型使用Forest Pack Pro（专业森林）插件来制作完成，具体操作步骤如下。

01 将“创建”面板的下拉列表切换至“Itoo 软件”，如图 9-49 所示。

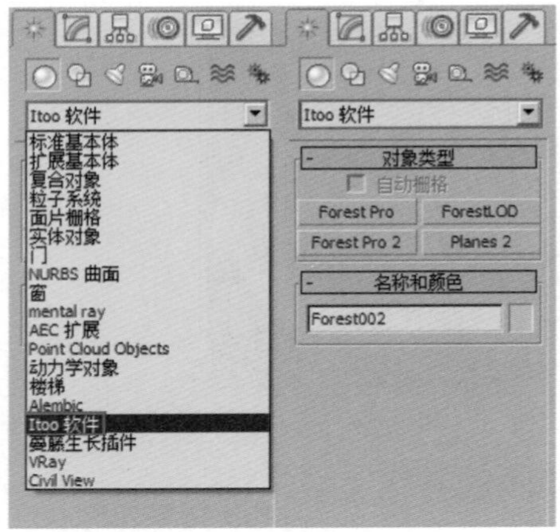

图 9-49

02 单击 Forest Pro 按钮 Forest Pro ，在场景中拾取花池模型内的样条线，即可在闭合的样条线范围内产生 Forest Pro 物体，如图 9-50 所示。

图 9-50

03 在“修改”面板中，展开“几何体”卷展栏，单击“库”按钮，如图 9-51 所示。即可弹出“库浏览器”对话框，如图 9-52 所示。

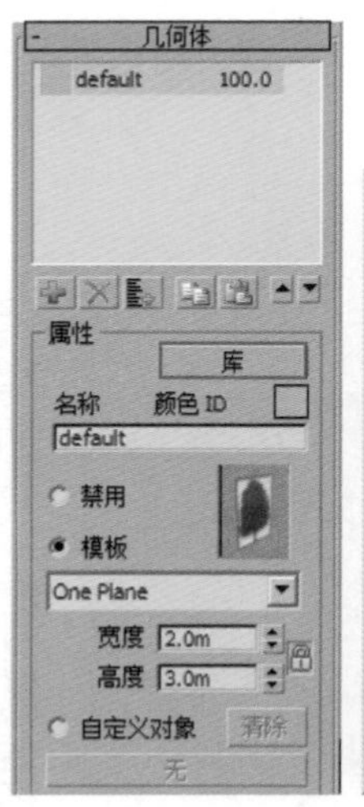

图 9-51

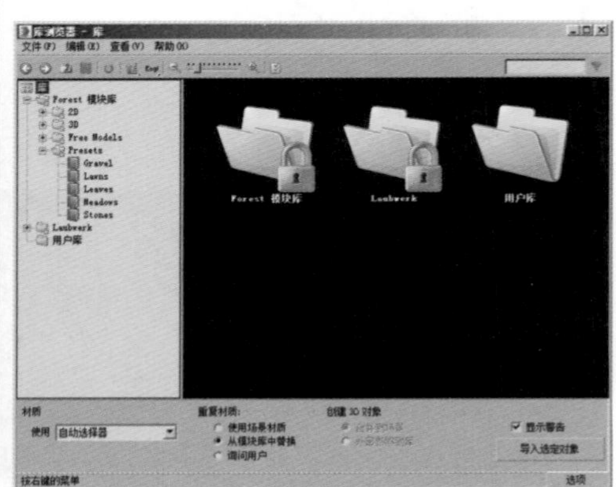

图 9-52

04 在“库浏览器”对话框左侧的库目录中，单击展开 Presets/Lawns 文件夹，选择“雏菊 01（大）”，如图 9-53 所示。

图 9-53

05 选择时系统会自动弹出“外部参照对象合并”对话框，单击“确定”按钮［确定］，即可完成三叶草模型的创建。如图 9-54 所示。

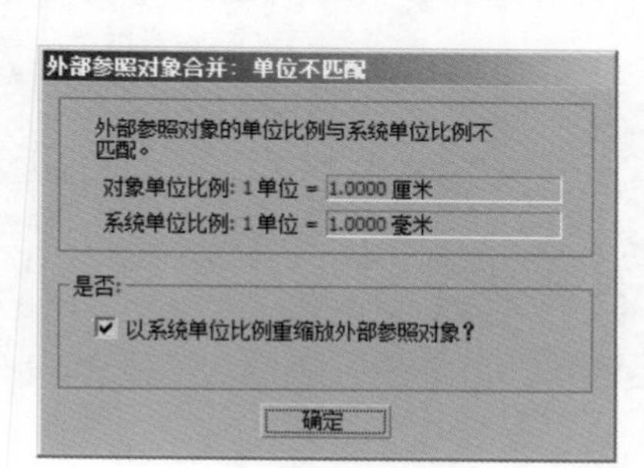

图 9-54

06 创建完成后，可以看到场景中花池模型位置处已经种植上 Forest Pack Pro（专业森林）插件为用户提供的雏菊群组模型，如图 9-55 所示。

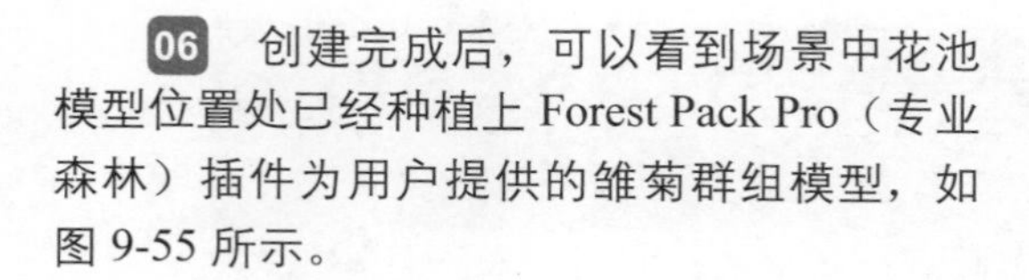

图 9-55

07 渲染当前场景，可以看到雏菊的渲染结果如图 9-56 所示。

图 9-56

9.5 使用 Guruware Ivy 蔓藤植物插件制作蔓藤模型

本案例中围墙附近的蔓藤植物模型是使用 Guruware Ivy 蔓藤植物插件来进行制作的。制作之前，由于本场景中模型数量比较多，所以最好应该先将围墙模型单独存储为一个文件来进行蔓藤植物的生长计算，再将计算后的蔓藤植物模型结果合并到当前场景文件中。

01 在“透视”视图中，选择图 9-57 所示的围墙模型，执行菜单栏“图标 / 另存为 / 保存选择对象”命令，将所选择的模型单独存储为一个 MAX 文件，如图 9-58 所示。

图 9-57

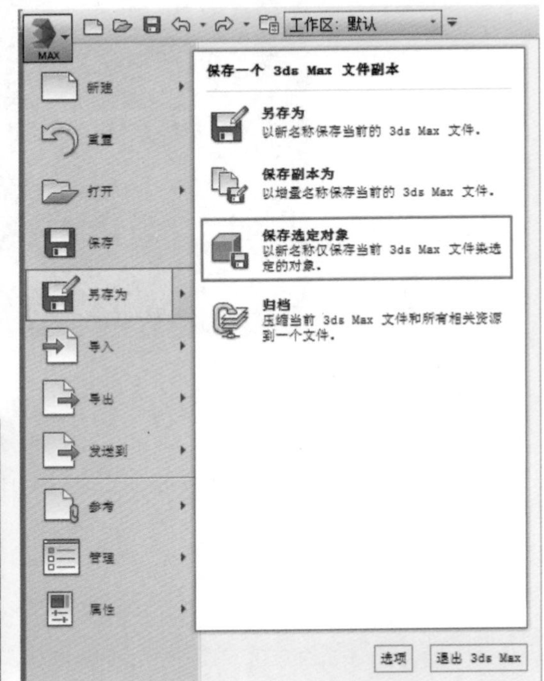

图 9-58

02 打开另存的围墙模型 MAX 文件，如图 9-59 所示。

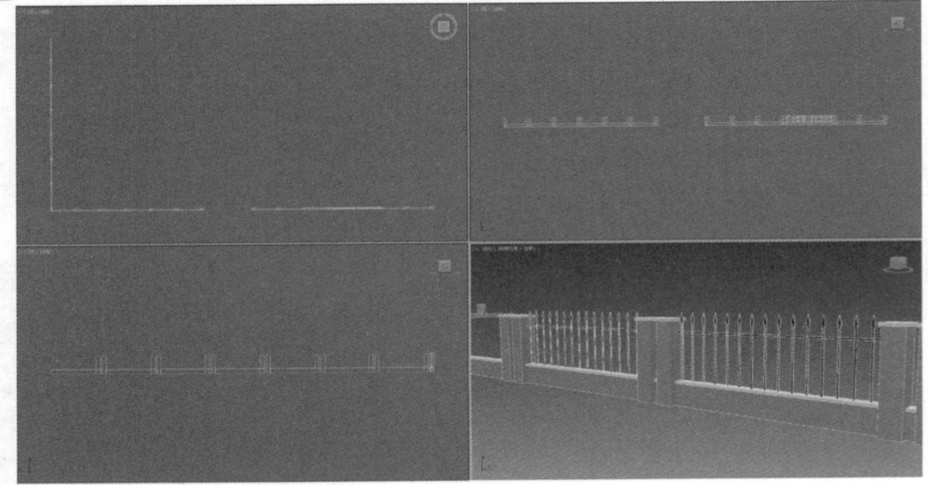

图 9-59

03 将“创建”面板的下拉列表切换至“蔓藤生长插件”，如图 9-60 所示。

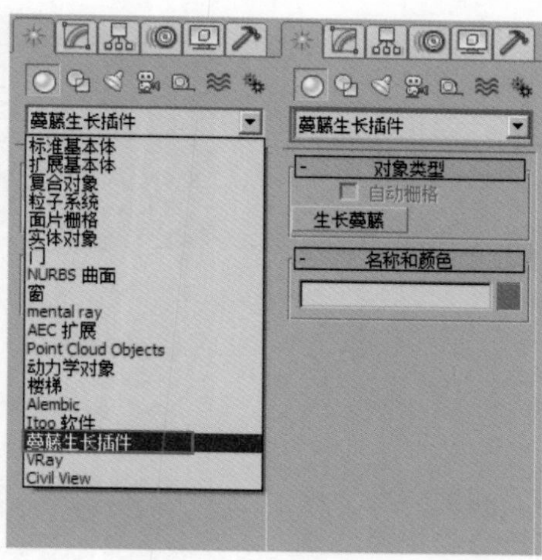

图 9-60

04 单击“生长蔓藤”按钮，在“顶”视图中创建一个“生长蔓藤”对象，并调整其位置至图 9-61 所示。

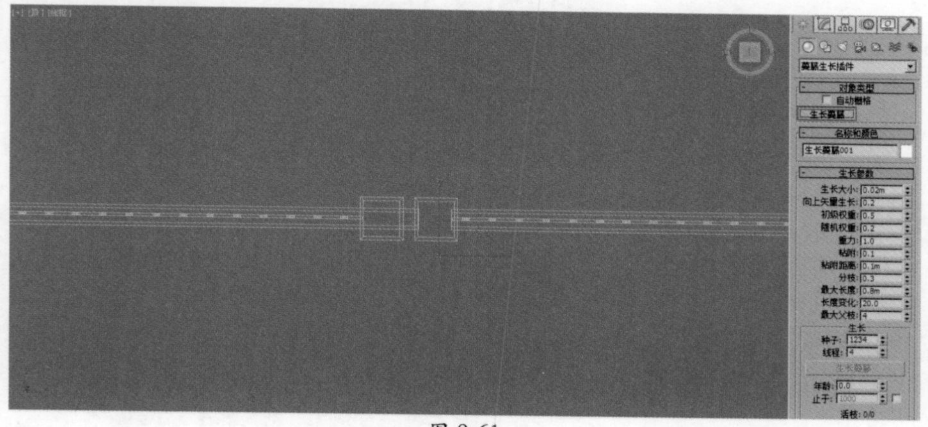

图 9-61

05 在“修改”面板中，展开“生长参数”卷展栏，设置“最大长度”的值为 0.8m，如图 9-62 所示。

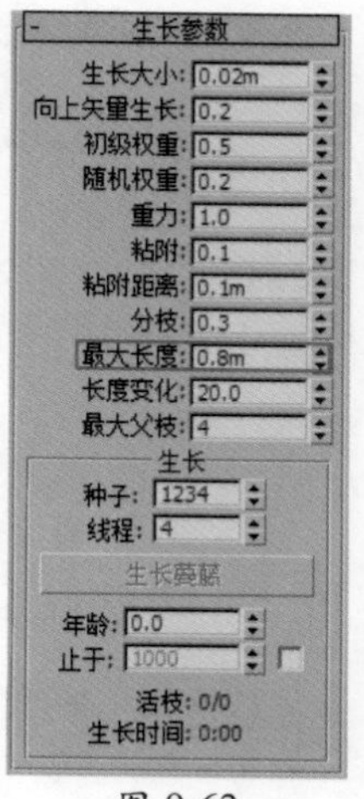

图 9-62

06 设置完成后，单击“生长蔓藤”按钮 生长蔓藤，即可在视图中看到蔓藤生长的动画，如图 9-63 所示。

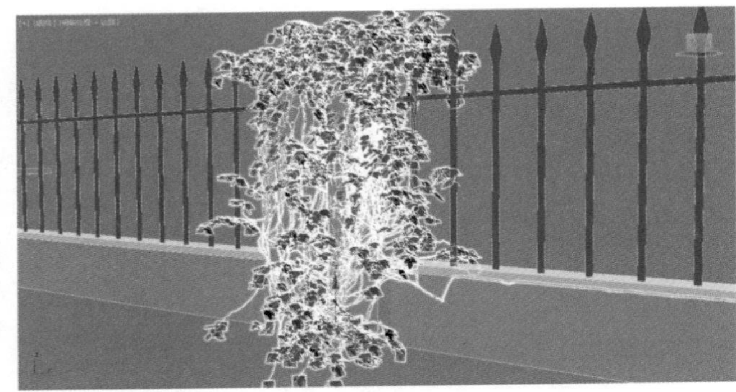
图 9-63

07 以同样的方式创建另外几株蔓藤植物模型，并将其合并为一个对象，如图 9-64 所示。

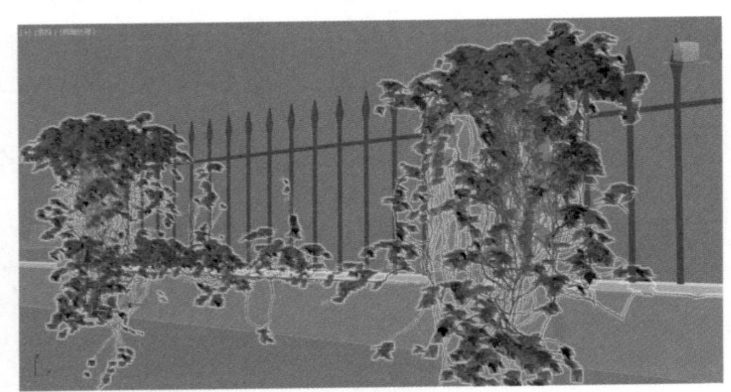
图 9-64

08 制作完成后，删除场景中的围墙模型，将蔓藤模型合并至场景文件中，如图 9-65 所示。

图 9-65

09 最终渲染的蔓藤植物模型效果如图 9-96 所示。

图 9-66

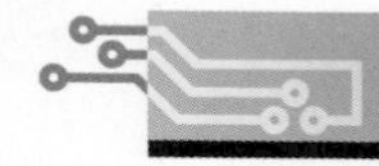

9.6　制作阳光照明效果

本案例中的灯光表现模拟的是室外天空照明效果，故在灯光的使用上选择的是 VRay 渲染器提供的“VR- 太阳”来进行照明制作。

01　在创建“灯光”面板中，将灯光的下拉列表切换至 VRay 选项，如图 9-67 所示。

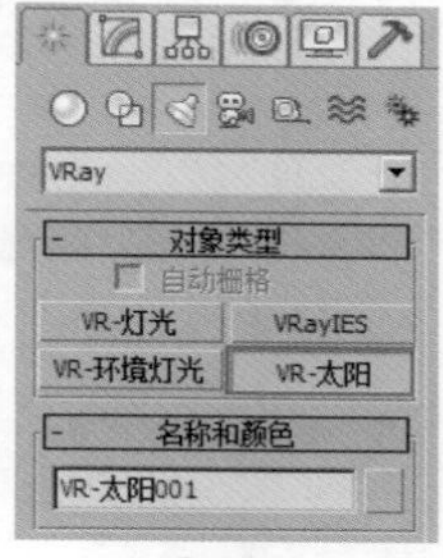

图 9-67

02　单击“VR- 太阳”按钮，在“顶”视图中创建一个“VR- 太阳”灯光，灯光位置如图 9-68 所示。

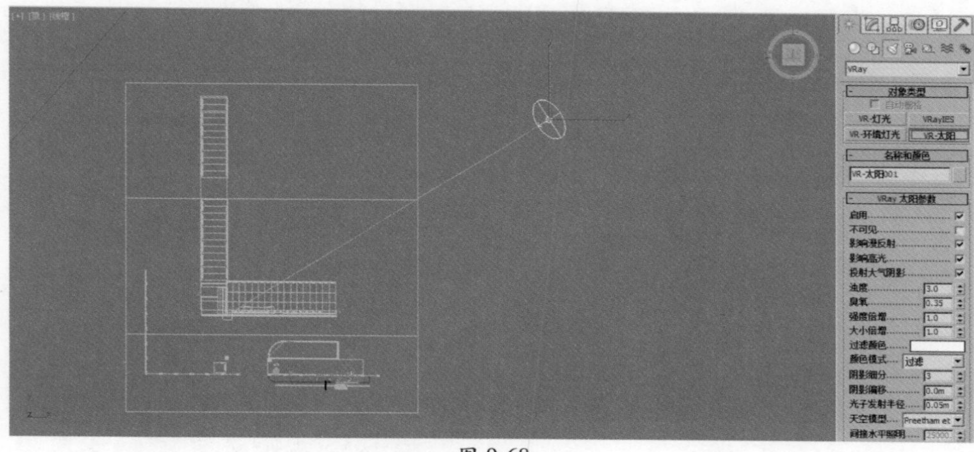

图 9-68

03　创建灯光时，系统会自动弹出“VRay 太阳”对话框，询问用户是否在场景中添加 VR 天空环境贴图，单击“是”按钮，完成灯光的创建，如图 9-69 所示。

04　按下快捷键 F 键，在“前”视图中，调整“VR- 太阳”灯光的位置至图 9-70 所示，完成本场景中灯光的创建。

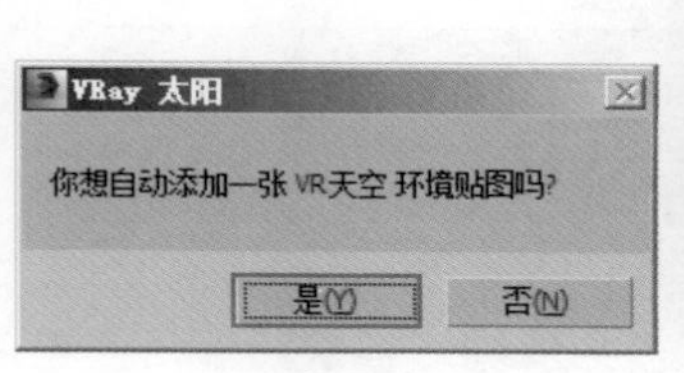

图 9-69

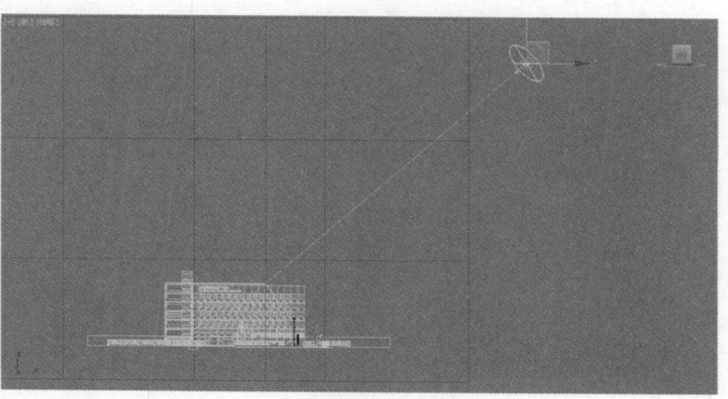

图 9-70

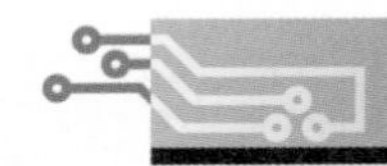

9.7 渲染设置

对场景进行摄影机和灯光创建完成后，就可以开始设置渲染了。

01 在“主工具栏”上单击“渲染设置”按钮，打开“渲染设置”面板，将渲染器设置为使用 VRay 渲染器，如图 9-71 所示。

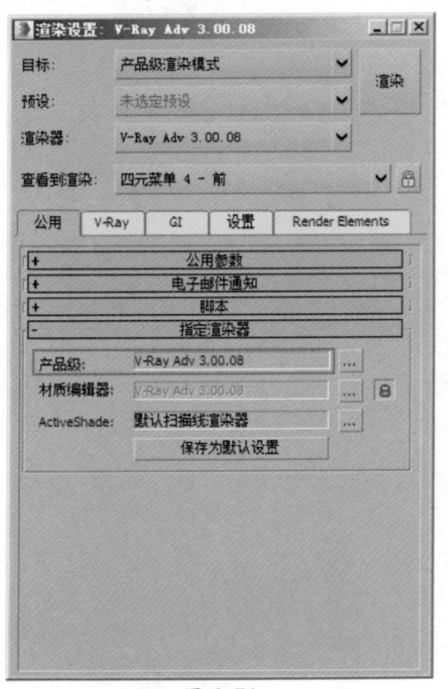

图 9-71

02 单击 GI 选项卡，勾选“启用全局照明（GI）”选项，设置“首次引擎”为“发光图”，设置“二次引擎”为“灯光缓存”，如图 9-72 所示。

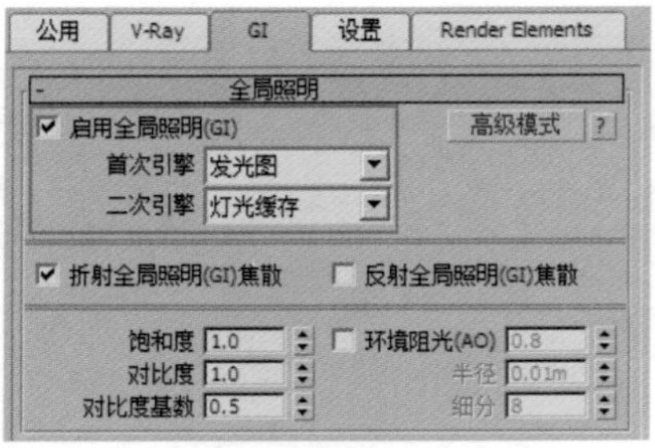

图 9-72

03 展开“发光图”卷展栏，将“当前预设”更改为“自定义”选项，设置“最小速率”的值为 -2，设置“最大速率”的值为 -2，如图 9-73 所示。

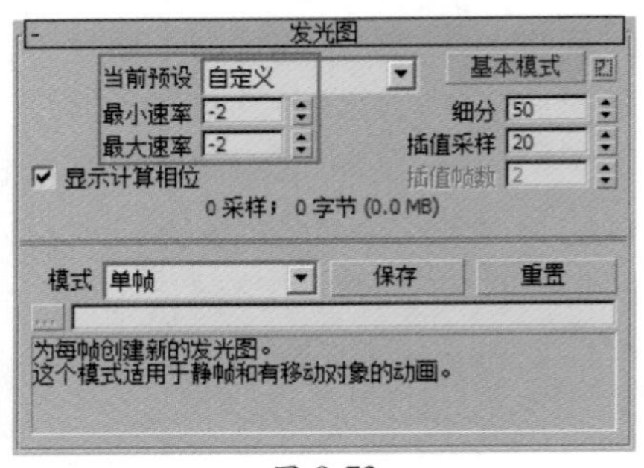

图 9-73

04 展开“灯光缓存”卷展栏，设置“细分”的值为 1500，如图 9-74 所示。

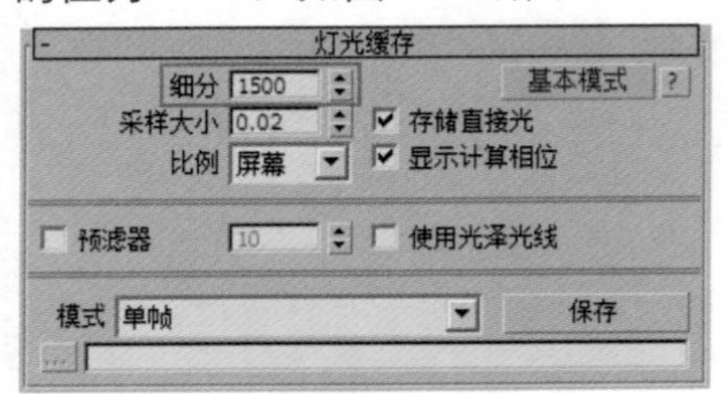

图 9-74

05 单击 V-Ray 选项卡，展开“图像采样器（抗锯齿）”卷展栏，设置“类型”为“自适应”选项，设置“过滤器”为“区域”选项，并设置“大小”值为 1，如图 9-75 所示。

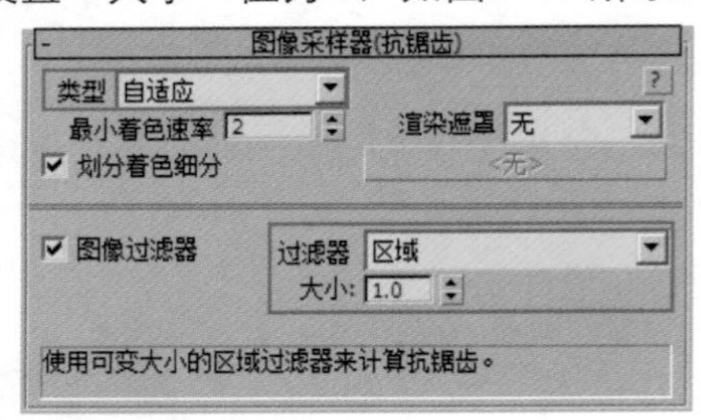

图 9-75

06 展开“自适应图像采样器”卷展栏，设置“最小细分”的值为 1，设置“最大细分”的值为 32，如图 9-76 所示。

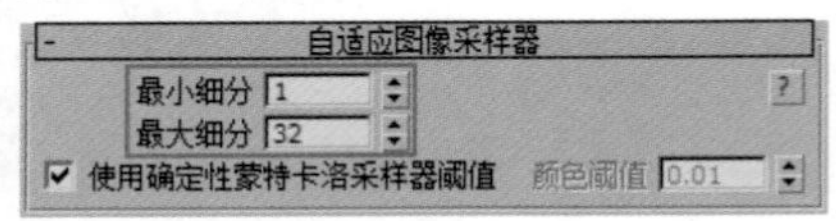

图 9-76

07 展开“全局确定性蒙特卡洛”卷展栏，设置“全局细分倍增”的值为 2，如图 9-77 所示。

08 设置完成后，渲染场景，渲染结果如图 9-78 所示。

全局确定性蒙特卡洛
自适应数量 0.85
噪波阈值 0.01　时间独立
全局细分倍增 2.0　最小采样 8

图 9-77

图 9-78

9.8　后期调整

01 在 VRay 渲染窗口中，单击左下角的“显示校正设置”按钮，打开 Color corrections（色彩校正）对话框，如图 9-79 所示。

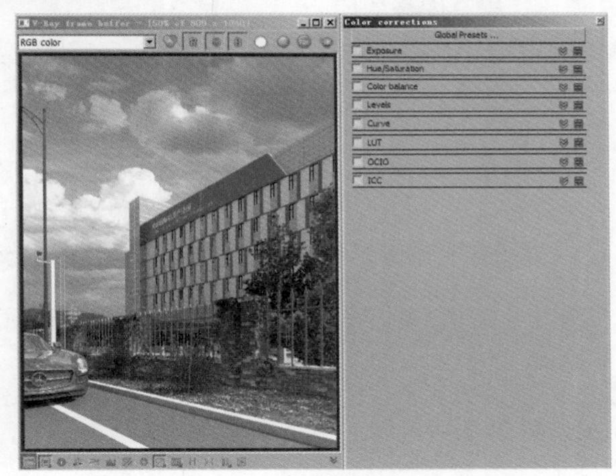

图 9-79

02 单击 Exposure（曝光）卷展栏上的 Show/Hide（显示 / 隐藏）按钮，展开 Exposure（曝光）卷展栏，设置 Contrast（对比度）的值为 0.37，提高图像的层次感，如图 9-80 所示。

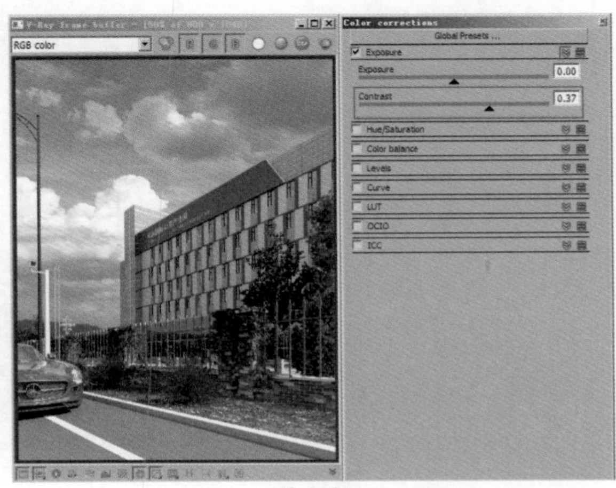

图 9-80

03 展开 Hue/Saturation（色相 / 饱和度）卷展栏，调整 Saturation（饱和度）的值为 0.1，提高图像的色彩饱和度，如图 9-81 所示。

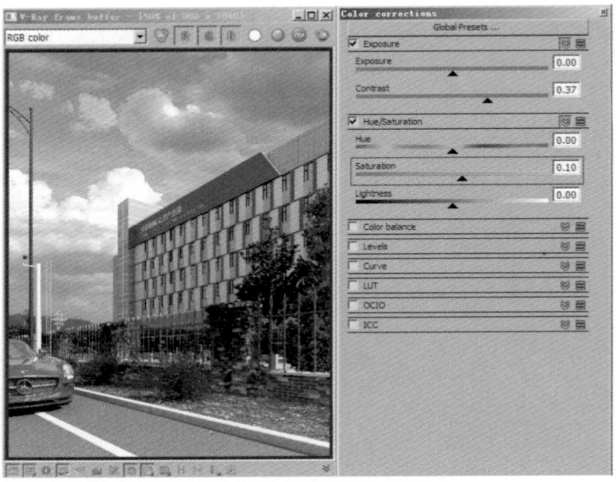

图 9-81

04 展开 Curve（曲线）卷展栏，调整曲线的弧度如图 9-82 所示，提高图像的明亮程度。

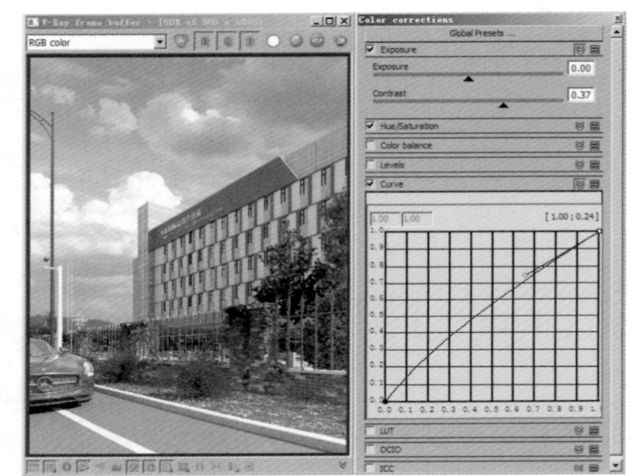

图 9-82

05 图像调整完成后，最终结果如图 9-83 所示。

图 9-83

第 10 章

建筑外立面雨景环境表现技术

10.1 项目介绍

本案例为吉林职业技术学院的教学楼建筑外立面表现，此教学楼建于 1958 年，建筑面积为 3610.44m2，旧址为延边农学院，地址位于吉林省龙井市。本案例的最终渲染效果及线框图如图 10-1 所示。

图 10-1

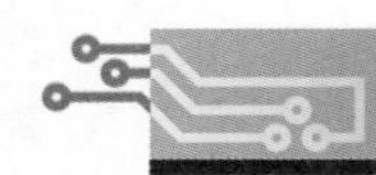

10.2 创建摄影机构图

01 打开场景文件，本场景文件中已经创建好了基本建筑模型，下面，我们首先在场景中进行摄影机的摆放及摄影机的角度调整，如图 10-2 所示。

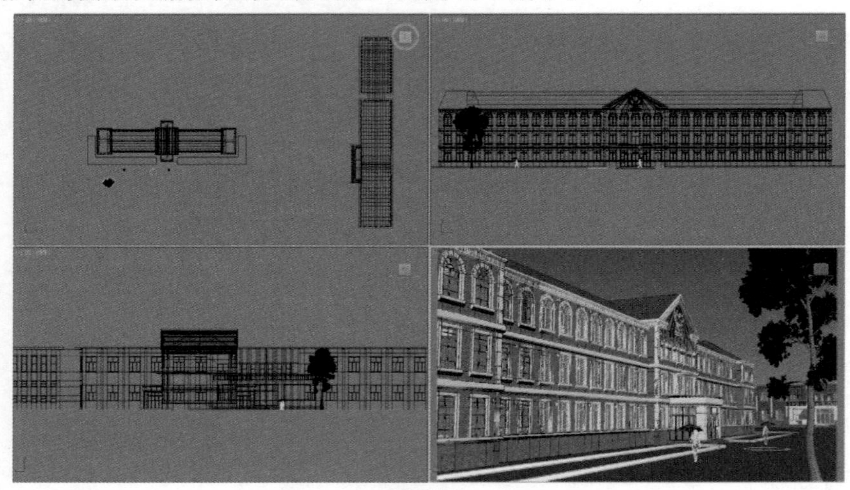

图 10-2

02 在“创建”面板中，单击“摄影机”按钮，切换至创建“摄影机”面板，并将“摄影机”下拉列表选择为“标准”，如图 10-3 所示。

图 10-3

03 单击“物理”按钮 物理，在“顶”视图中，创建一个物理摄影机，如图10-4所示。

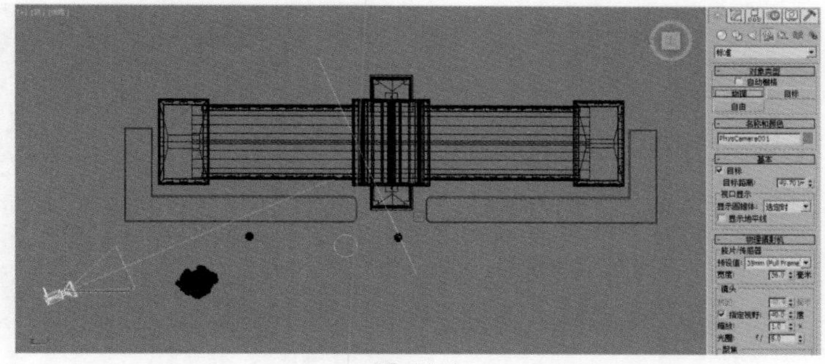

图 10-4

04 按下快捷键W键，将鼠标命令设置为“选择并移动”状态，在“前”视图中，调整物理摄影机及其目标点的位置至图10-5所示位置处。

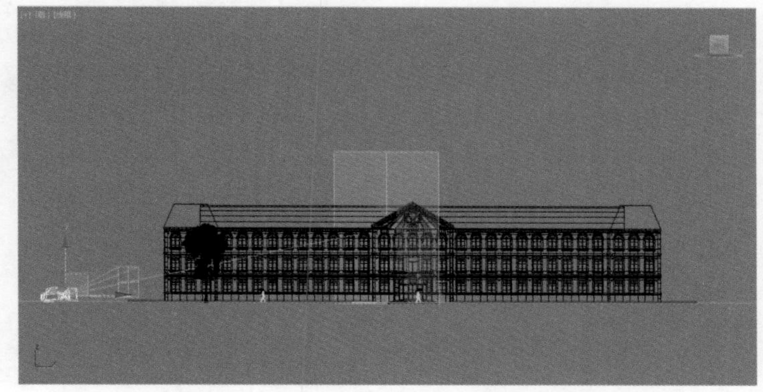

图 10-5

05 按下快捷键C键，在“摄影机”视图中观察摄影机取景的范围，如图10-6所示。

图 10-6

06 在“主工具栏”上，单击“渲染设置”按钮，打开“渲染设置”面板。在“公用参数”选项卡中，设置“输出大小”组内的“宽度”值为2000，“高度”值为1200，如图10-7所示。

公用参数
时间输出
单帧　每N帧: 1
活动时间段: 0 到 100
范围: 0 至 100
文件起始编号: 0
帧: 1,100
要渲染的区域
视图　选择的自动区域
输出大小
自定义　光圈宽度(毫米): 36.0
宽度: 2000　320x240　720x486
高度: 1200　640x480　800x600
图像纵横比: 1.66667　像素纵横比: 1.0
选项
大气　渲染隐藏几何体
效果　区域光源/阴影视作点光源
置换　强制双面

图 10-7

07 设置完成后，激活“摄影机”视图，并按下组合键 Shift+F，显示出“安全框”，显示出摄影机的渲染范围，如图 10-8 所示。

图 10-8

08 在“修改”面板中，展开“物理摄影机”卷展栏，设置物理摄影机的“指定视野”值为 40，调整摄影机的视野范围，如图 10-9 所示。

图 10-9

09 展开“透视控制”卷展栏，勾选“自动垂直倾斜校正”选项，使得物理摄影机渲染的墙线垂直画面，如图 10-10 所示。

图 10-10

10 设置完成后，摄影机的构图如图 11-11 所示。

图 11-11

10.3 材质制作

本案例中所涉及到的主要材质分别为制作红色砖墙材质、灰色砖墙材质、玻璃材质、石材材质、树叶材质、树干材质和雨材质。

10.3.1 制作红色砖墙材质

本案例中所体现出来的红色砖墙材质渲染效果如图10-12所示。

01 按下快捷键M键，打开“材质编辑器”面板，选择一个空白材质球，将其更改为VRayMtl材质，并重命名为“红色砖墙”，如图10-13所示。

图 10-12

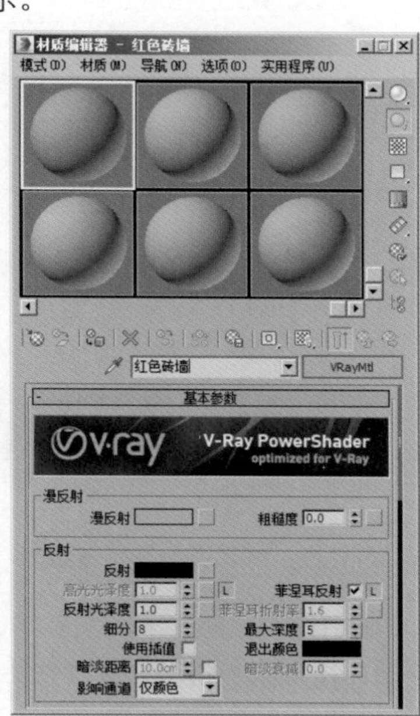

图 10-13

02 在“基本参数”卷展栏内，在“漫反射”的贴图通道中加载一张“红色砖墙.jpg”贴图文件，在“反射”组内，设置“反射”的颜色为灰色（红:7，绿:7，蓝:7），设置“反射光泽度”的值为0.7，设置“细分”值为32，取消勾选“菲涅耳反射”复选项，制作出红色砖墙的表面贴图及高光，如图10-14所示。

图 10-14

03 单击展开“贴图”卷展栏，在“凹凸”贴图通道上也添加同样的一张“红色砖墙.jpg”贴图文件，并设置“凹凸”的强度值为50，如图10-15所示。

04 制作完成后的红色砖墙材质球显示效果如图10-16所示。

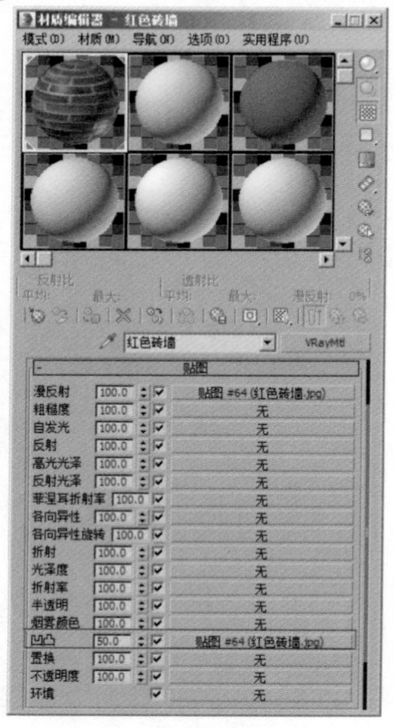

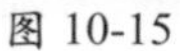

图 10-15

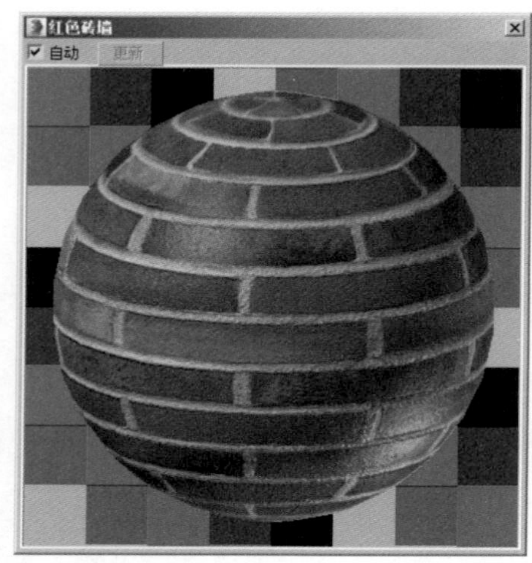

图 10-16

10.3.2 制作灰色墙砖材质

本案例中所体现出来的灰色墙砖材质渲染效果如图10-17所示。

01 按下快捷键M键，打开“材质编辑器”面板，选择一个空白材质球，将其更改为VRayMtl材质，并重命名为“灰色墙砖”，如图10-18所示。

图 10-17

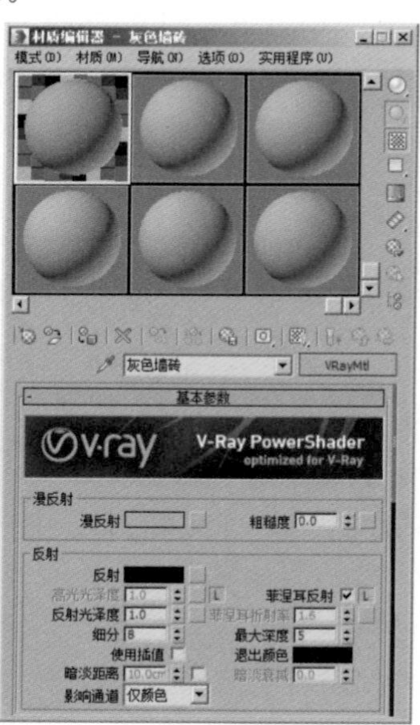

图 10-18

02 在“基本参数”卷展栏内，在“漫反射”的贴图通道中加载一张“红色砖墙.jpg”贴图文件，在“反射”组内，设置“反射”的颜色为灰色（红:7，绿:7，蓝:7），设置“反射光泽度”的值为0.7，设置“细分”值为32，取消勾选“菲涅耳反射”选项，如图10-19所示。

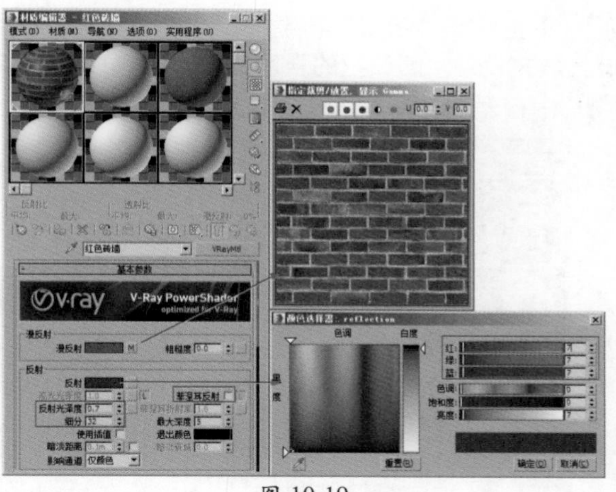

图 10-19

03 单击Bitmap按钮 Bitmap ，在弹出的“材质/贴图浏览器”对话框中选择“颜色校正”命令，并单击“确定”按钮，为当前的贴图校正色彩，如图10-20所示。

图 10-20

04 单击展开“颜色”卷展栏，设置“饱和度”的值为-100，即可调整红色砖墙贴图的颜色转为灰色砖墙贴图，如图10-21所示。

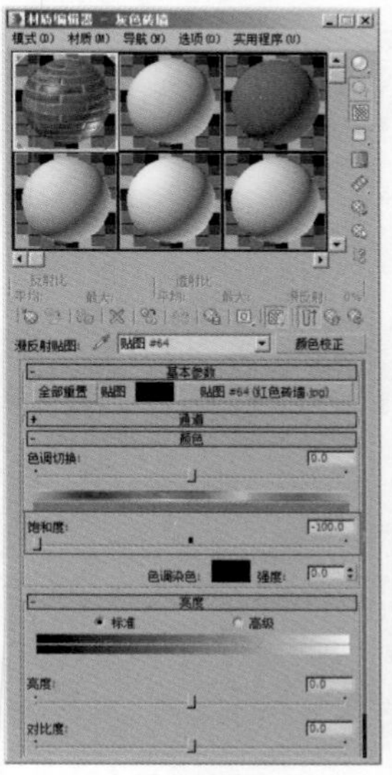

图 10-21

05 单击展开“贴图”卷展栏，将“漫反射”贴图通道中的贴图文件拖曳至“凹凸”贴图通道上，并设置“凹凸”的强度值为 -100，如图 10-22 所示。

06 制作完成后的灰色墙砖材质球显示效果如图 10-23 所示。

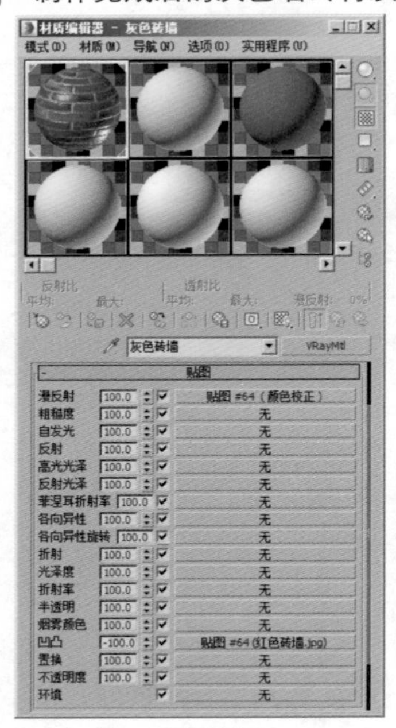

图 10-22

图 10-23

10.3.3 制作玻璃材质

本案例中所体现出来的玻璃材质渲染效果如图 10-24 所示。

01 按下快捷键 M 键，打开“材质编辑器”面板，选择一个空白材质球，将其更改为 VRayMtl 材质，并重命名为“玻璃”，如图 10-25 所示。

图 10-24

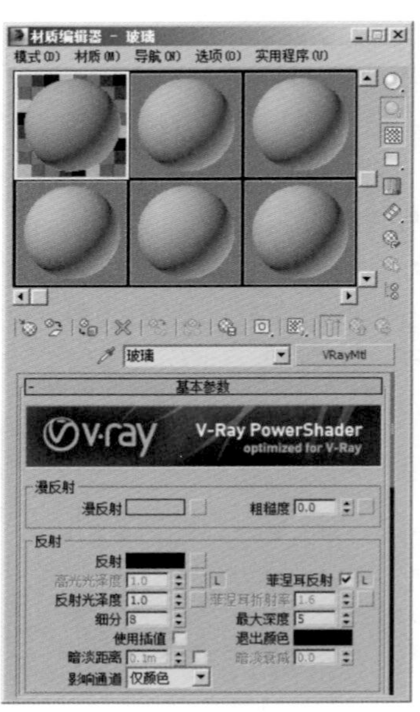

图 10-25

02 在“基本参数”卷展栏内，设置“漫反射”的颜色为白色（红:243，绿:243，蓝:243），在“反射”组内，设置“反射”的颜色为灰色（红:49，绿:49，蓝:49），取消勾选“菲涅耳反射”选项，制作出玻璃材质的反射，如图10-26所示。

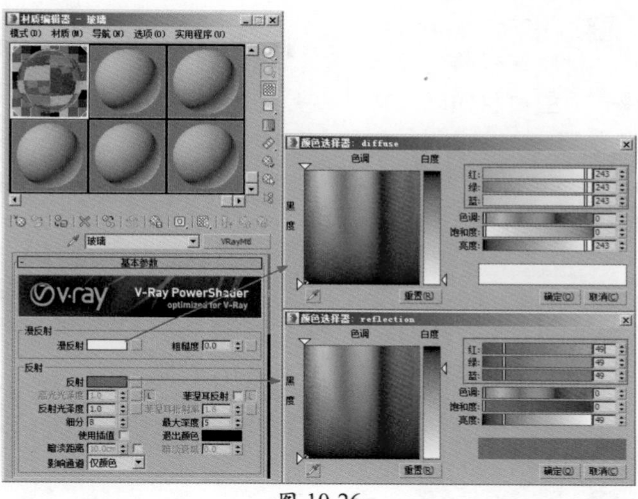

图 10-26

03 在“折射”组内，设置“折射”的颜色为白色（红:243，绿:243，蓝:243），勾选“影响阴影”选项，如图10-27所示。

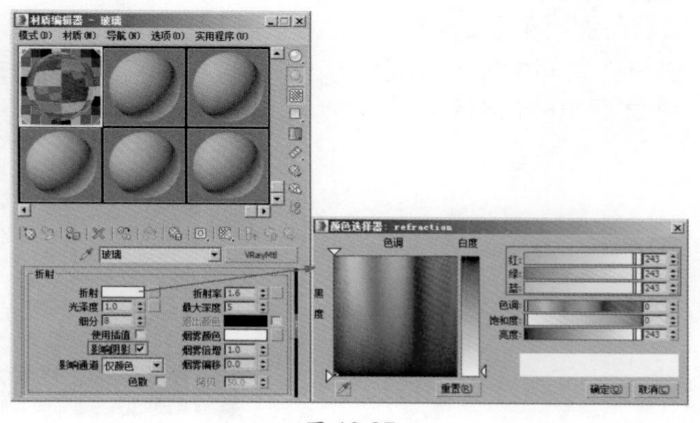

图 10-27

04 制作完成后的玻璃材质球显示效果如图10-28所示。

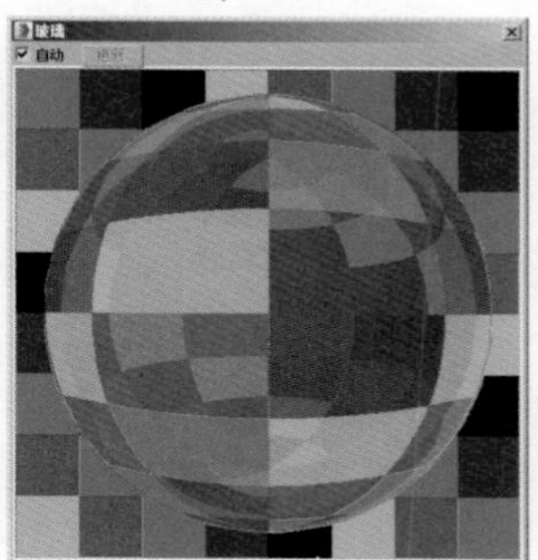

图 10-28

10.3.4 制作石材材质

本案例中石材材质的渲染效果如图10-29所示。

图 10-29

01 按下快捷键 M 键，打开“材质编辑器”面板，选择一个空白材质球，将其更改为 VRayMtl 材质，并重命名为“石材”，如图 10-30 所示。

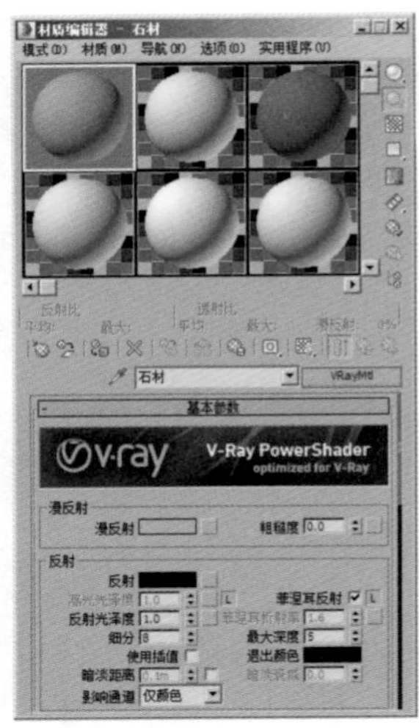

图 10-30

02 在“漫反射”组中，在“漫反射”通道上加载一张“AM_131_dirt3.jpg”贴图文件，如图 10-31 所示。

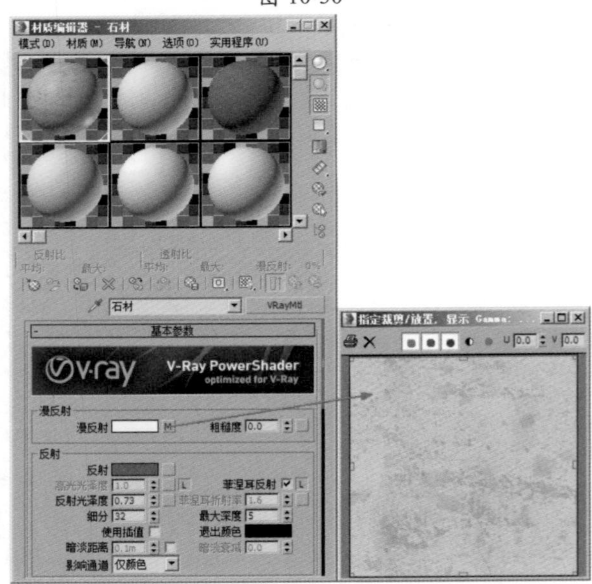

图 10-31

03 在“反射”组中，设置“反射”的颜色为灰色（红 :34，绿 :34，蓝 :34），设置“反射光泽度”的值为 0.73，设置“细分”值为 32，制作出石材材质的反射及高光效果，如图 10-32 所示。

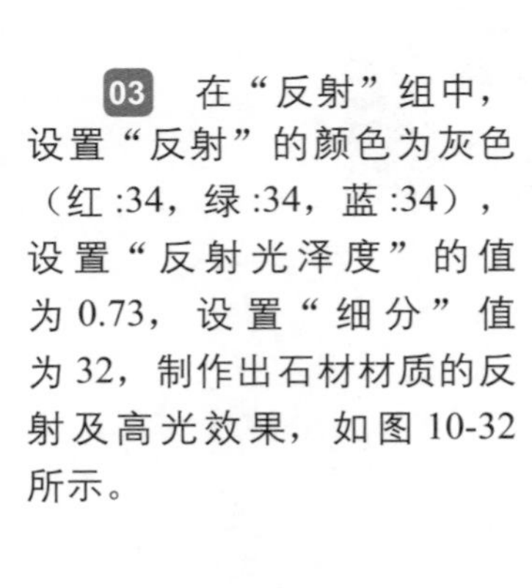

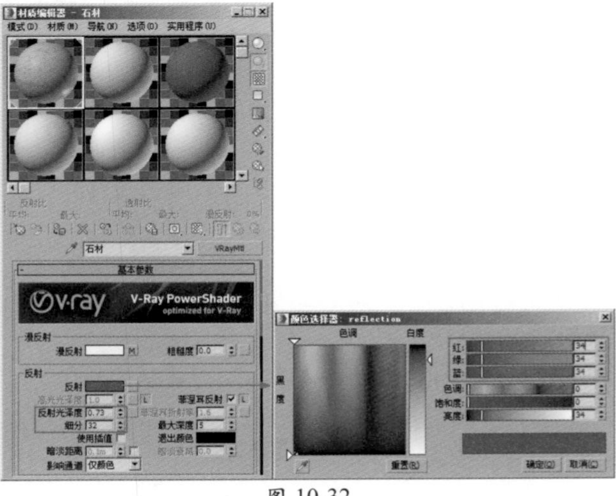

图 10-32

04 制作完成后的石材材质球显示效果如图 10-33 所示。

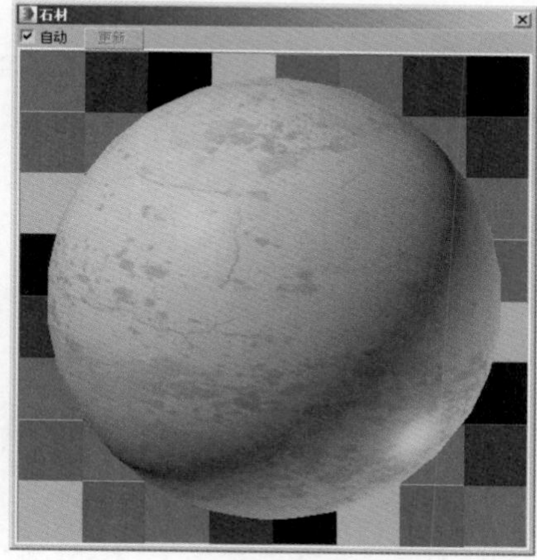

图 10-33

10.3.5　制作树叶材质

本案例中所体现出来的树叶材质渲染效果如图 10-34 所示。

01 按下快捷键 M 键，打开“材质编辑器”面板，选择一个空白材质球，将其更改为 VRayMtl 材质，并重命名为“树叶”，如图 10-35 所示。

图 10-34

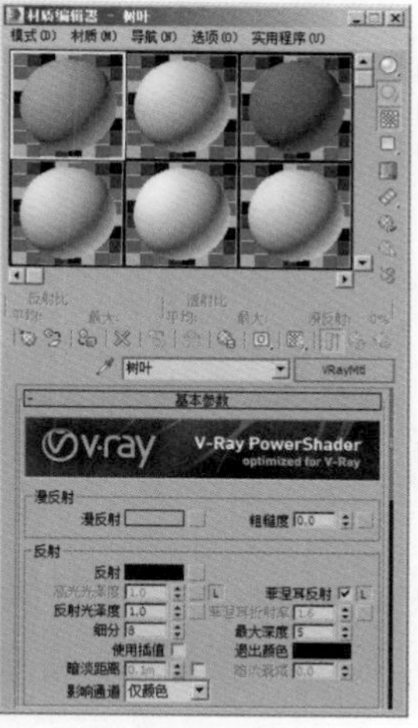

图 10-35

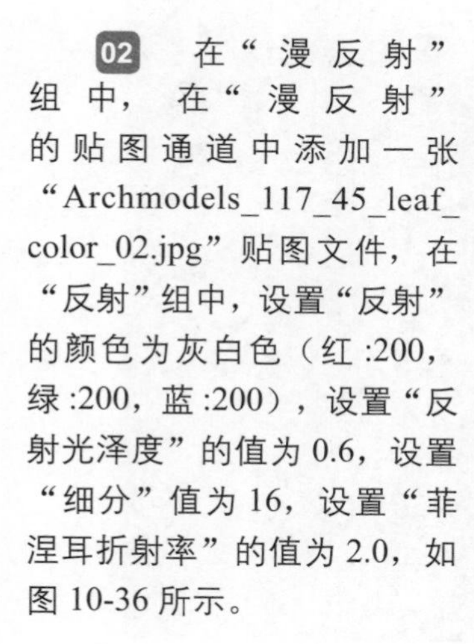

02 在“漫反射”组中，在“漫反射”的贴图通道中添加一张“Archmodels_117_45_leaf_color_02.jpg”贴图文件，在“反射”组中，设置“反射”的颜色为灰白色（红 :200，绿 :200，蓝 :200），设置“反射光泽度”的值为 0.6，设置“细分”值为 16，设置“菲涅耳折射率”的值为 2.0，如图 10-36 所示。

图 10-36

03 展开“贴图”卷展栏，在“凹凸”贴图通道中添加一张“Archmodels_117_45_leaf_bump_01.jpg”贴图文件，并设置“凹凸”的强度值为100，在“不透明度”贴图通道中添加一张“Archmodels_117_45_leaf_opacity_01.jpg”贴图文件，如图10-37所示。

04 制作完成后的树叶材质球显示效果如图10-38所示。

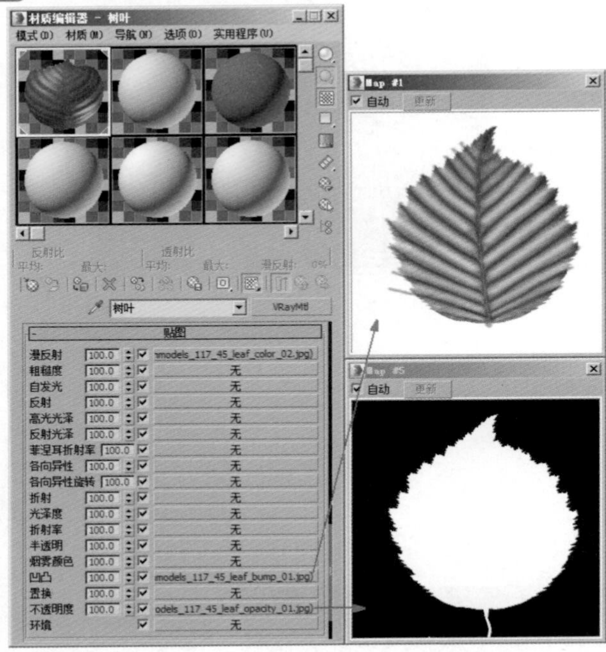

图 10-37

图 10-38

10.3.6 制作树干材质

本案例中所体现出来的树干材质渲染效果如图10-39所示。

图 10-39

01 按下快捷键M键，打开“材质编辑器”面板，选择一个空白材质球，将其更改为VRayMtl材质，并重命名为“树干”，如图10-40所示。

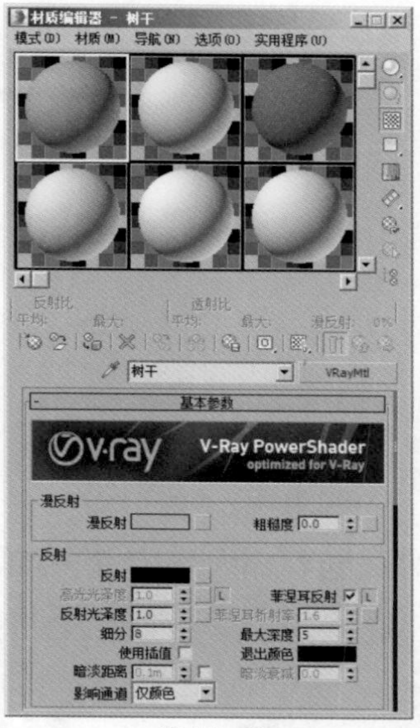

图 10-40

02 在“漫反射”组中，在“漫反射”的贴图通道中添加一张“Archmodels_117_45_bark_color_01.jpg”贴图文件，如图10-41所示。

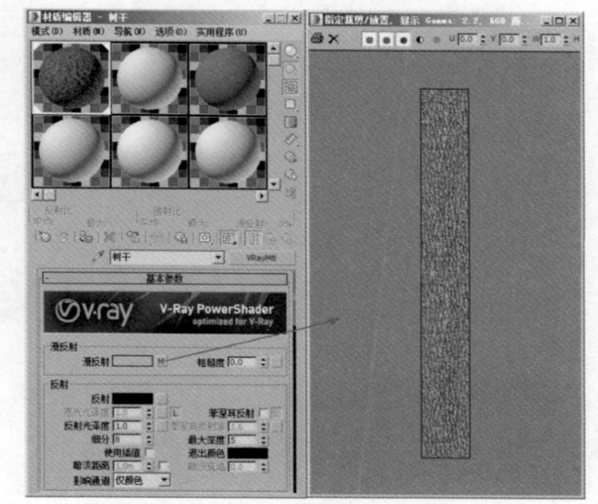

图 10-41

03 展开“贴图”卷展栏，在“凹凸”贴图通道中添加一张“Archmodels_117_45_bark_bump_01.jpg”贴图文件并设置“凹凸”的强度值为5，制作出树干材质的凹凸质感，如图10-42所示。

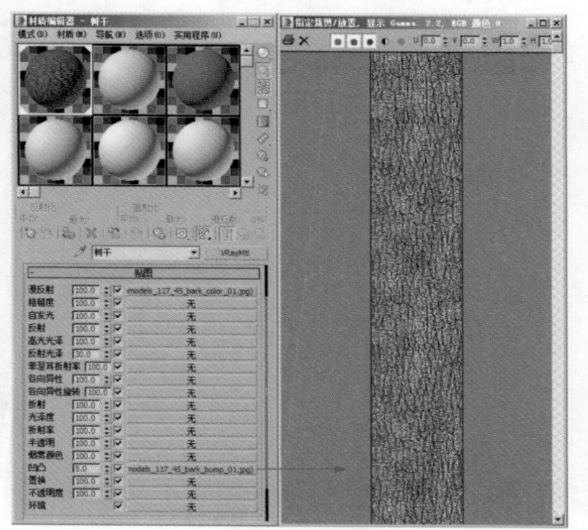

图 10-42

04 制作完成后的树干材质球显示效果如图 10-43 所示。

图 10-43

10.3.7 制作雨水材质

本案例中所体现出来的雨水材质渲染效果如图 10-44 所示。

图 10-44

01 按下快捷键 M 键，打开“材质编辑器”面板，选择一个空白材质球，将其更改为“标准”材质，并重命名为“雨”，如图 10-45 所示。

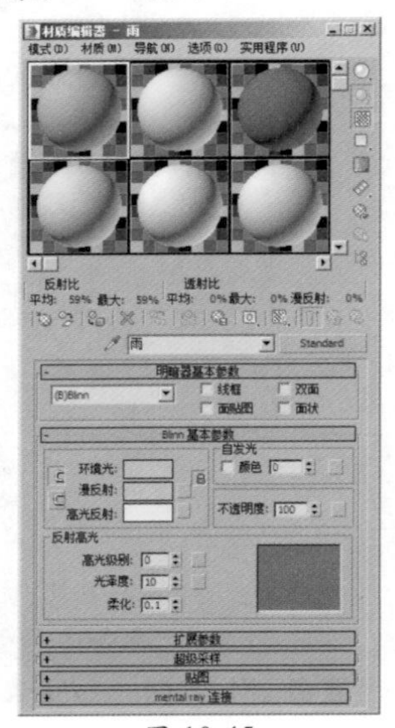

图 10-45

02 在“Blinn 基本参数”卷展栏中，调整“漫反射”的颜色为白色（红 :255，绿 :255，蓝 :255），在“自发光”和“不透明度”的贴图通道中分别添加“衰减”贴图纹理，适当提亮雨材质的颜色，并制作出雨材质的不透明度，如图 10-46 所示。

03 制作完成后的雨材质球显示效果如图 10-47 所示。

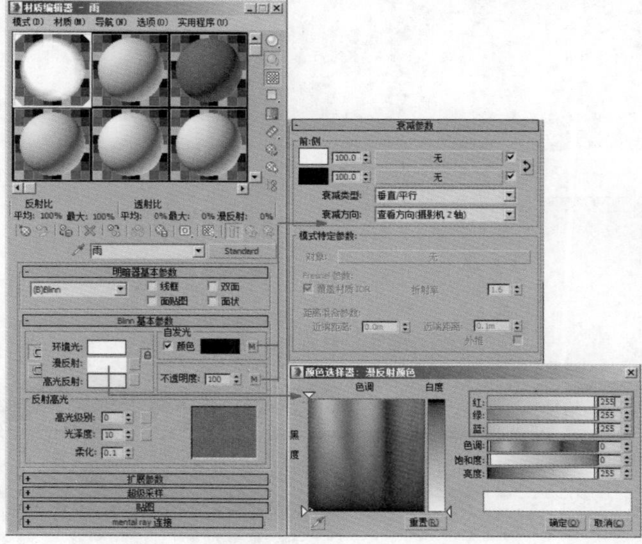

图 10-46

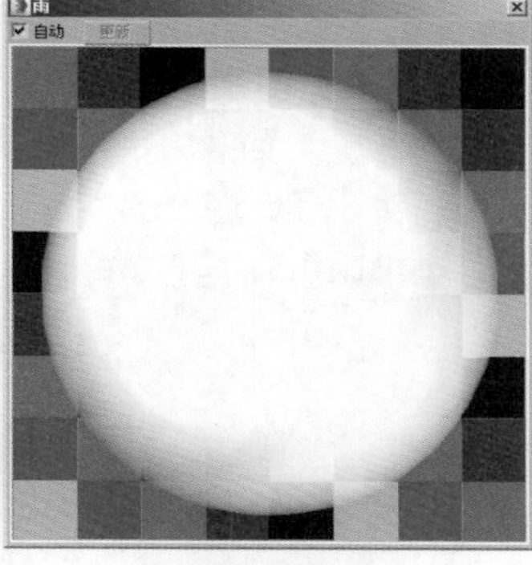

图 10-47

10.4　使用 Forest Pack Pro 专业森林插件制作花草树木模型

本实例中的花草树木模型主要使用 Forest　Pack　Pro（专业森林）插件来制作完成，具体操作步骤如下。

10.4.1　制作花草模型

01 将“创建”面板的下拉列表切换至“Itoo 软件”，如图 10-48 所示。

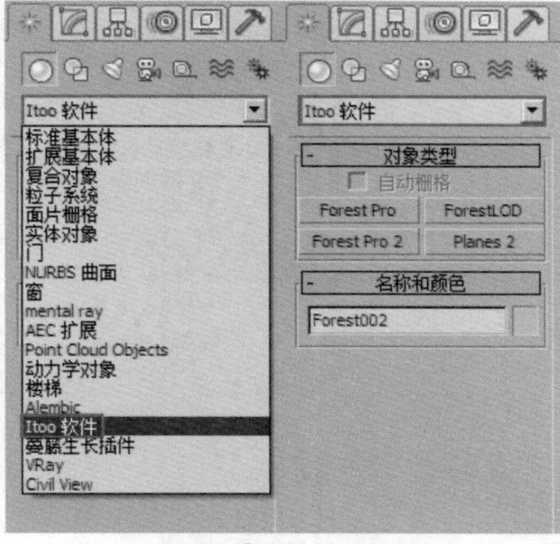

图 10-48

02 单击Forest Pro按钮 Forest Pro ，在场景中拾取花池模型内的样条线，即可在闭合的样条线范围内产生Forest Pro物体，如图10-49所示。

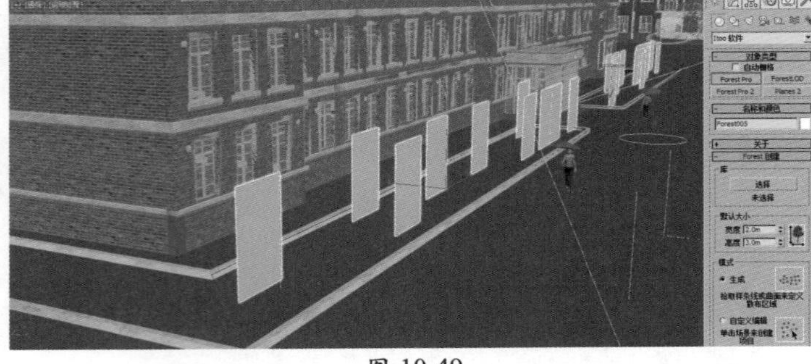

图 10-49

03 在“修改”面板中，展开“几何体”卷展栏，单击“库”按钮，如图10-50所示，即可弹出“库浏览器”对话框，如图10-51所示。

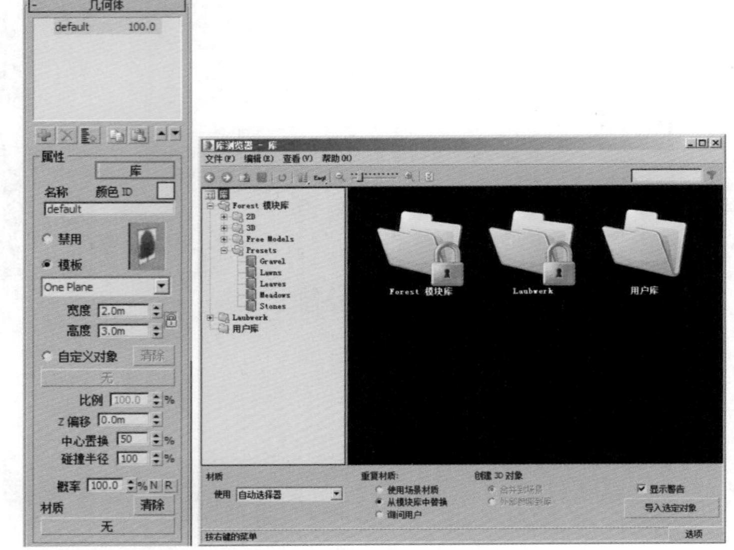

图 10-50　　图 10-51

04 在“库浏览器”对话框左侧的库目录中，单击展开Presets/Lawns文件夹，选择“雏菊（大）”，如图10-52所示。

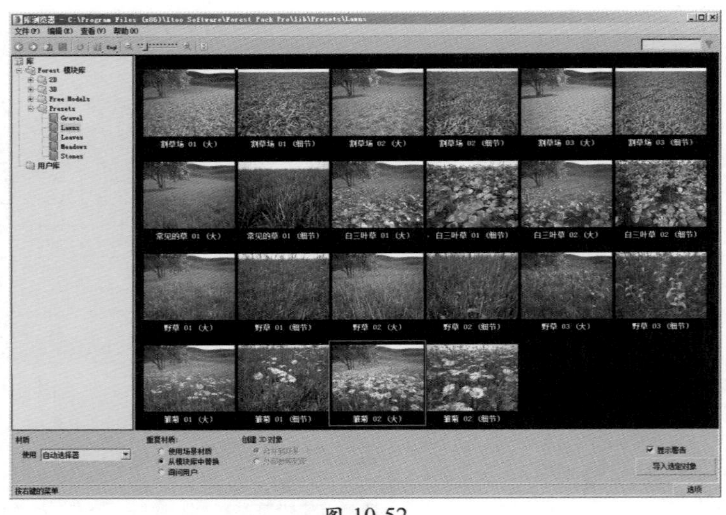

图 10-52

05 选择时系统会自动弹出“外部参照对象合并”对话框，单击“确定”按钮 确定 ，即可完成花草模型的批量创建，如图10-53所示。

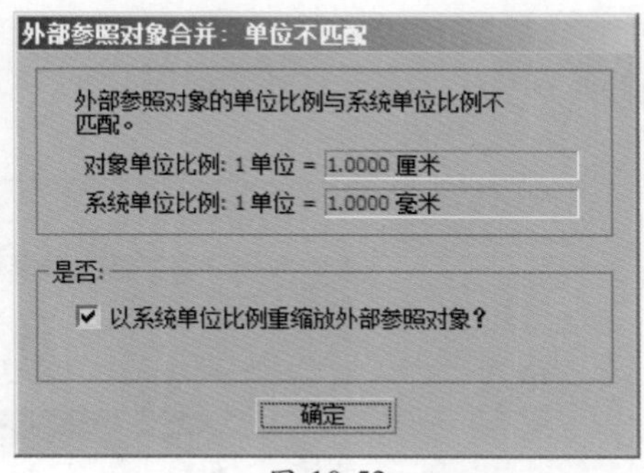

图 10-53

06 创建完成后，可以看到场景中花池模型位置处已经种植上Forest Pack Pro（专业森林）插件为用户提供的花草群组模型，如图10-54所示。

图 10-54

07 渲染当前场景，可以看到花草的渲染结果如图10-55所示。

图 10-55

10.4.2　制作树木模型

01 将“创建”面板的下拉列表切换至“Itoo软件”，单击Forest Pro按钮 Forest Pro ，在场景中拾取花池模型内的样条线，在闭合的样条线范围内产生Forest Pro物体用来制作树木，如图10-56所示。

图 10-56

02 在“修改”面板中，展开“几何体”卷展栏，单击“库”按钮。在弹出的“库浏览器”对话框左侧的库目录中，单击展开 Free Models/HQPlants Free 文件夹，选择 Maple（枫树）模型，如图 10-57 所示。

图 10-57

03 创建完成后，即可在视图中观察所创建完成的枫树模型，如图 10-58 所示。

图 10-58

04 单击展开“变换”卷展栏，勾选“旋转”组中的“启用”选项，调整树木的随机旋转形态，如图 10-59 所示。

图 10-59

05 在“变换”卷展栏中，勾选“比例”组内的“启用”选项，并设置“最小”值为80，“最大”值为120，调整树木的随机大小形态，如图10-60所示。

图 10-60

06 设置完成后，渲染当前场景，可以看到树木的渲染结果如图10-61所示。

图 10-61

10.5 使用“粒子系统”制作雨景

本案例中的雨景效果主要由下落的雨滴特效及建筑物上飞溅的水花特效这两部分组成。

10.5.1 使用“喷射”粒子制作雨滴特效

01 将“创建”面板的下拉列表切换至“粒子系统”，下面我们将使用“粒子系统”中的“喷射”粒子来进行雨景的制作模拟，如图10-62所示。

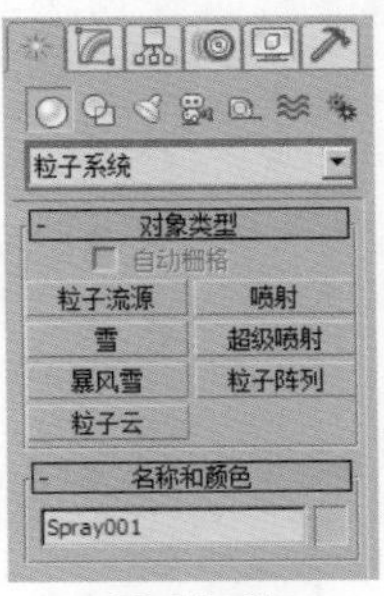

图 10-62

02 单击“喷射”按钮 喷射 ，在“顶”视图中创建一个“喷射”粒子，粒子大小如图 10-63 所示。

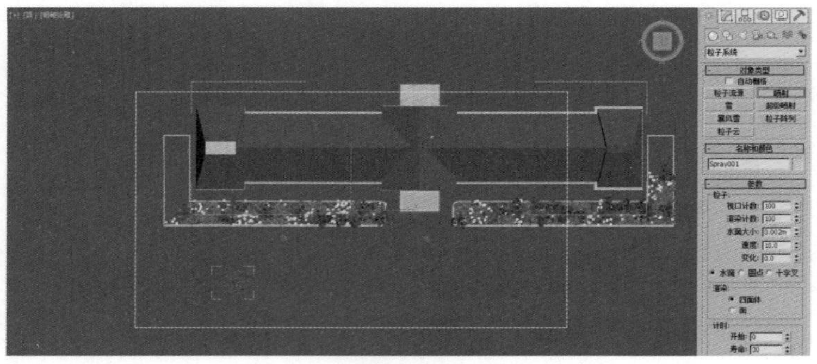

图 10-63

03 在“左”视图中，调整“喷射”粒子的角度，如图 10-64 所示。

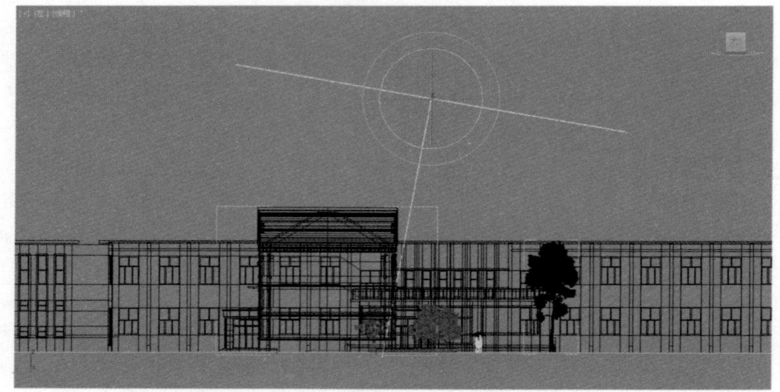

图 10-64

04 在“修改”面板中的“粒子”组中，设置“视口计数”的值为 50000，“渲染计数”的值为 50000，“水滴大小”的值为 0.001m，“速度”值为 2000。在“计时”组中，设置粒子的“开始”值为 -60，“寿命”值为 60，如图 10-65 所示。

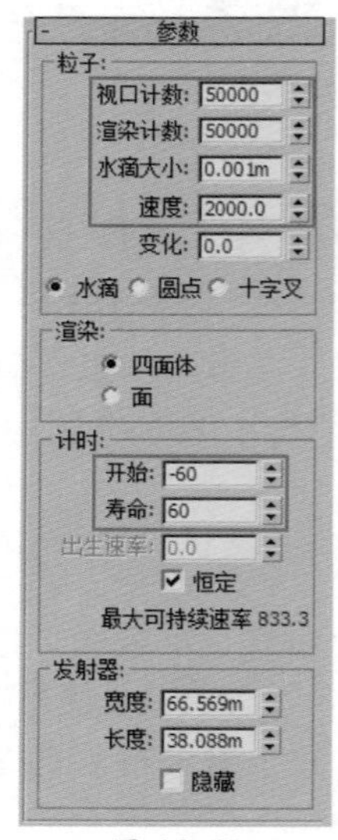

图 10-65

05 设置完成后，即可在视图中看到“喷射”粒子模拟的雨滴预览结果，如图 10-66 所示。

图 10-66

06 设置完成后，渲染场景，可以看到雨滴下落的渲染结果如图 10-67 所示。

图 10-67

10.5.2 使用“粒子流源”来制作水花特效

01 雨滴特效制作完成后，下面来开始制作雨滴打在建筑物上飞溅起的水花特效。执行菜单栏“图形编辑器 / 粒子视图”命令，如图 10-68 所示。打开“粒子视图”面板，如图 10-69 所示。

图 10-68

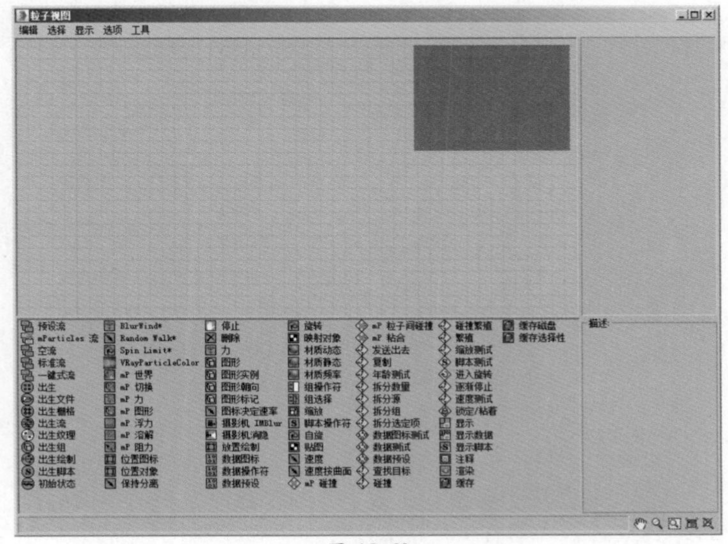

图 10-69

02 在“粒子视图”面板下方的“仓库”中，单击选择“空流”操作符，并以拖曳的方式放置到“工作区”中，如图 10-70 所示。

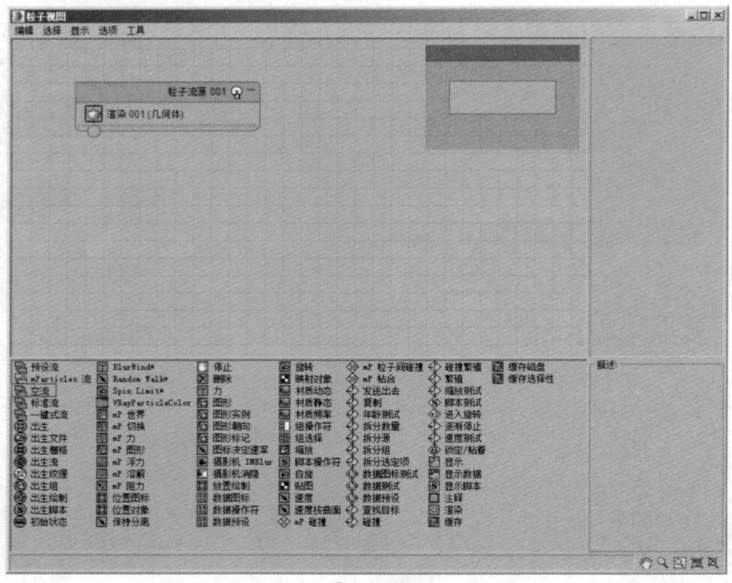

图 10-70

03 在“粒子视图”面板下方的“仓库”中，单击选择“出生”操作符，并以拖曳的方式放置到“工作区”中，并使用鼠标对这两个命令操作符进行连线设置。设置完成后，单击“出生”操作符，在“参数”面板中，设置“发射开始”的值为 0，“发射停止”的值为 100，“数量”的值为 2000，如图 10-71 所示。

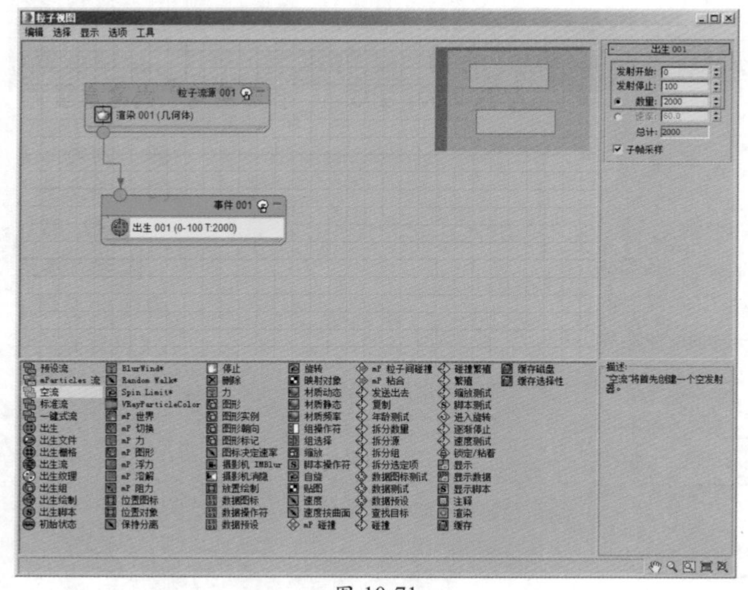

图 10-71

04 在“粒子视图”面板下方的“仓库”中，单击选择“位置对象”操作符，并以拖曳的方式放置到“事件 001”中，并在“粒子视图”面板右侧的“参数”面板中，设置场景中的建筑模型为粒子的“发射器对象”，如图 10-72 所示。

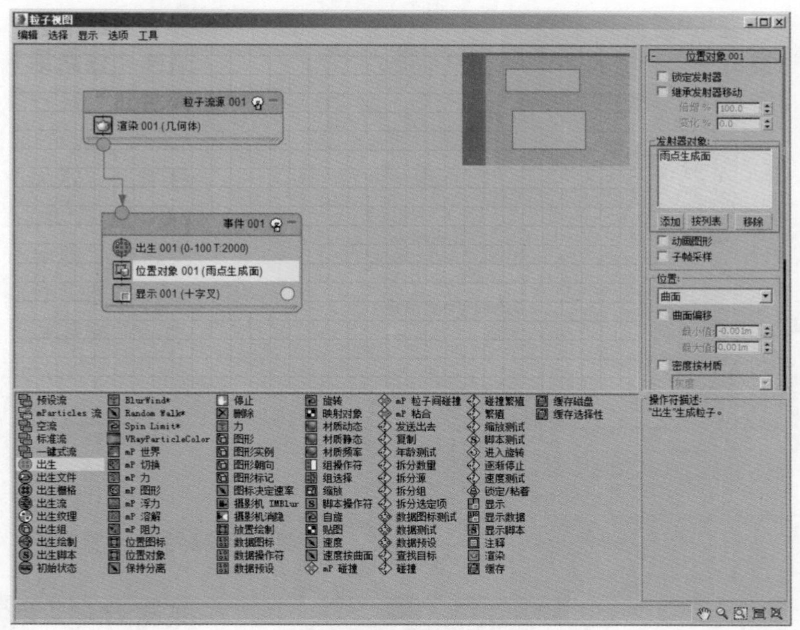

图 10-72

05 在“粒子视图”面板下方的“仓库”中，单击选择“删除”操作符，并以拖曳的方式放置到“事件 001”中，并在“粒子视图”面板右侧的“参数”面板中设置移除的方式为“按粒子年龄”，并设置“寿命”值为 1，如图 10-73 所示。

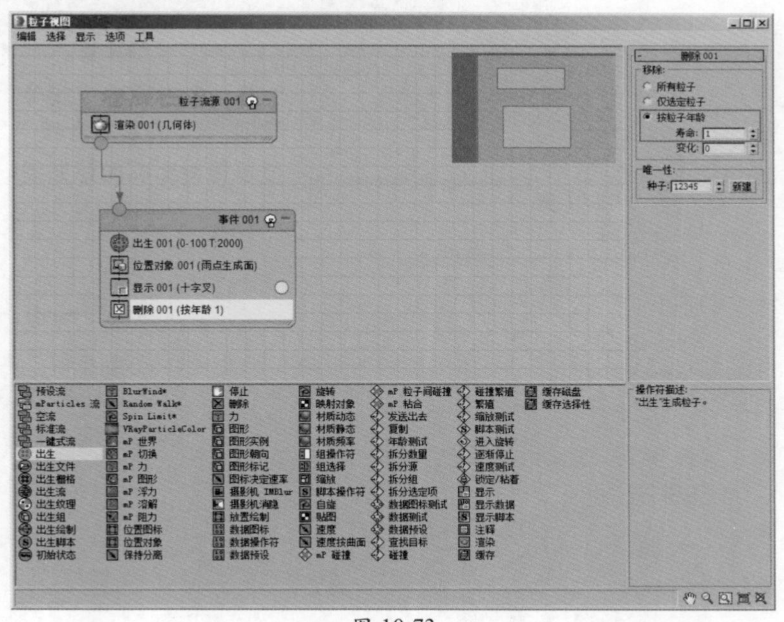

图 10-73

06 在“粒子视图”面板下方的“仓库”中，单击选择“繁殖”操作符，以拖曳的方式放置到“事件 001”中，并在“粒子视图”面板右侧的“参数”面板中，设置“繁殖速率和数量”的方式为“一次”，设置“子孙数”的值为 8，即每个位置产生 8 个飞溅的水花粒子，如图 10-74 所示。

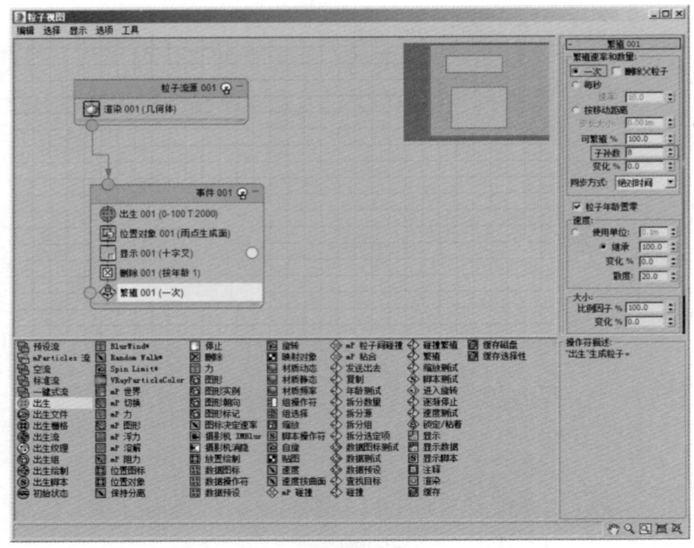

图 10-74

07 在“创建”面板中，单击“重力”按钮 重力 ，在“顶”视图中创建一个“重力”，如图 10-75 所示。

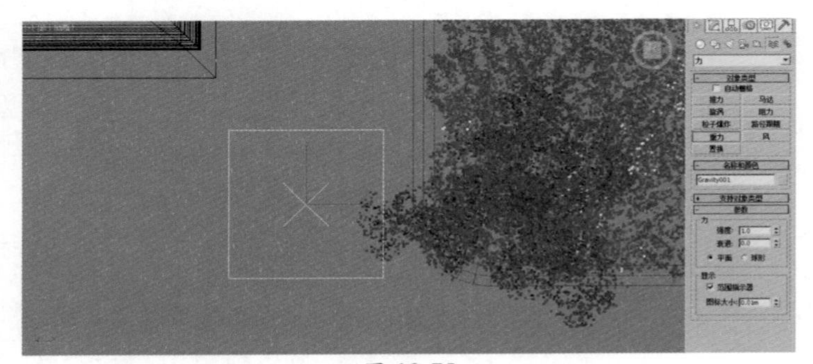

图 10-75

08 在“粒子视图”面板下方的“仓库”中，单击选择“力”操作符，并以拖曳的方式作为“事件 002”放置到“工作区”中，在右侧的“参数”面板中将刚刚创建的重力添加进来，并对“事件 001”和“事件 002”进行连线操作，设置完成后如图 10-76 所示。

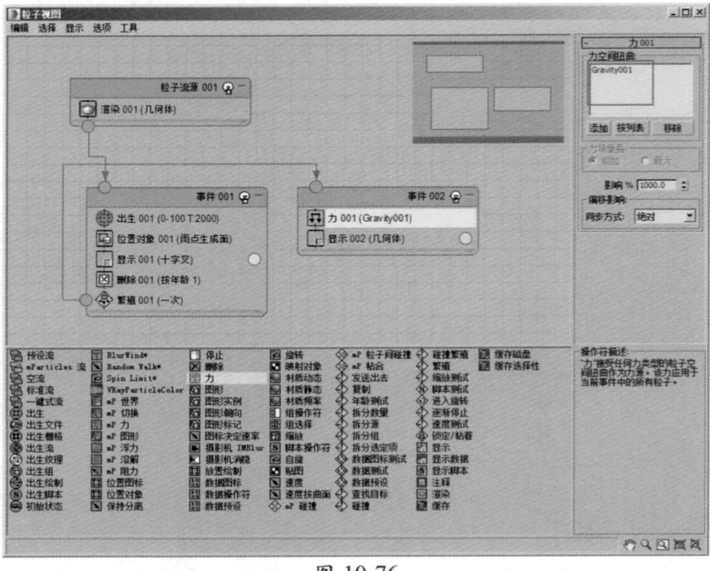

图 10-76

09 在“粒子视图”面板下方的“仓库”中，单击选择“速度”操作符，以拖曳的方式放置到“事件 002”中，并在右侧的“参数”面板中，设置“速度”的值为 0.3m，“方向”选择为“随机 3D”，如图 10-77 所示。

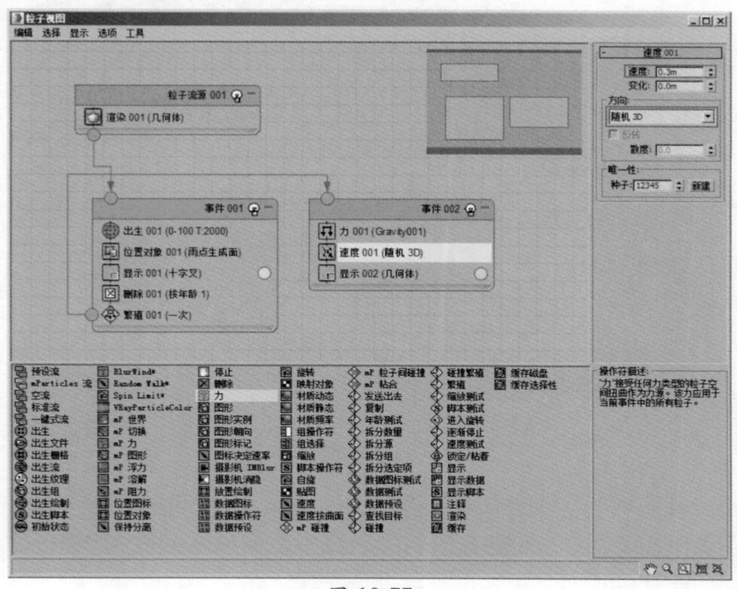

图 10-77

10 在“粒子视图”面板下方的“仓库”中，单击选择“形状”操作符，并以拖曳的方式放置到“事件 002”中，并在右侧的“参数”面板中设置粒子的形状为“3D 立方体”，粒子的“大小”值为 0.01m，如图 10-78 所示。

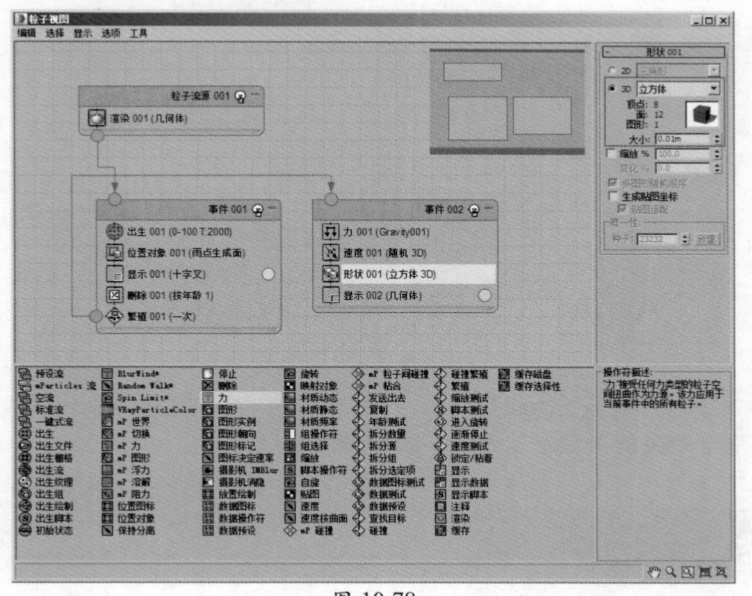

图 10-78

11 在“粒子视图”面板下方的“仓库”中，单击选择“删除”操作符，以拖曳的方式放置到“事件 002”中，并在右侧的“参数”面板中设置粒子“移除”的方式为“按粒子年龄”，设置“寿命”的值为 12，“变化”的值为 2，如图 10-79 所示。

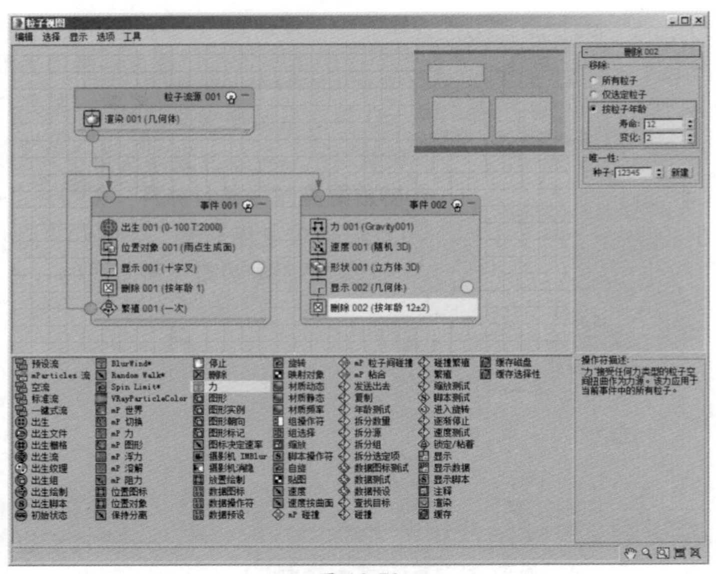

图 10-79

12 在“粒子视图”面板下方的“仓库”中，单击选择“材质静态”操作符，并以拖曳的方式放置到“事件 002”中，并在右侧的“参数”面板中将之前制作完成的雨水材质设置为粒子的材质，如图 10-80 所示。

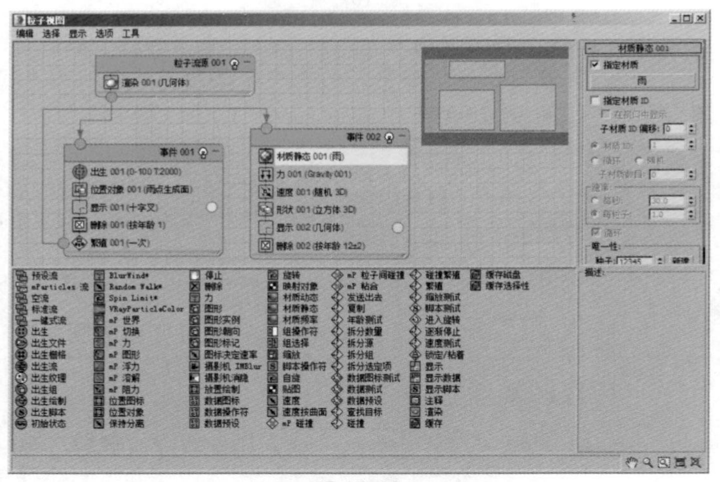

图 10-80

13 制作完成后，拖曳“时间滑块”，即可看到建筑物上产生的飞溅水花效果，如图 10-81 所示。

图 10-81

14 渲染场景，制作完成的水花特效如图 10-82 所示。

图 10-82

10.6　制作场景照明及雾气特效

10.6.1　制作场景照明

本案例中的灯光表现模拟的是室外天空照明效果，故在灯光的使用上选择的是VRay渲染器提供的“VR-太阳”来进行照明制作。

01 在创建“灯光”面板中，将灯光的下拉列表切换至VRay选项，如图10-83所示。

图 10-83

02 单击“VR-太阳”按钮，在“顶”视图中创建一个“VR-太阳”灯光，灯光位置如图10-84所示。

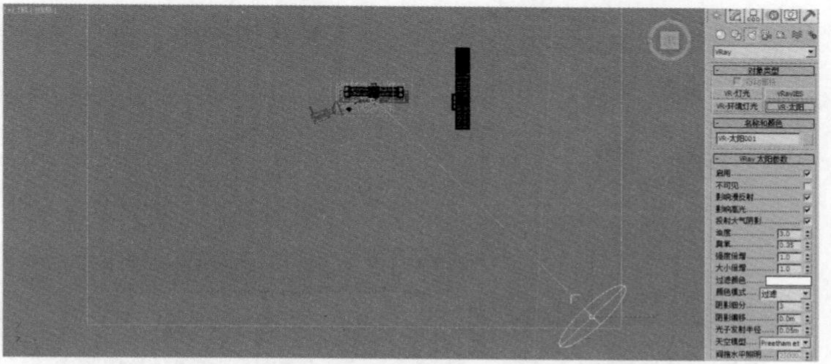

图 10-84

03 创建灯光时，系统会自动弹出“VRay太阳”对话框，询问用户是否在场景中添加VR天空环境贴图，单击“否”按钮完成灯光的创建，如图10-85所示。

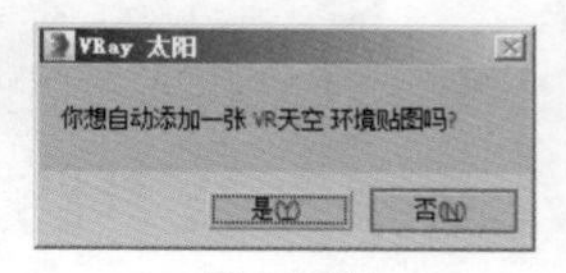

图 10-85

04 在“修改”面板中，设置灯光“强度倍增”的值为0.03，“大小倍增”的值为3，按下快捷键F键，在“前”视图中，调整“VR-太阳”灯光的位置至图10-86所示。

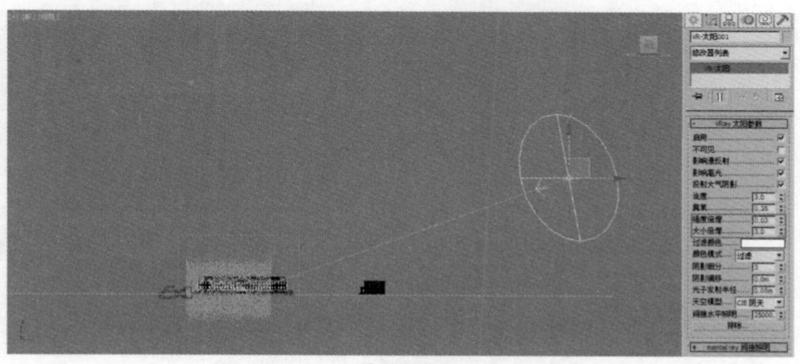

图 10-86

05 按下快捷键8，打开“环境和效果”面板，在“环境贴图”的贴图通道中加载一张“天空贴图.jpg”贴图文件，如图10-87所示。

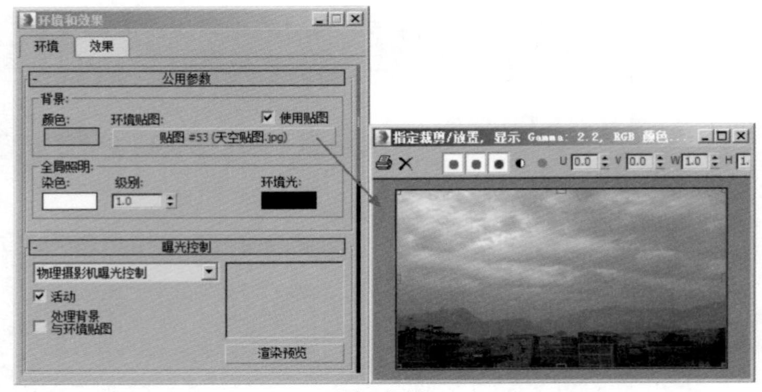

图 10-87

10.6.2 制作雾气特效

一般在下雨天，雨比较大时，密集的雨水仿佛雾气一般使得能见度显著下降，自古以来，便有“烟雨蒙蒙”等词语来形容雨天的天气状况。所以在本案例中，还制作了雾气效果来提升画面的细节。

01 将“创建”面板切换至创建“辅助对象”，在下拉列表中选择“大气装置”，如图10-88所示。

02 单击“长方体Gizmo”按钮 长方体 Gizmo ，在“顶”视图中创建一个长方体Gizmo，如图10-89所示。

图 10-88

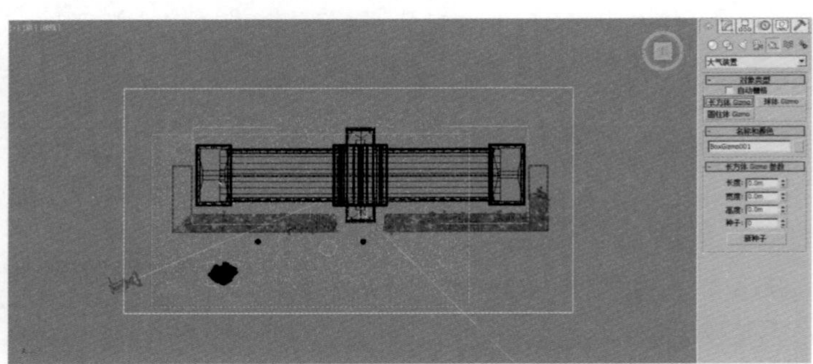

图 10-89

03 在“修改”面板中，单击“大气和效果”卷展栏内的“添加”按钮 添加 ，在弹出的“添加大气”对话框中选择“VR-环境雾”，如图10-90所示。

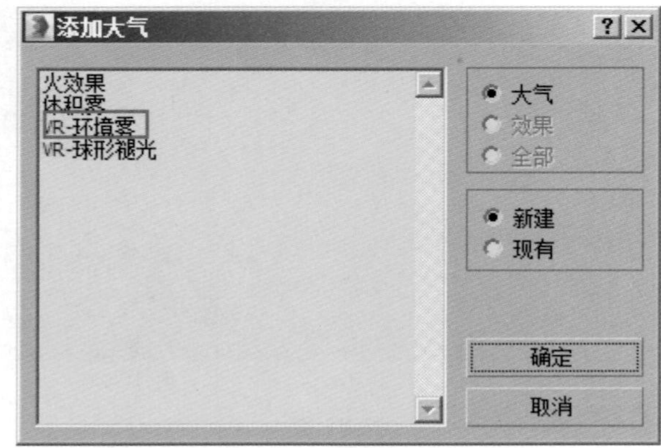

图 10-90

04 在“大气和效果”卷展栏内，选择“大气和效果”文本框内的“VR-环境雾”，单击“设置”按钮，即可弹出“环境和效果”面板，如图10-91所示。

图 10-91

05 在“环境和效果”面板中“常规参数”卷展栏内，设置“雾距离”的值为100，并勾选“散布全局照明（GI）”选项，设置“细分”值为24，提高雾效果的计算精度，如图10-92所示。

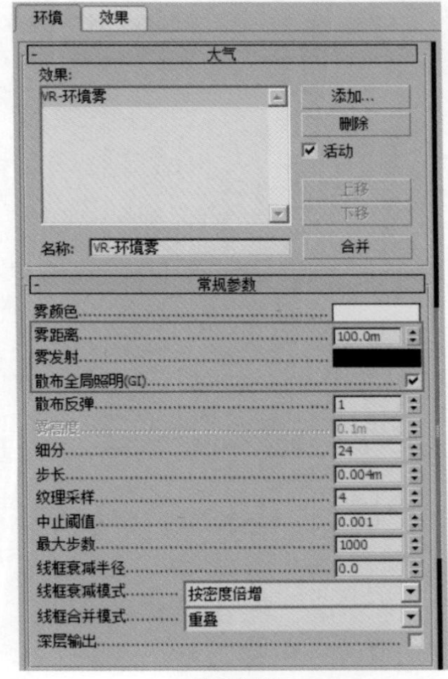

图 10-92

06 设置完成后，渲染“摄影机”视图，在场景中添加雾气特效的前后对比结果如图10-93所示。

图 10-93

10.7 渲染设置

对场景进行摄影机和灯光创建完成后，就可以开始设置渲染了。

01 在“主工具栏”上单击“渲染设置”按钮，打开“渲染设置”面板，将渲染器设置为使用 VRay 渲染器，如图 10-94 所示。

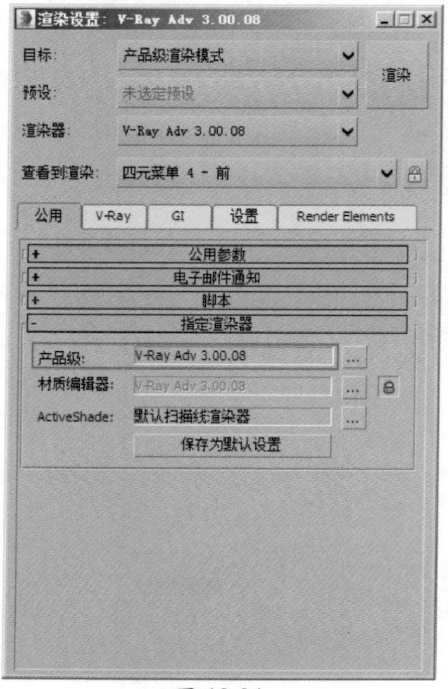

图 10-94

02 单击 GI 选项卡，勾选“启用全局照明（GI）”选项，设置“首次引擎”为“发光图”，设置“二次引擎”为“灯光缓存”，设置“饱和度”的值为 0.3，如图 10-95 所示。

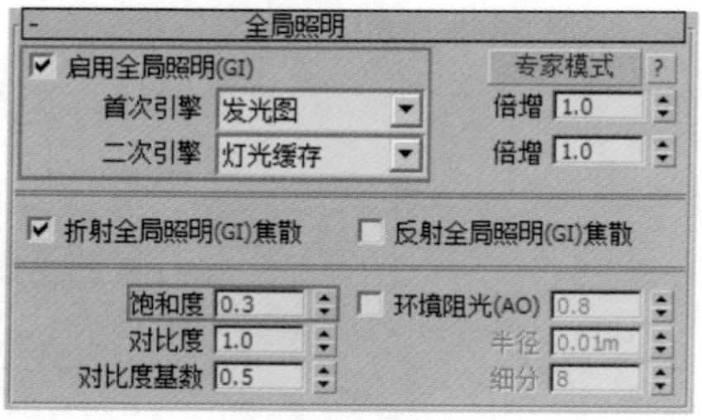

图 10-95

03 展开“发光图”卷展栏，将“当前预设”更改为“自定义”选项，设置“最小速率”的值为 -2，设置“最大速率”的值为 -2，如图 10-96 所示。

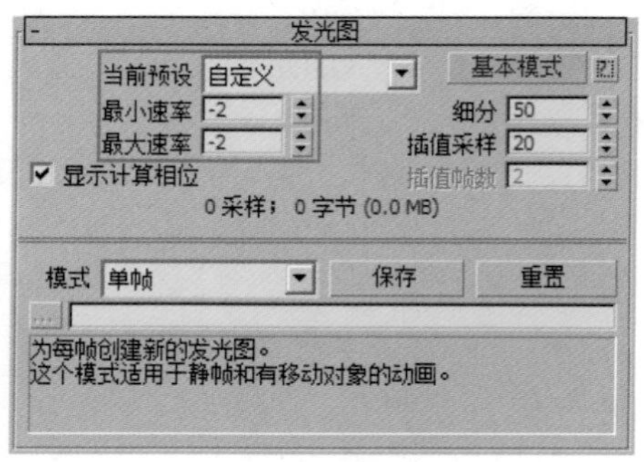

图 10-96

04 展开“灯光缓存”卷展栏，设置“细分”的值为 1500，如图 10-97 所示。

图 10-97

05 单击 V-Ray 选项卡，展开“图像采样器（抗锯齿）”卷展栏，设置“类型”为“自适应”选项，设置“过滤器”为 Catmull-Rom 选项，如图 10-98 所示。

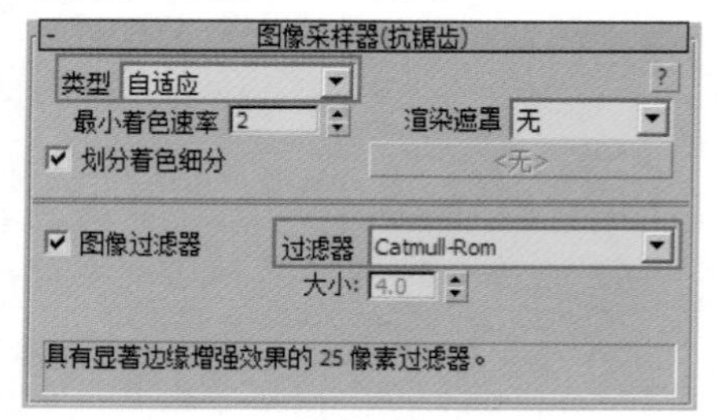

图 10-98

06 展开“自适应图像采样器”卷展栏，设置“最小细分”的值为 1，设置“最大细分”的值为 4，如图 10-99 所示。

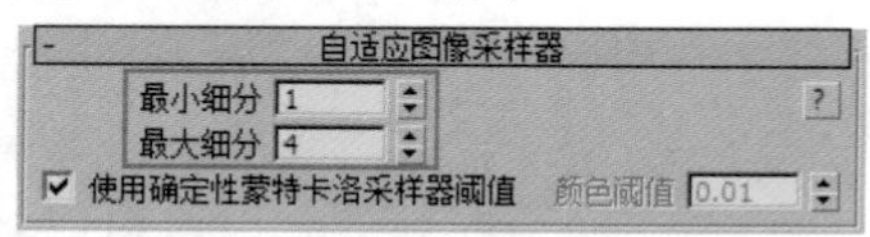

图 10-99

07 设置完成后，渲染场景，渲染结果如图 10-100 所示。

图 10-100

10.8　后期调整

01　在 VRay 渲染窗口中，单击左下角的“显示校正设置”按钮，打开 Color corrections（色彩校正）对话框，如图 10-101 所示。

图 10-101

02　单击 Exposure（曝光）卷展栏上的 Show/Hide（显示/隐藏）按钮，展开 Exposure（曝光）卷展栏，设置 Contrast（对比度）的值为 1，提高图像的层次感，如图 10-102 所示。

图 10-102

03 展开 Hue/Saturation（色相/饱和度）卷展栏，调整 Saturation（饱和度）的值为 0.5，提高图像的色彩饱和度，如图 10-103 所示。

图 10-103

04 展开 Curve（曲线）卷展栏，调整曲线的弧度如图 10-104 所示，提高图像的明亮程度。

图 10-104

05 图像调整完成后，最终结果如图 10-105 所示。

图 10-105

第 11 章

私人庭院景观清晨时分表现技术

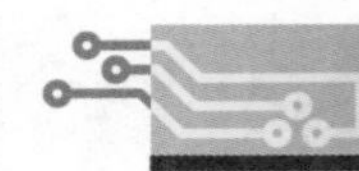

11.1 项目介绍

本案例为私人别墅的庭院景观设计表现。本案例的最终渲染效果及线框图如图 11-1 所示。

图 11-1

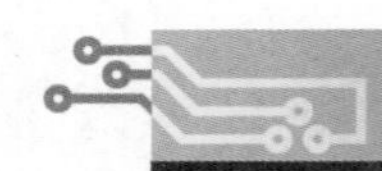

11.2 创建摄影机构图

01 打开场景文件，本场景文件中已经创建好了模型，下面，我们首先在场景中进行摄影机的摆放及摄影机的角度调整，如图 11-2 所示。

图 11-2

02 在“创建”面板中，单击“摄影机”按钮，切换至创建“摄影机”面板，并将“摄影机”下拉列表选择为 VRay，如图 11-3 所示。

图 11-3

03 单击“VR- 物理摄影机”按钮，在“顶”视图中，创建一个“VR- 物理摄影机”，如图 11-4 所示。

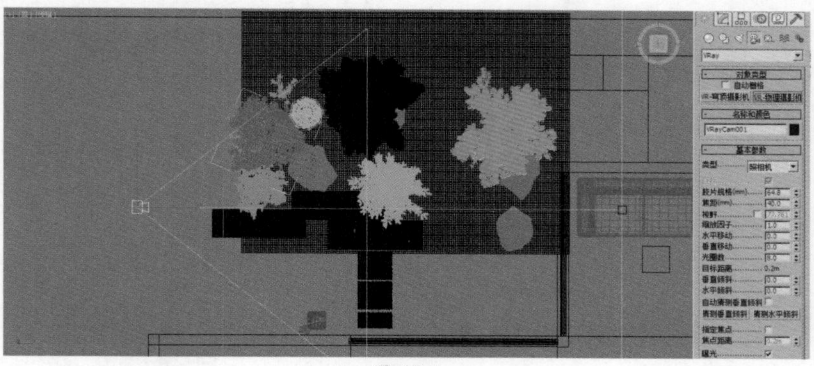

图 11-4

04 按下快捷键 W 键，将鼠标命令设置为“选择并移动”状态，在“前”视图中，调整“VR-物理摄影机”及其目标点的位置至图 11-5 所示处。

图 11-5

05 按下快捷键 C 键，在“摄影机”视图中观察摄影机取景的范围，如图 11-6 所示。

图 11-6

06 在“主工具栏”上，单击“渲染设置”按钮，打开“渲染设置”面板。在“公用”选项卡中，设置“输出大小”组内的“宽度”值为 1800，“高度”值为 1200，如图 11-7 所示。

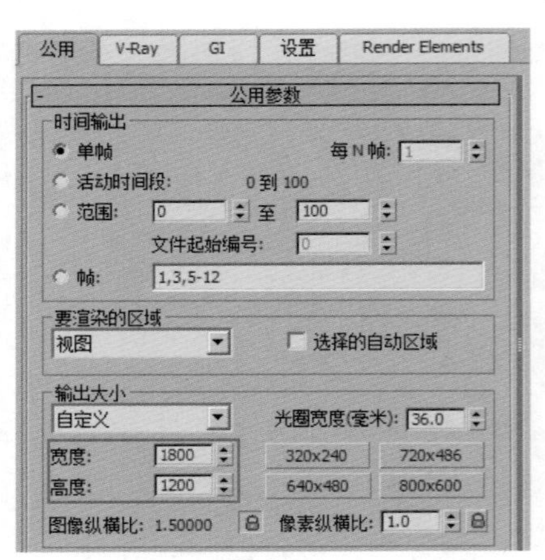

图 11-7

07 设置完成后，激活“摄影机”视图，并按下组合键 Shift+F，显示出“安全框”，显示出摄影机的渲染范围，如图 11-8 所示。

图 11-8

08 在“修改”面板中，设置“VR-物理摄影机”的“胶片规格（mm）”值为64.8，调整摄影机的视野范围，如图 11-9 所示。

基本参数
类型………… 照相机
目标………………
胶片规格(mm)…… 64.8
焦距(mm)………… 40.0
视野………… 77.761
缩放因子………… 1.0
水平移动………… 0.0
垂直移动………… 0.0
光圈数………… 8.0
目标距离………… 8.837m
垂直倾斜………… 0.0
水平倾斜………… 0.0
自动猜测垂直倾斜

图 11-9

09 设置完成后，摄影机的构图如图 11-10 所示。

图 11-10

11.3 材质制作

本案例中所涉及到的主要材质分别为墙砖材质、石板材质、窗户玻璃材质、窗框材质、水材质、木制水瓢材质、竹制围墙材质和植物叶片材质。

11.3.1 制作砖墙材质

本案例中所体现出来的砖墙材质渲染效果如图 11-11 所示。

图 11-11

01 按下快捷键M键，打开“材质编辑器”面板，选择一个空白材质球，将其更改为VRayMtl材质，并重命名为“砖墙”，如图11-12所示。

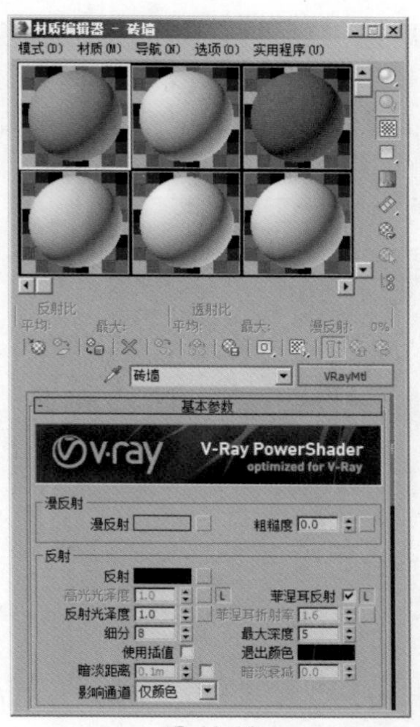

图 11-12

02 在“漫反射”组中，在“漫反射”的贴图通道中加载“平铺”贴图纹理，在“标准控制”卷展栏中，设置“平铺”的“预设类型”为“堆栈砌合”；在“高级控制”卷展栏的“平铺设置”组中，在“纹理”的贴图通道中加载一张“大理石材质.jpg”贴图文件，在“砖缝设置”组中，设置“水平间距”和“垂直间距”的值均为0.2，如图11-13所示。

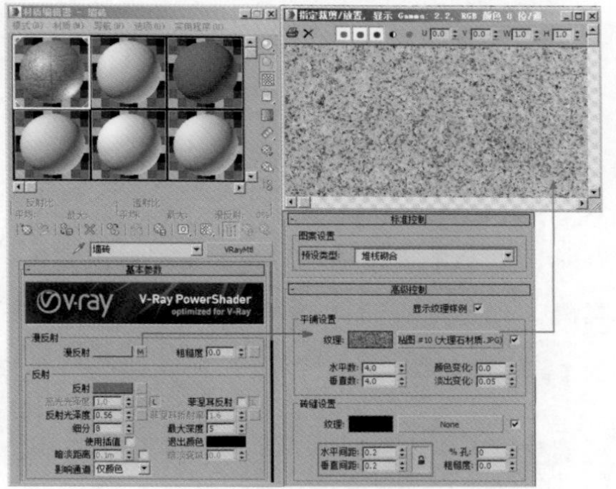

图 11-13

03 在“反射”组中，设置“反射”的颜色为灰色（红:45，绿:45，蓝:45），设置“反射光泽度”的值为0.56，取消选中“菲涅耳反射”复选项，如图11-14所示。

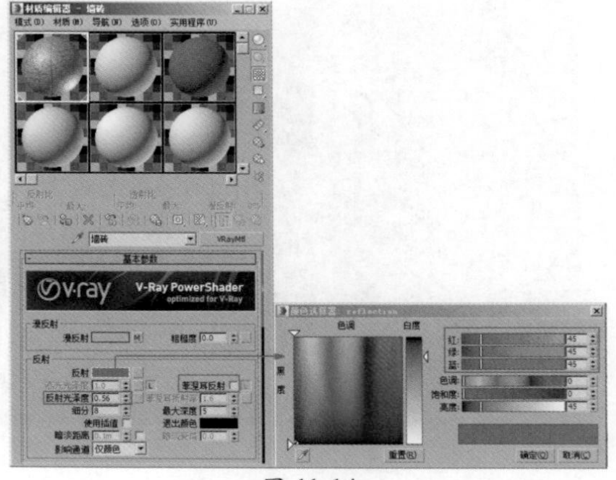

图 11-14

04 单击展开“贴图”卷展栏，将“漫反射”贴图通道中的贴图以拖曳的方式复制到“凹凸”的贴图通道上，并设置“凹凸”的强度值为 30，如图 11-15 所示。

05 制作完成后的墙砖材质球显示效果如图 11-16 所示。

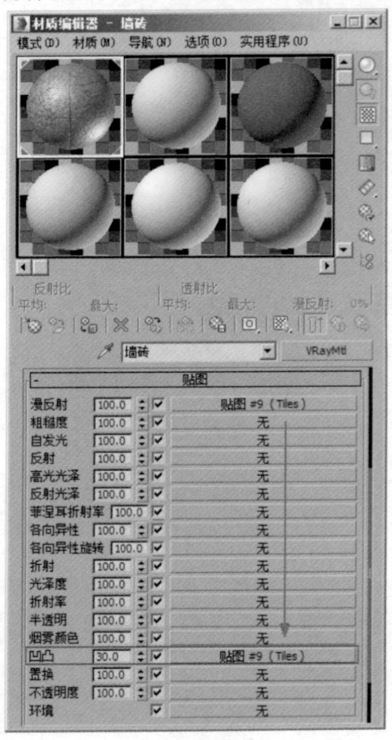

图 11-15

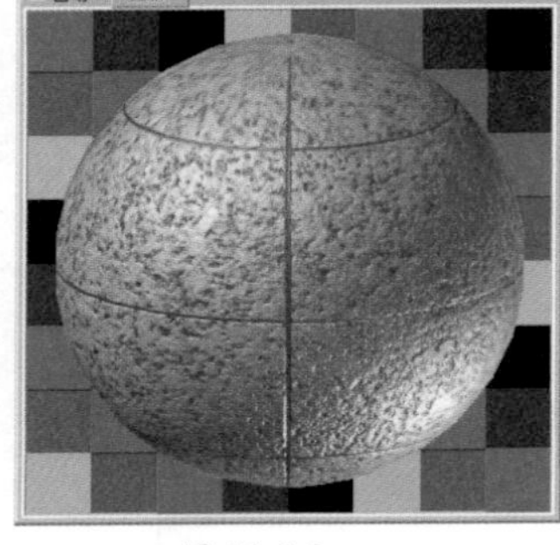

图 11-16

11.3.2 制作石板材质

本案例中所体现出来的石板材质渲染效果如图 11-17 所示。

图 11-17

01 按下快捷键M键，打开“材质编辑器”面板，选择一个空白材质球，将其更改为VRayMtl材质并重命名为“石板”，如图11-18所示。

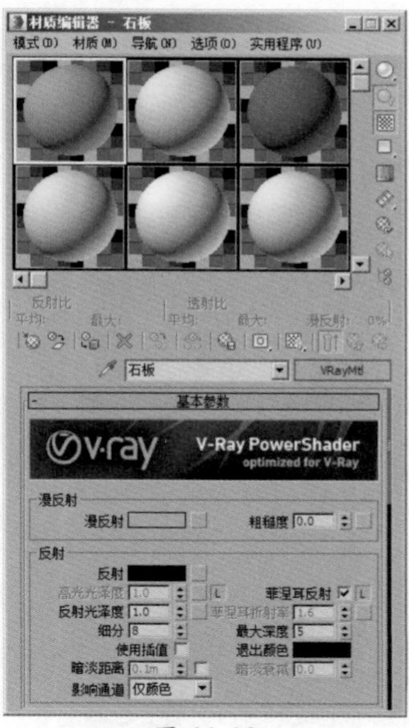
图 11-18

02 在“基本参数”卷展栏内，在“漫反射”的贴图通道中加载一张“大理石材质.jpg”贴图文件，如图11-19所示。

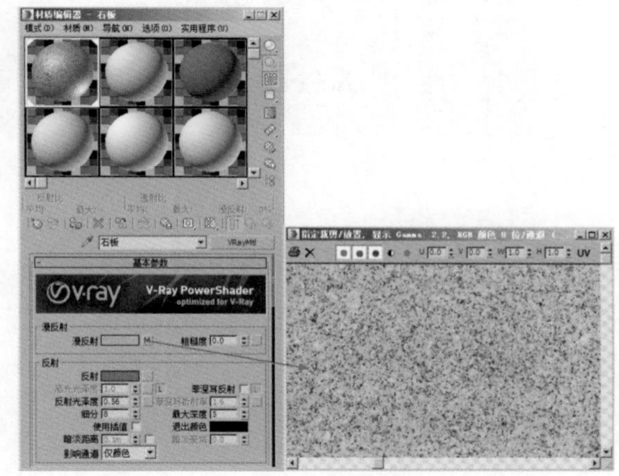
图 11-19

03 在“反射”组内，设置“反射”的颜色为灰色（红:45，绿:45，蓝:45），设置“反射光泽度”的值为0.56，取消选中“菲涅耳反射”复选项，制作出石材材质的反射及高光效果，如图11-20所示。

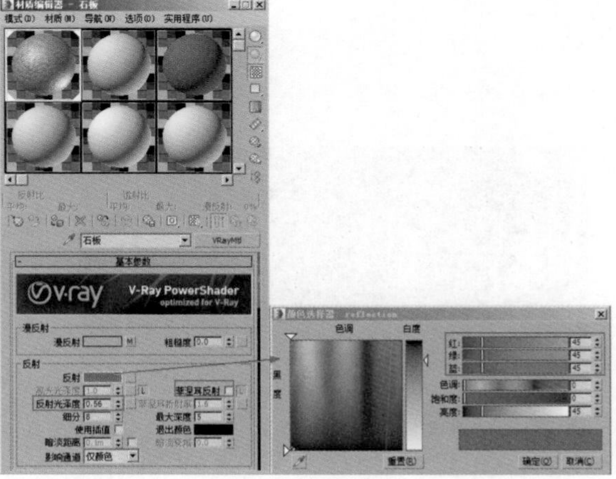
图 11-20

04 单击展开“贴图”卷展栏，将“漫反射”贴图通道中的贴图文件拖曳至“凹凸”贴图通道上，并设置“凹凸”的强度值为 30，如图 11-21 所示。

05 制作完成后的石材材质球显示效果如图 11-22 所示。

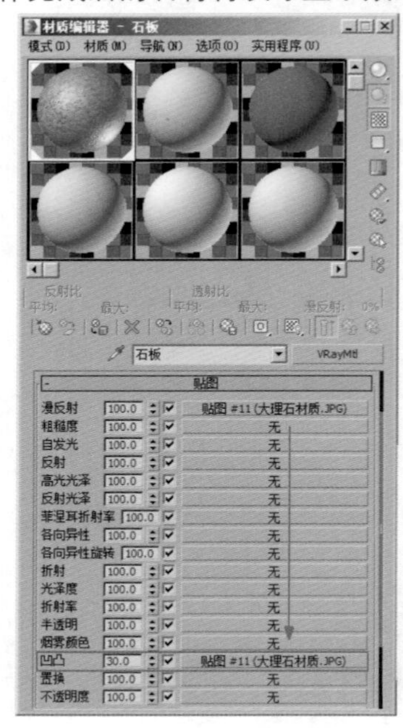

图 11-21

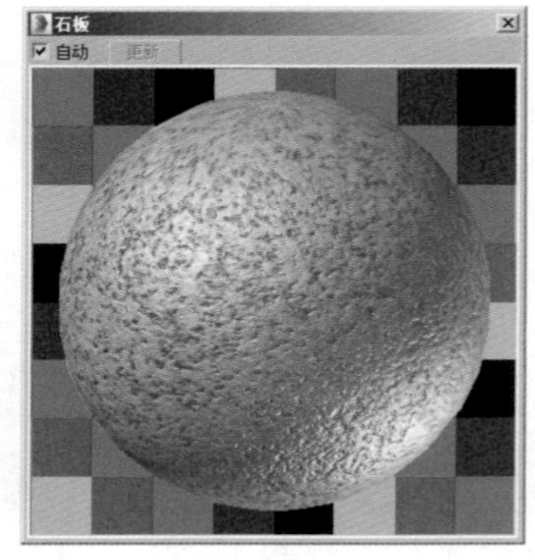

图 11-22

11.3.3 制作玻璃材质

本案例中所体现出来的玻璃材质较为通透明亮，渲染效果如图 11-23 所示。

01 按下快捷键 M 键，打开“材质编辑器”面板，选择一个空白材质球，将其更改为 VRayMtl 材质，并重命名为“玻璃”，如图 11-24 所示。

图 11-23

图 11-24

02 在“基本参数”卷展栏内，设置“漫反射”的颜色为蓝色（红:128，绿:253，蓝:213），在“反射”组内，设置“反射”的颜色为灰色（红:75，绿:75，蓝:75），取消选中“菲涅耳反射”选项，制作出玻璃材质的反射效果，如图 11-25 所示。

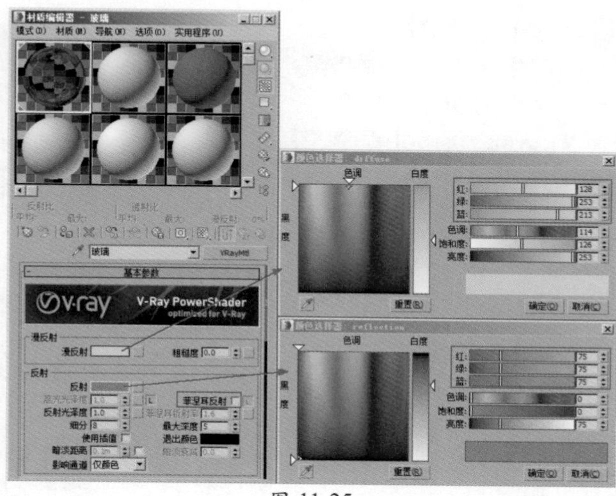

图 11-25

03 在“折射”组内，设置“折射”的颜色为白色（红:255，绿:255，蓝:255），选中“影响阴影”选项，设置“烟雾颜色”的颜色为蓝色（红:67，绿:246，蓝:189），设置“烟雾倍增”的值为 0.1，如图 11-26 所示。

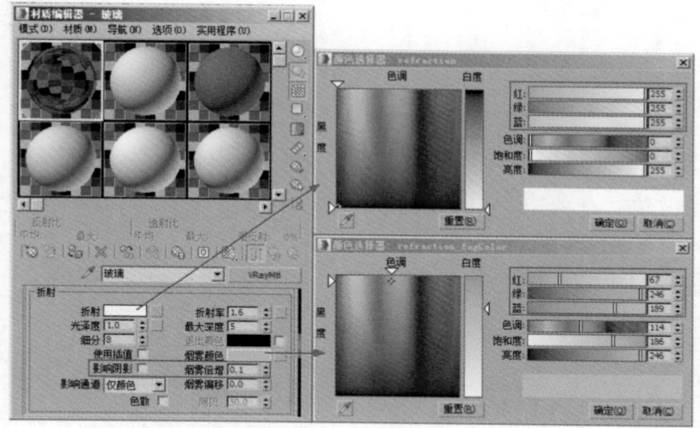

图 11-26

04 制作完成后的玻璃材质球显示效果如图 11-27 所示。

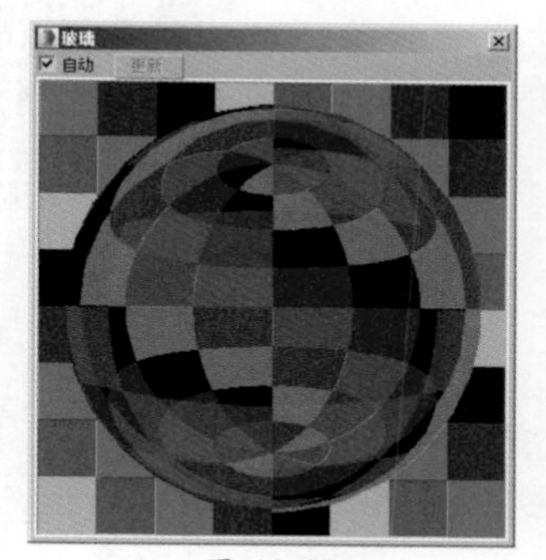

图 11-27

11.3.4　制作窗框材质

本案例中窗框材质的渲染效果如图 11-28 所示。

图 11-28

01 按下快捷键 M 键，打开“材质编辑器”面板，选择一个空白材质球，将其更改为 VRayMtl 材质并重命名为“窗框”，如图 11-29 所示。

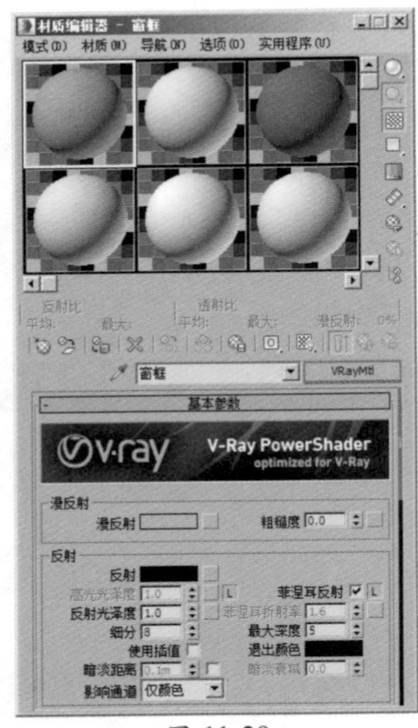

图 11-29

02 在“基本参数”卷展栏内，设置“漫反射”的颜色为棕色（红 :56，绿 :24，蓝 :7），在“反射”组内，设置“反射”的颜色为灰色（红 :45，绿 :45，蓝 :45），取消选中“菲涅耳反射”选项，设置“反射光泽度”的值为 0.85，设置“细分”的值为 32，如图 11-30 所示。

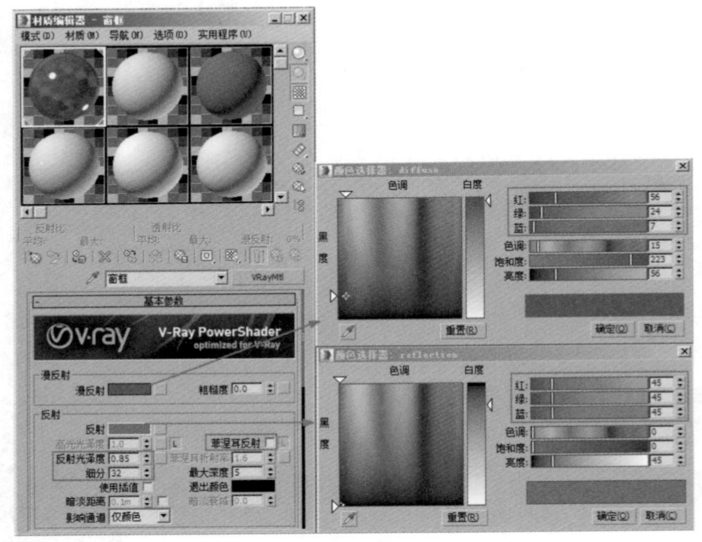

图 11-30

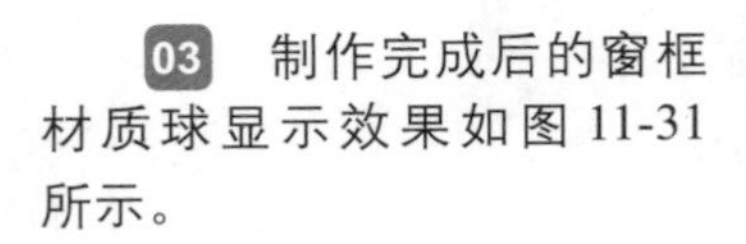

03 制作完成后的窗框材质球显示效果如图 11-31 所示。

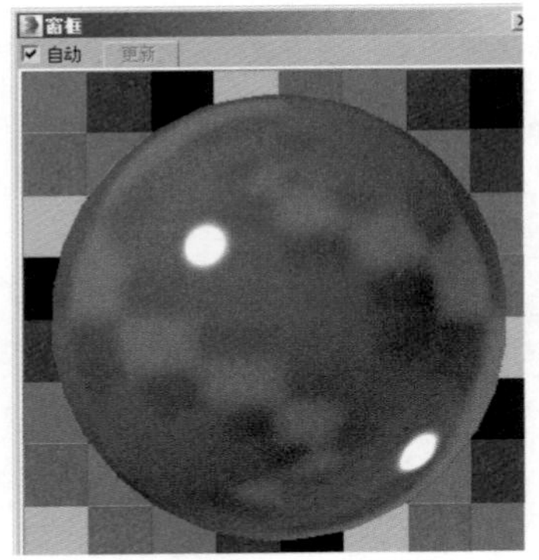

图 11-31

11.3.5　制作水面材质

本案例中所体现出来的水材质渲染效果如图 11-32 所示。

01　按下快捷键 M 键，打开“材质编辑器”面板，选择一个空白材质球，将其更改为 VRayMtl 材质，并重命名为“水”，如图 11-33 所示。

图 11-32

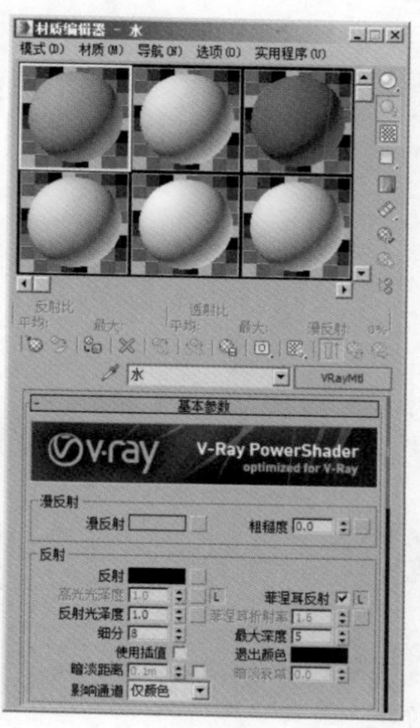

图 11-33

02　在“漫反射”组中，设置“漫反射”的颜色为深蓝色（红 :7，绿 :38，蓝 :43），在“反射”组中，设置“反射”的颜色为白色（红 :230，绿 :230，蓝 :230），并取消选中“菲涅耳反射”选项，如图 11-34 所示。

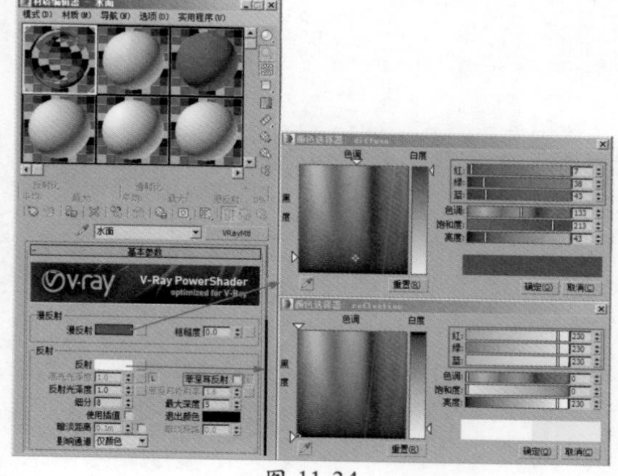

图 11-34

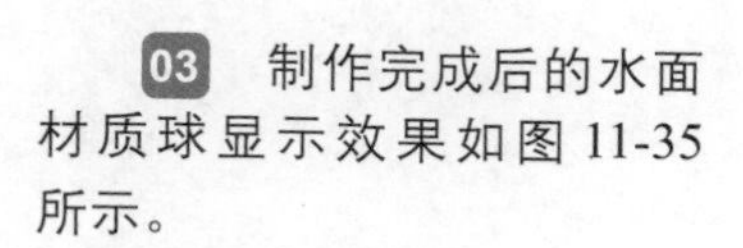

03　制作完成后的水面材质球显示效果如图 11-35 所示。

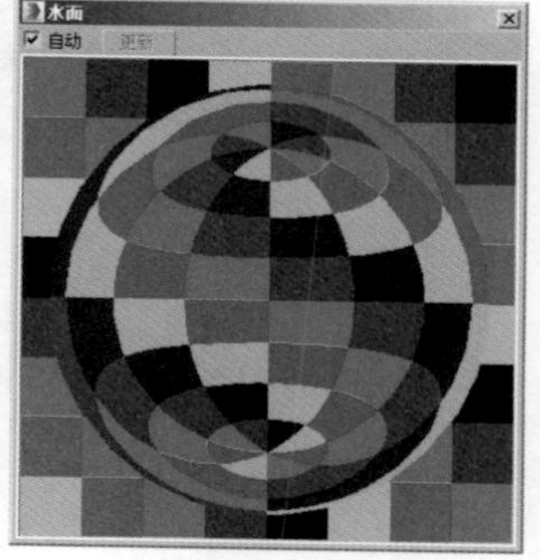

图 11-35

11.3.6 制作木制水瓢材质

本案例中所体现出来的水瓢材质渲染效果如图 11-36 所示。

01 按下快捷键 M 键，打开“材质编辑器”面板，选择一个空白材质球，将其更改为 VRayMtl 材质并重命名为“水瓢”，如图 11-37 所示。

图 11-36

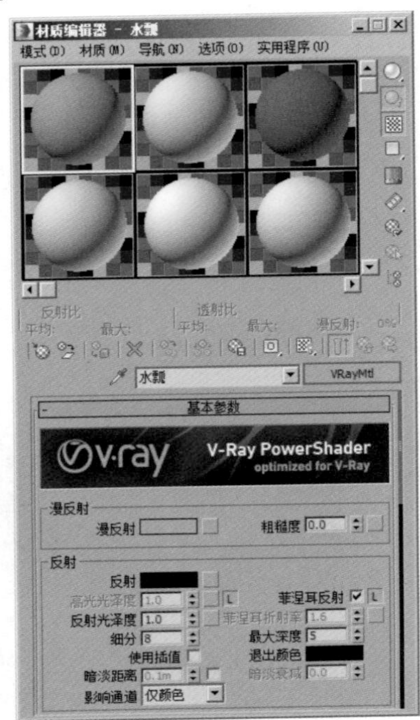

图 11-37

02 在“漫反射”的贴图通道上添加一张“AI29_03_table_001_diffuse.jpg” 贴图文件，如图 11-38 所示。

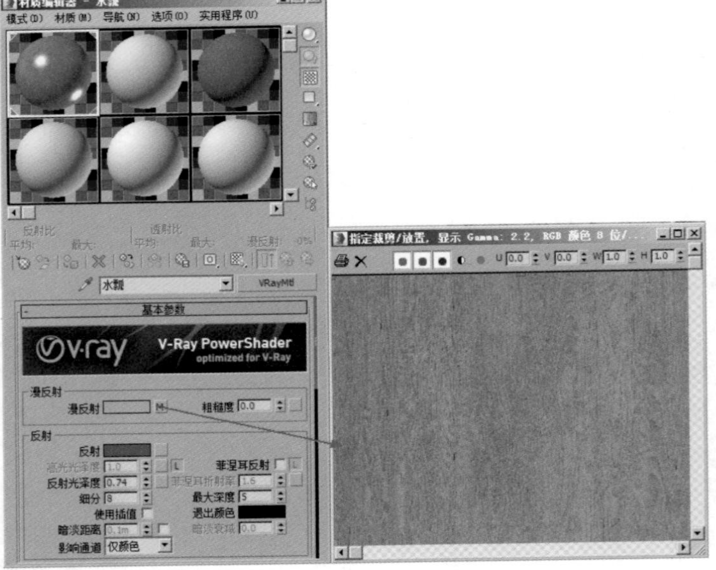

图 11-38

03 在“反射”组内，设置“反射”的颜色为灰色（红 :25，绿 :25，蓝 :25），设置“反射光泽度”的值为 0.74，并取消选中“菲涅耳反射”选项，如图 11-39 所示。

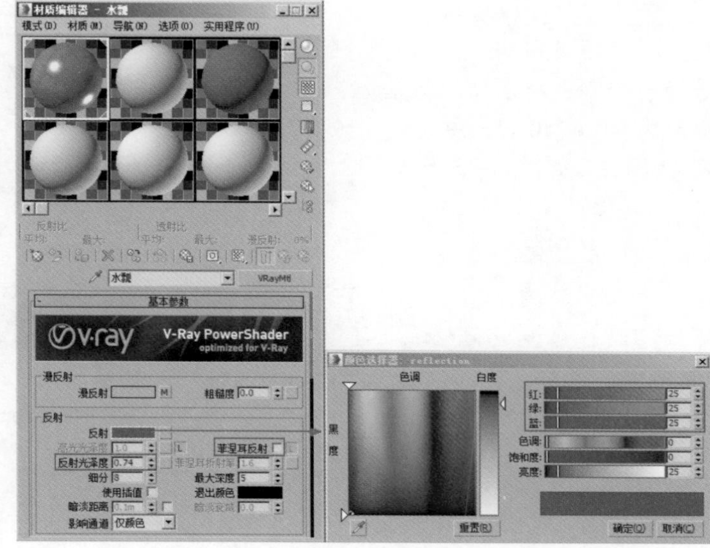

图 11-39

04 制作完成的水瓢材质球显示效果如图 11-40 所示。

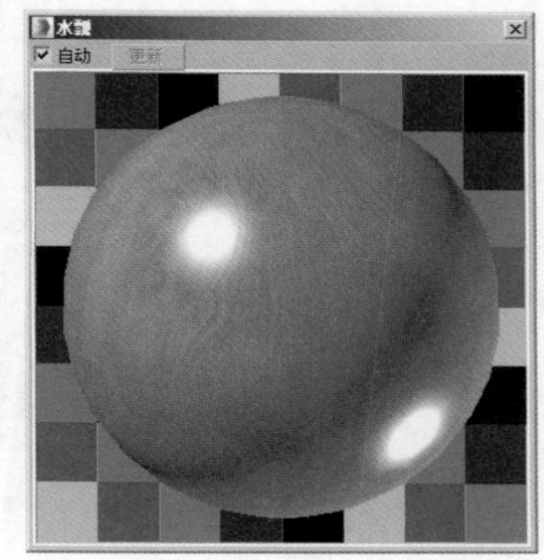

图 11-40

11.3.7　制作竹制围栏材质

本案例中所体现出来的竹制围栏渲染效果如图 11-41 所示。

图 11-41

01 按下快捷键 M 键，打开“材质编辑器”面板，选择一个空白材质球，将其更改为 VRayMtl 材质并重命名为“围栏”，如图 11-42 所示。

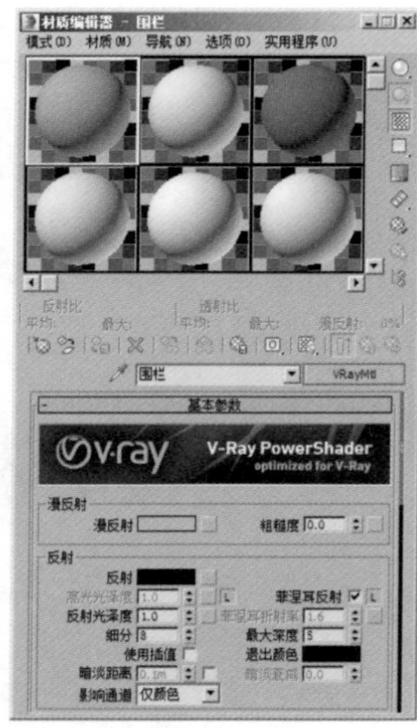

图 11-42

02 在“漫反射”组中，在“漫反射”通道上加载一张“zhugan.jpg”贴图文件，如图 11-43 所示。

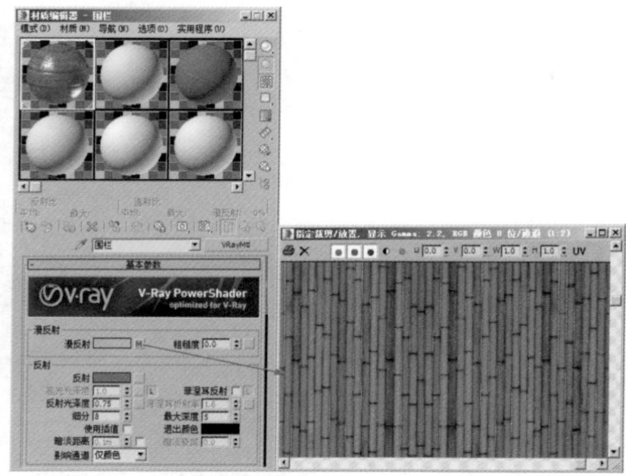

图 11-43

03 在“反射”组中，设置“反射”的颜色为灰色（红 :40，绿 :40，蓝 :40），取消选中“菲涅耳反射”选项，设置“反射光泽度”的值为 0.75，如图 11-44 所示。

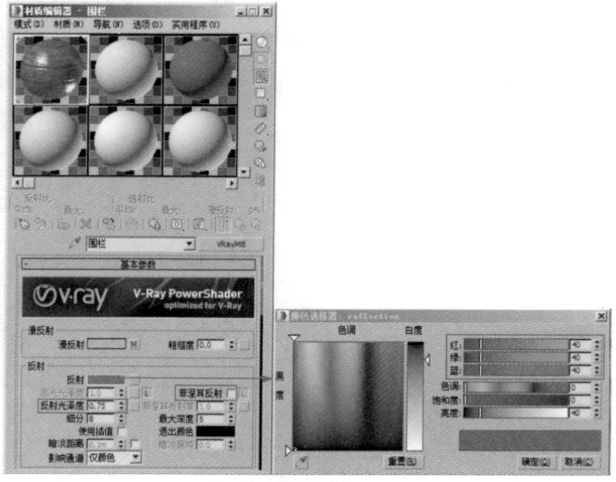

图 11-44

04 单击展开“贴图”卷展栏，将“漫反射”贴图通道中的贴图拖曳至“凹凸”贴图通道上，并设置“凹凸”的强度值为 100，如图 11-45 所示。

05 制作完成后的围栏材质球显示效果如图 11-46 所示。

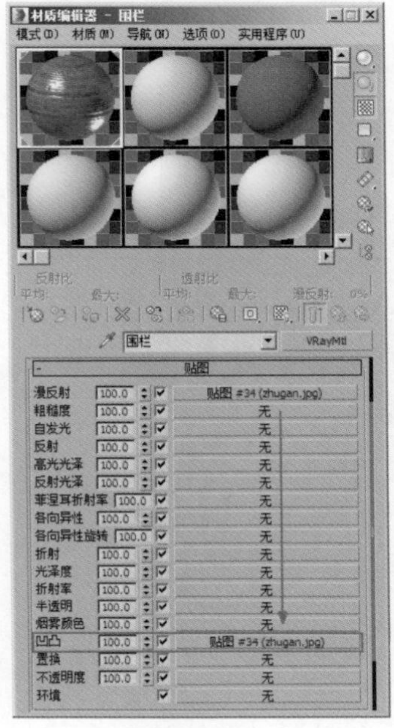

图 11-45

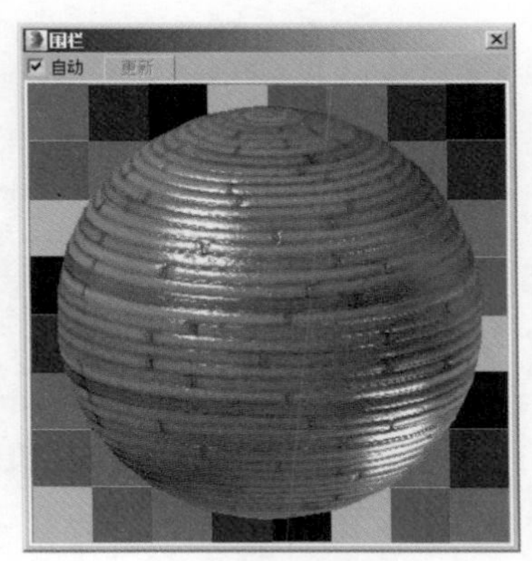

图 11-46

11.3.8　制作植物叶片材质

本案例中所体现出来的植物叶片材质渲染效果如图 11-47 所示。

01 按下快捷键 M 键，打开“材质编辑器”面板，选择一个空白材质球，将其更改为 VRayMtl 材质，并重命名为“叶片”，如图 11-48 所示。

图 11-47

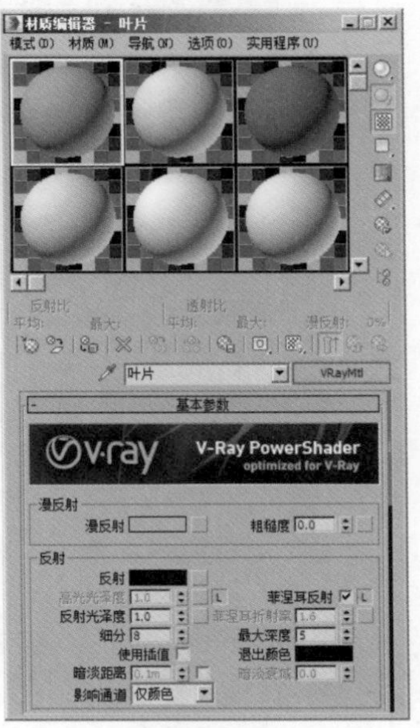

图 11-48

02 在“漫反射”组中，在“漫反射”通道上加载一张“AM136_019_leaf01_color.jpg”贴图文件，如图 11-49 所示。

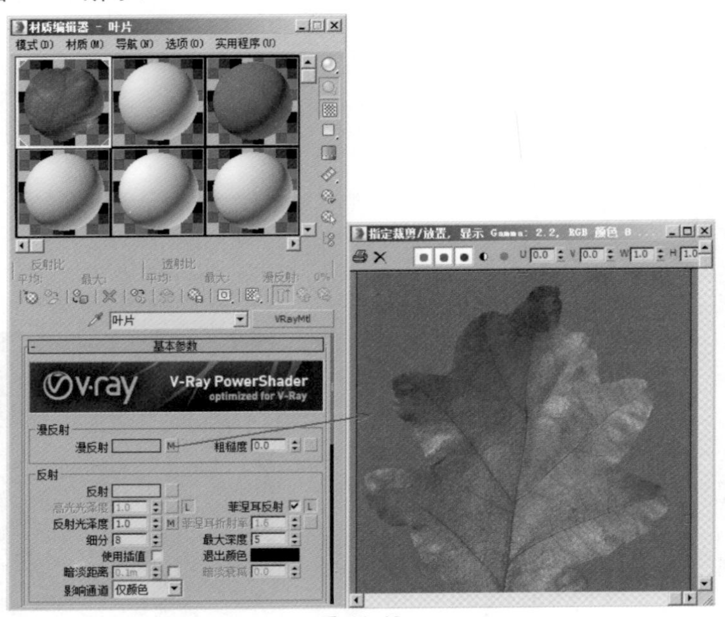

图 11-49

03 在“反射”组中，设置“反射”的颜色为灰色（红 :153，绿 :153，蓝 :15），在“反射光泽度”的贴图通道上加载一张“AM136_019_leaf01_refl.jpg”贴图文件，制作出叶片材质表面的反射及高光效果，如图 11-50 所示。

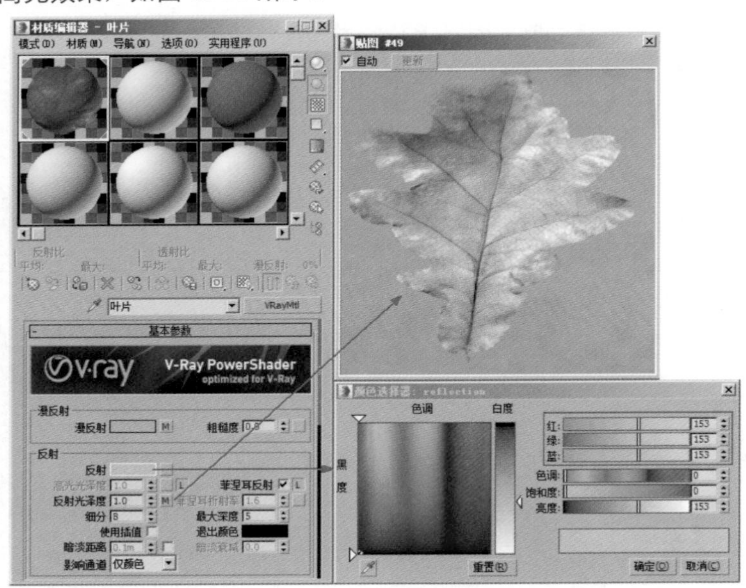

图 11-50

04 展开“贴图”卷展栏，在“凹凸”的贴图通道上加载一张“AM136_019_leaf01_bump.jpg”贴图文件，并设置“凹凸”的强度为 30 ；在“不透明度”的贴图通道上加载一张“AM136_019_leaf01_alpha.jpg”贴图文件，制作出叶片材质的不透明效果，如图 11-51 所示。

05 制作完成后的叶片材质球显示效果如图 11-52 所示。

图 11-51　　　　　　　　　　　　　　　　图 11-52

11.4 使用 Forest Pack Pro 专业森林插件制作地面铺装模型

本实例中的地面铺装模型主要使用 Forest Pack Pro（专业森林）插件来制作完成，具体操作步骤如下。

11.4.1 制作草地铺装

01 将“创建”面板的下拉列表切换至“Itoo 软件”，如图 11-53 所示。

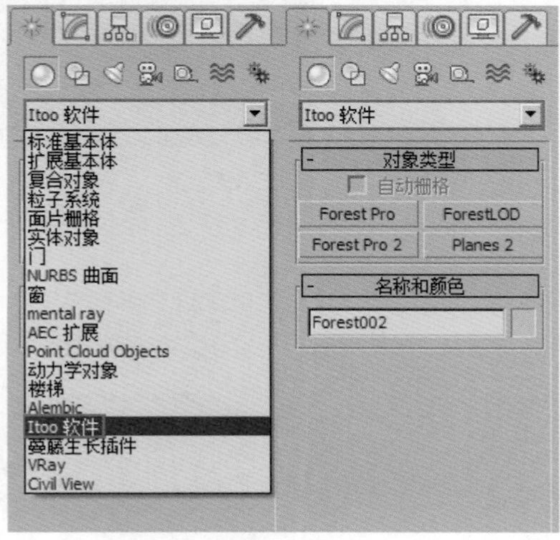

图 11-53

02 单击 Forest Pro 按钮 Forest Pro ，在场景中拾取草地模型，即可在草地模型上产生 Forest Pro 物体，如图 11-54 所示。

图 11-54

03 在“修改”面板中，展开“几何体”卷展栏，单击“库”按钮，如图 11-55 所示，即可弹出“库浏览器”对话框，如图 11-56 所示。

图 11-55

图 11-56

04 在“库浏览器”对话框左侧的库目录中，单击展开 Presets/Meadows 文件夹，选择“冠毛犬氏尾（大）”，如图 11-57 所示。

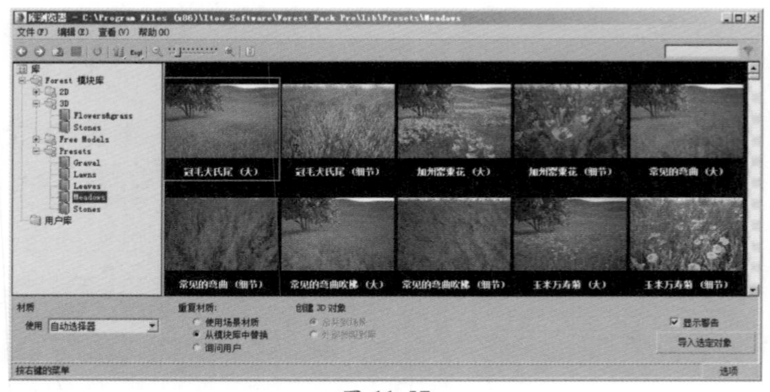

图 11-57

05 选择时系统会自动弹出“外部参照对象合并”对话框，单击“确定”按钮，即可完成草模型的创建，如图 11-58 所示。

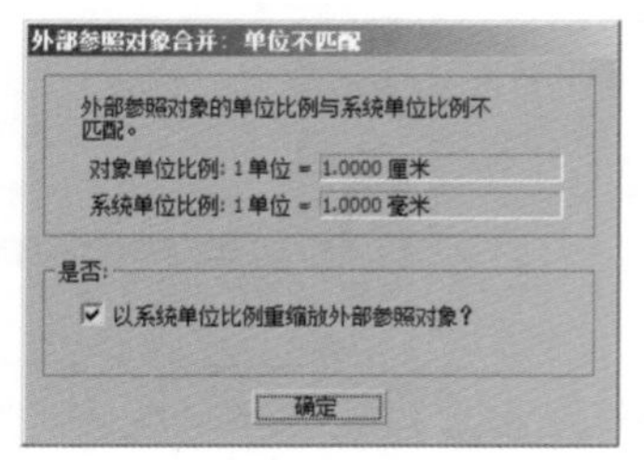

图 11-58

06 创建完成后，可以看到场景中草地模型上已经种植上 Forest Pack Pro（专业森林）插件为用户提供的草模型，如图 11-59 所示。

图 11-59

07 在“修改”面板中，展开“区域”卷展栏，设置“比例”值为 75，增加草地模型上草的密度，如图 11-60 所示。

图 11-60

08 展开“变换”卷展栏，选中“比例”组中的“启用”复选项，并设置“最小”值为 14，“最大”值为 44，调整草模型的大小，如图 11-61 所示。

图 11-61

09 渲染当前场景，可以看到草地的渲染结果如图 11-62 所示。

图 11-62

11.4.2 制作碎石地面铺装

01 在“创建”面板中，单击“线”按钮，在“顶”视图中，绘制出地面上需要铺装碎石的区域，如图11-63所示。

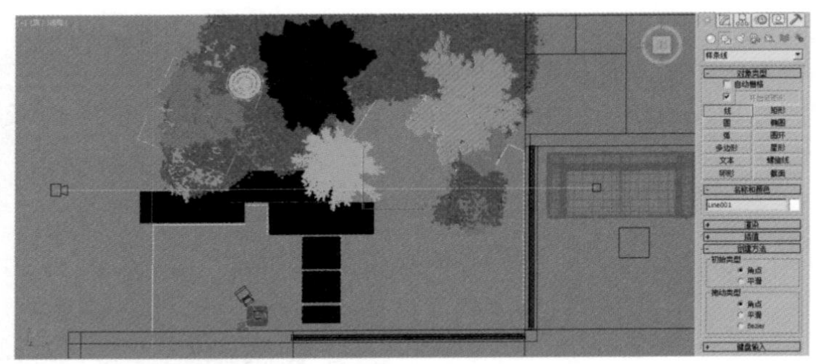

图 11-63

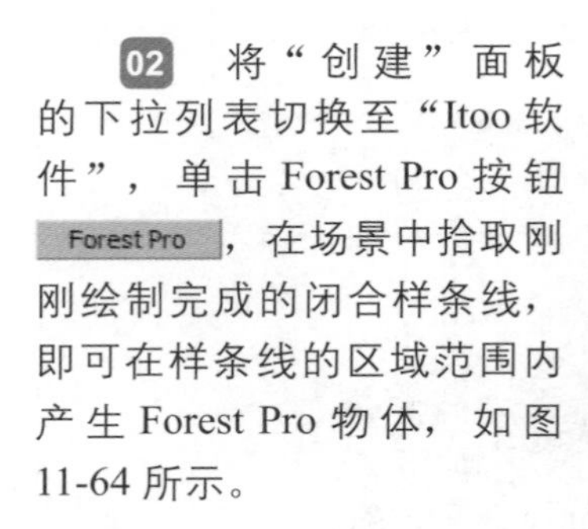

02 将“创建”面板的下拉列表切换至“Itoo软件”，单击Forest Pro按钮 Forest Pro ，在场景中拾取刚刚绘制完成的闭合样条线，即可在样条线的区域范围内产生Forest Pro物体，如图11-64所示。

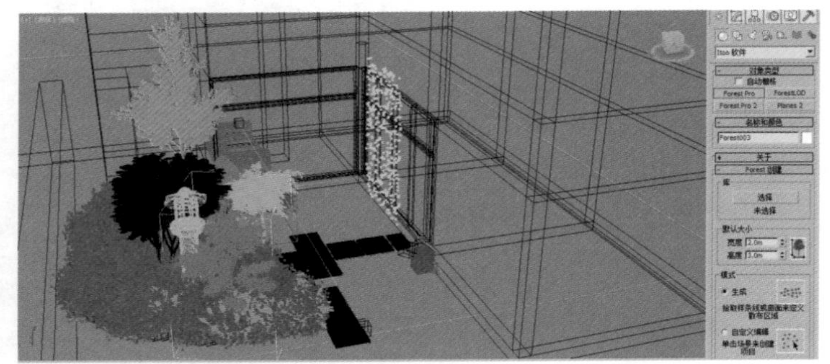

图 11-64

03 在“修改”面板中，展开“几何体”卷展栏，单击“库”按钮。在弹出的“库浏览器”对话框左侧的库目录中，单击展开Presets/Gravel文件夹，选择“20毫米牡蛎石-大面积”模型，如图11-65所示。

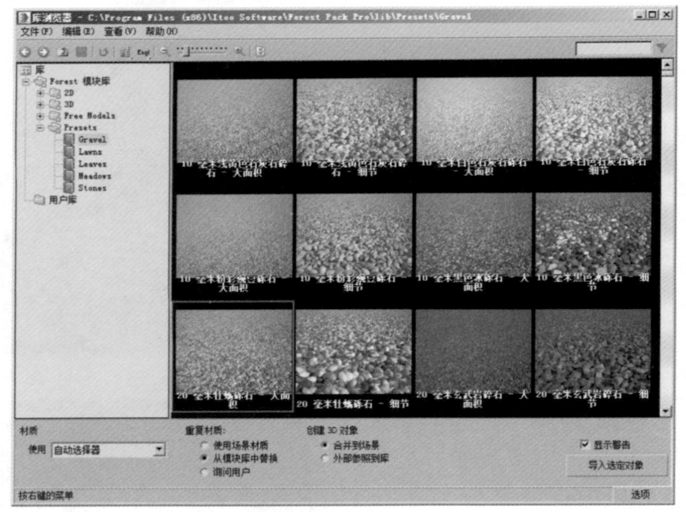

图 11-65

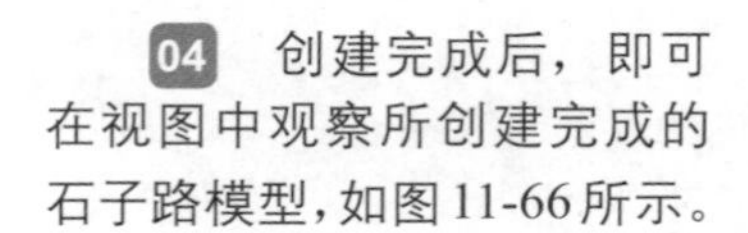

04 创建完成后，即可在视图中观察所创建完成的石子路模型，如图11-66所示。

图 11-66

05 在“修改”面板中，展开“区域”卷展栏，设置“比例”的值为 75，调整石子的铺装密度，如图 11-67 所示。

06 渲染当前场景，可以看到碎石地面铺装的渲染结果，如图 11-68 所示。

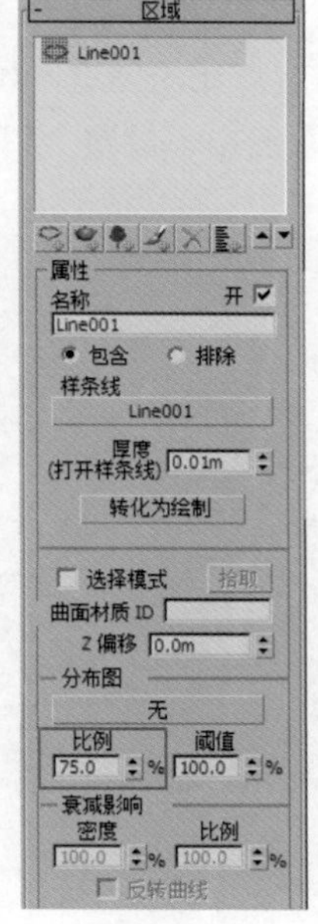

图 11-67

图 11-68

11.5　制作日光及天空环境

本案例中的灯光表现模拟的是室外天空照明效果，故在灯光的使用上选择的是 VRay 渲染器提供的“VR- 太阳”来进行照明制作。

01 在创建“灯光”面板中，将灯光的下拉列表切换至 VRay 选项，如图 11-69 所示。

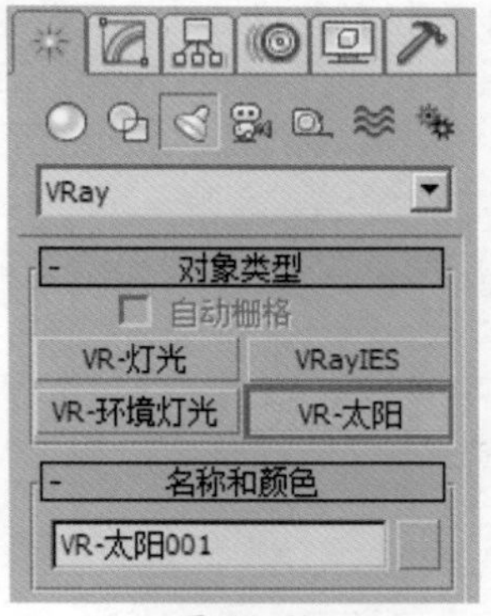

图 11-69

02 单击“VR- 太阳”按钮，在“顶”视图中创建一个“VR- 太阳”灯光，灯光位置如图 11-70 所示。

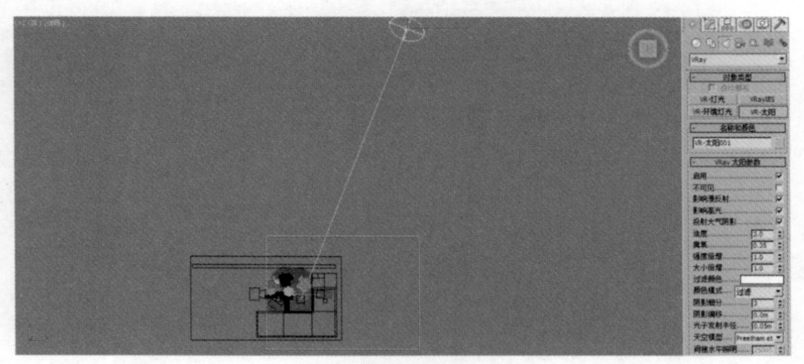

图 11-70

03 创建灯光时，系统会自动弹出“VRay 太阳”对话框，询问用户是否在场景中添加 VR 天空环境贴图，单击“是”按钮完成灯光的创建，如图 11-71 所示。

04 按下快捷键 F 键，在“前”视图中，调整“VR- 太阳”灯光的位置至图 11-72 所示，完成本场景中灯光的创建。

图 11-71

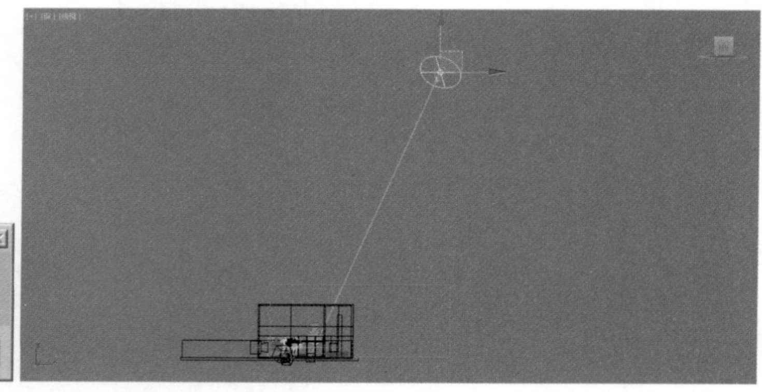

图 11-72

11.6 渲染设置

对场景进行摄影机和灯光创建完成后，就可以开始设置渲染了。

01 在“主工具栏”上单击“渲染设置”按钮，打开“渲染设置”面板，将渲染器设置为使用 VRay 渲染器，如图 11-73 所示。

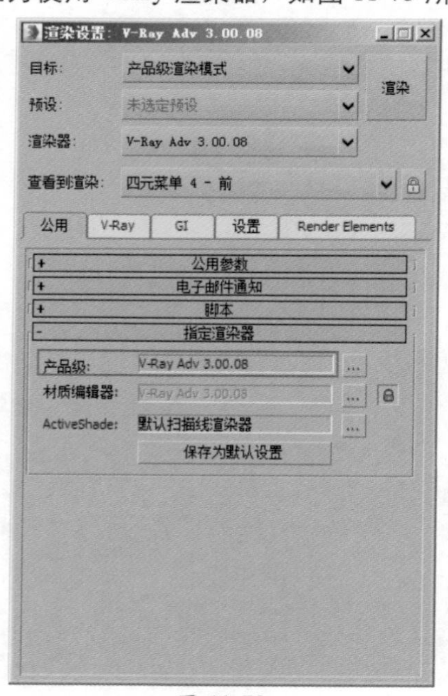

图 11-73

02 单击 GI 选项卡，选中“启用全局照明（GI）”选项，设置“首次引擎”为“发光图”，设置“二次引擎”为“灯光缓存”，如图 11-74 所示。

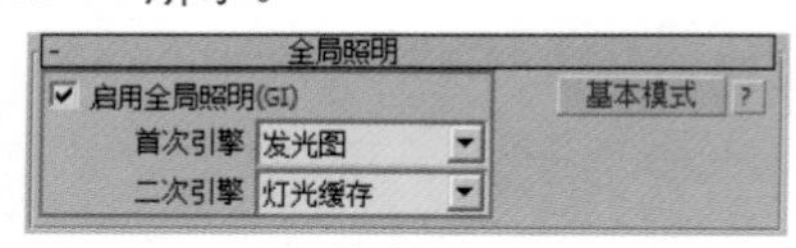

图 11-74

03 展开“发光图”卷展栏，将“当前预设”更改为“自定义”选项，设置“最小速率”的值为－2，设置“最大速率”的值为－2，如图 11-75 所示。

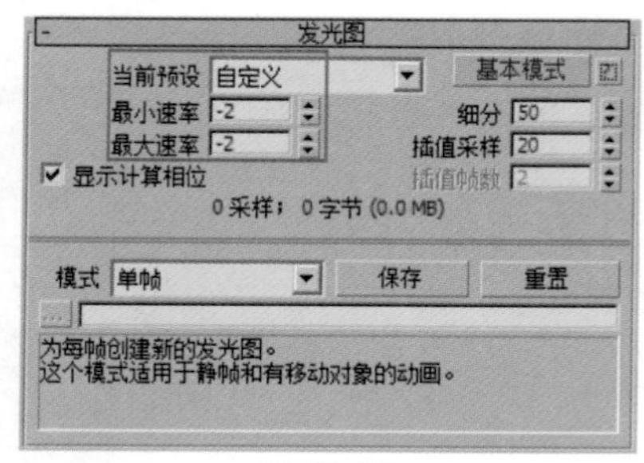

图 11-75

04 展开“灯光缓存”卷展栏，设置“细分”的值为 1000，如图 11-76 所示。

图 11-76

05 单击 V-Ray 选项卡，展开“图像采样器（抗锯齿）”卷展栏，设置“类型”为“自适应”选项，设置“过滤器”为 Catmull-Rom 选项，如图 11-77 所示。

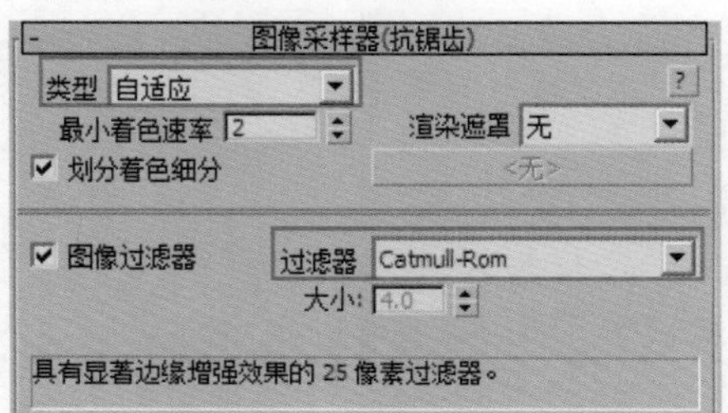

图 11-77

06 展开“自适应图像采样器”卷展栏，设置“最小细分”的值为 1，设置“最大细分”的值为 16，如图 11-78 所示。

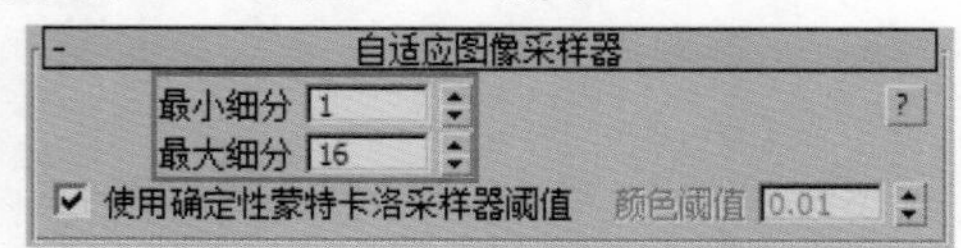

图 11-78

07 设置完成后，渲染场景，渲染结果如图 11-79 所示。

图 11-79

11.7 后期调整

01 在 VRay 渲染窗口中，单击左下角的“显示校正设置”按钮，打开 Color corrections（色彩校正）对话框，如图 11-80 所示。

图 11-80

02 单击 Exposure（曝光）卷展栏上的 Show/Hide（显示 / 隐藏）按钮，展开 Exposure（曝光）卷展栏，设置 Contrast（对比度）的值为 0.15，提高图像的层次感，如图 11-81 所示。

图 11-81

03 展开 Hue/Saturation（色相 / 饱和度）卷展栏，调整 Saturation（饱和度）的值为 0.1，提高图像的色彩饱和度，如图 11-82 所示。

图 11-82

04 展开 Curve（曲线）卷展栏，调整曲线的弧度如图 11-83 所示，提高图像的明亮程度。

图 11-83

05 图像调整完成后，最终结果如图 11-84 所示。

图 11-84

第 12 章

办公高层楼房雪景表现技术

12.1 项目介绍

本案例为高层办公楼的外观表现。最终渲染效果及线框图如图 12-1 所示。

图 12-1

12.2 创建摄影机构图

01 打开场景文件，本场景文件中已经创建好了模型，下面，我们首先在场景中进行摄影机的摆放及摄影机的角度调整，如图 12-2 所示。

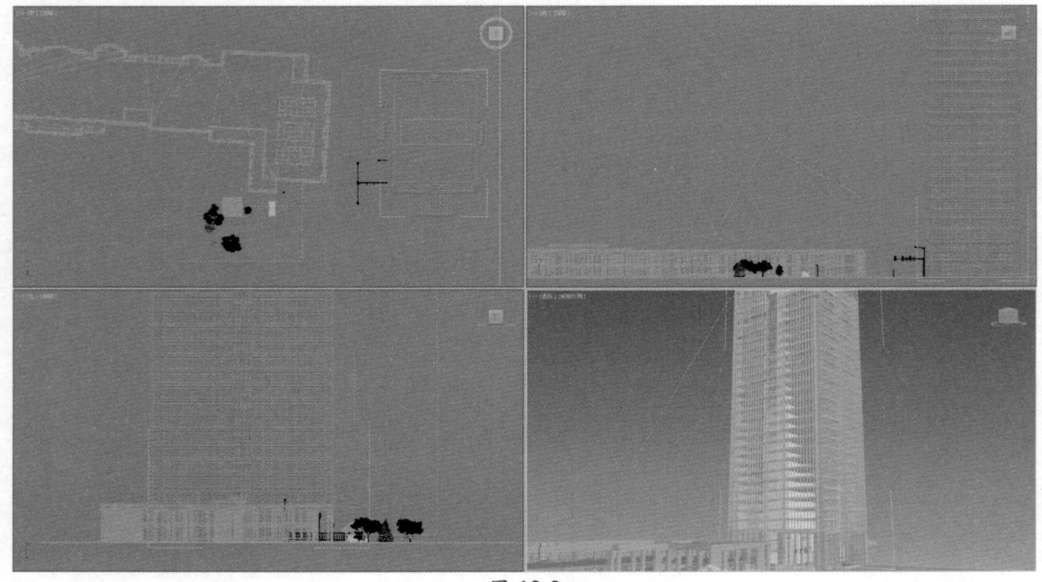

图 12-2

02 在“创建”面板中，单击“摄影机”按钮，切换至创建“摄影机”面板，并将“摄影机”下拉列表选择为 VRay，如图 12-3 所示。

图 12-3

03 单击“VR- 物理摄影机”按钮，在“顶”视图中，创建一个“VR- 物理摄影机”，如图 12-4 所示。

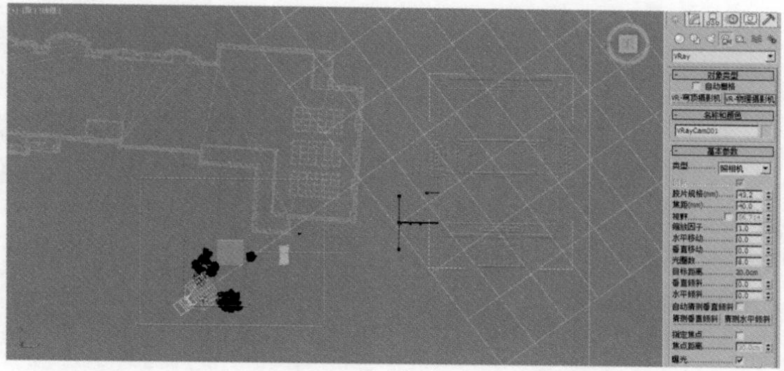

图 12-4

04 按下快捷键 W 键，将鼠标命令设置为“选择并移动”状态，在“前”视图中，调整“VR- 物理摄影机”及其目标点的位置至图 12-5 所示位置处。

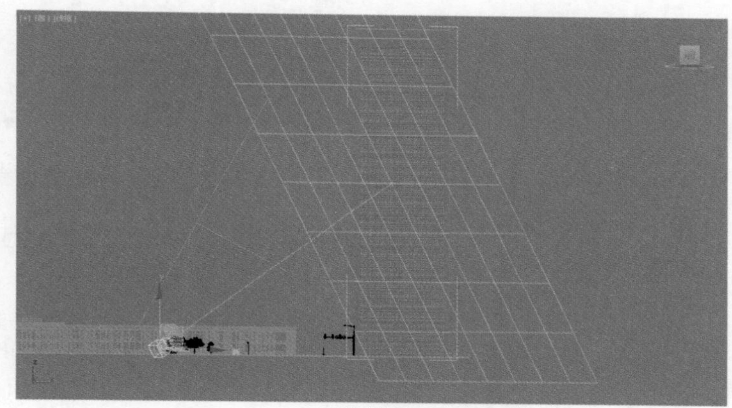

图 12-5

05 按下快捷键 C 键，在“摄影机”视图中观察摄影机取景的范围，如图 12-6 所示。

图 12-6

06 在“主工具栏”上，单击“渲染设置”按钮，打开“渲染设置”面板。在“公用”选项卡中，设置“输出大小”组内的“宽度”值为2000，“高度”值为2600，如图12-7所示。

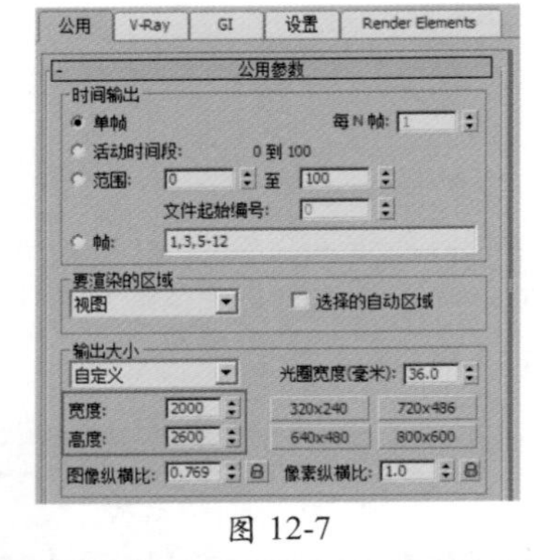

图 12-7

07 设置完成后，激活“摄影机”视图，并按下组合键Shift+F，显示出“安全框”和摄影机的渲染范围，如图12-8所示。

图 12-8

08 在“修改”面板中，设置“VR-物理摄影机”的“胶片规格（mm）”值为43.2，调整摄影机的视野范围，如图12-9所示。

基本参数
类型 照相机
目标 ✓
胶片规格(mm) 43.2
焦距(mm) 40.0
视野 56.714
缩放因子 1.0
水平移动 0.0
垂直移动 0.0
光圈数 8.0
目标距离 11066.4
垂直倾斜 0.0
水平倾斜 0.0
自动猜测垂直倾斜
猜测垂直倾斜 猜测水平倾斜

图 12-9

09 设置完成后，摄影机的构图如图12-10所示。

图 12-10

12.3　材质制作

本案例中所涉及到的主要材质分别为建筑铝板材质、建筑黑线材质、建筑玻璃材质、建筑墙体材质、银色车漆材质和积雪材质。

12.3.1　制作建筑铝板材质

本案例中所体现出来的建筑铝板材质渲染效果如图 12-11 所示。

01 按下快捷键 M 键，打开“材质编辑器”面板，选择一个空白材质球，将其更改为 VRayMtl 材质，并重命名为“铝板”，如图 12-12 所示。

图 12-11

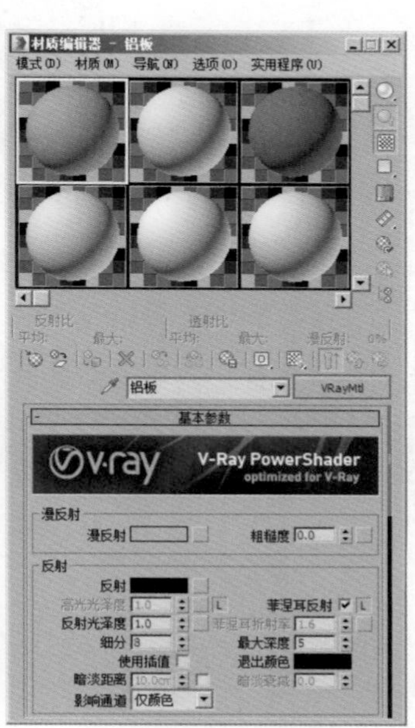

图 12-12

02 在“基本参数”卷展栏内，调整“漫反射”的颜色为浅蓝色（红:129，绿:140，蓝:148），并将“漫反射”的颜色以拖曳的方式复制到“反射”的颜色上，设置“反射光泽度”的值为 0.85，“细分”值为 16，取消选中“菲涅耳反射”选项，如图 12-13 所示。

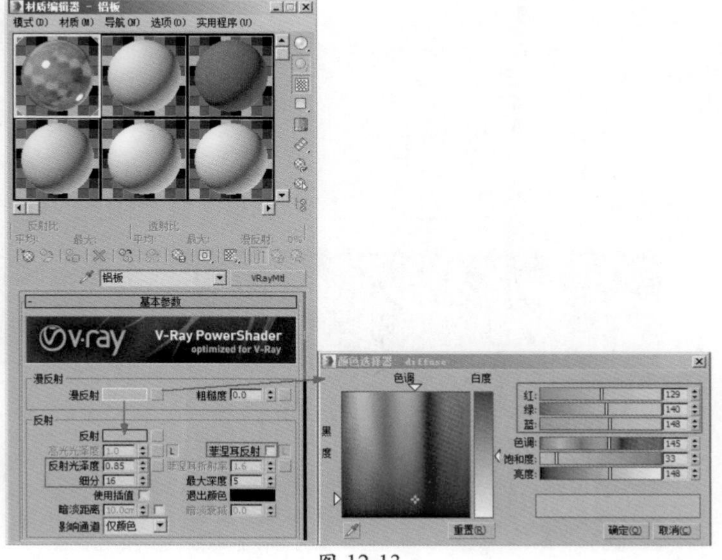

图 12-13

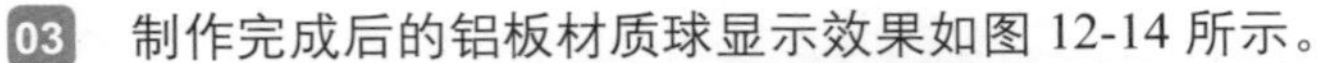
03　制作完成后的铝板材质球显示效果如图 12-14 所示。

图 12-14

12.3.2　制作建筑黑线材质

本案例中所体现出来的灰色墙砖材质渲染效果如图 12-15 所示。

01　按下快捷键 M 键，打开“材质编辑器”面板，选择一个空白材质球，将其更改为 VRayMtl 材质，并重命名为“黑线”，如图 12-16 所示。

图 12-15

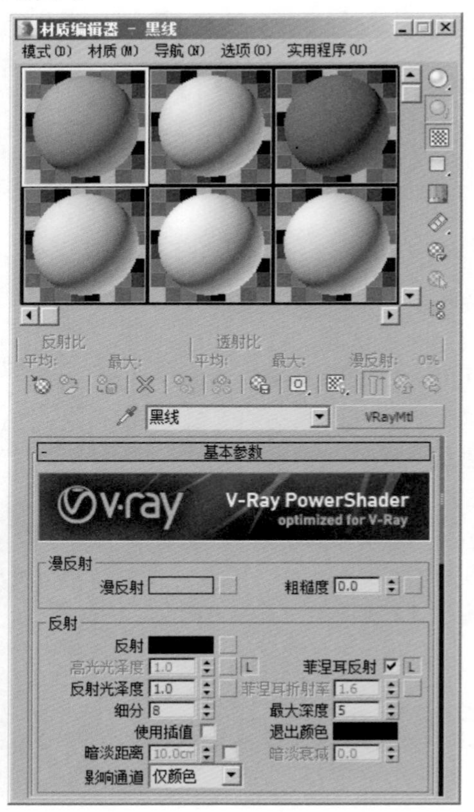

图 12-16

02 在“基本参数”卷展栏内，调整“漫反射”的颜色为灰色（红 :34，绿 :34，蓝 :34），调整“反射”的颜色为灰色（红 :27，绿 :27，蓝 :27），设置“反射光泽度”的值为 0.89，制作出黑线的高光，如图 12-17 所示。

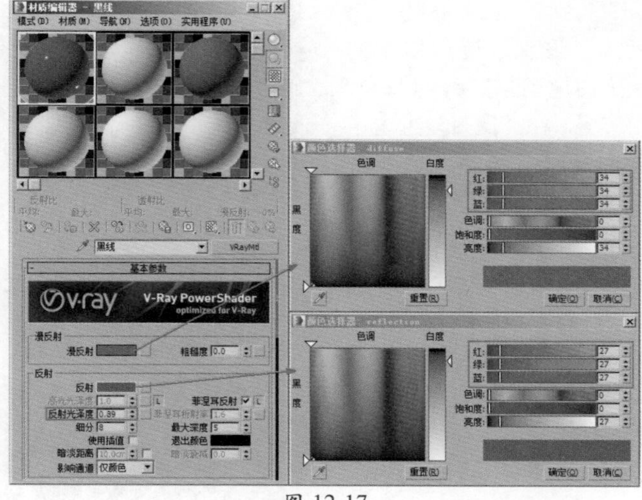

图 12-17

03 制作完成后的黑线材质球显示效果如图 12-18 所示。

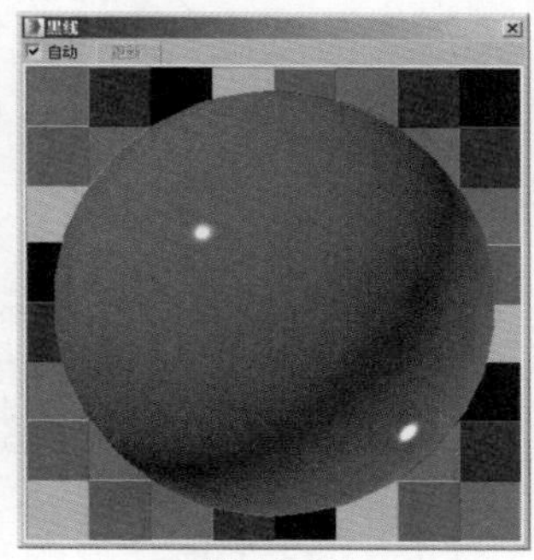

图 12-18

12.3.3　制作建筑玻璃材质

本案例中所体现出来的玻璃材质较为通透明亮，渲染效果如图 12-19 所示。

01 按下快捷键 M 键，打开“材质编辑器”面板，选择一个空白材质球，将其更改为 VRayMtl 材质，并重命名为“玻璃”，如图 12-20 所示。

图 12-19

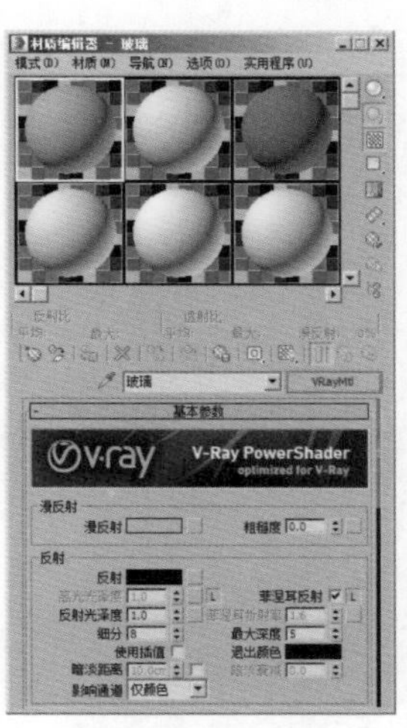

图 12-20

02 在“基本参数”卷展栏内，设置“漫反射”的颜色为白色（红:255，绿:255，蓝:255），在“反射”组内，设置“反射”的颜色为灰色（红:70，绿:70，蓝:70），取消选中“菲涅耳反射”复选项，设置“反射光泽度”的值为0.95，设置“细分”的值为16，制作出玻璃材质的反射及高光，如图12-21所示。

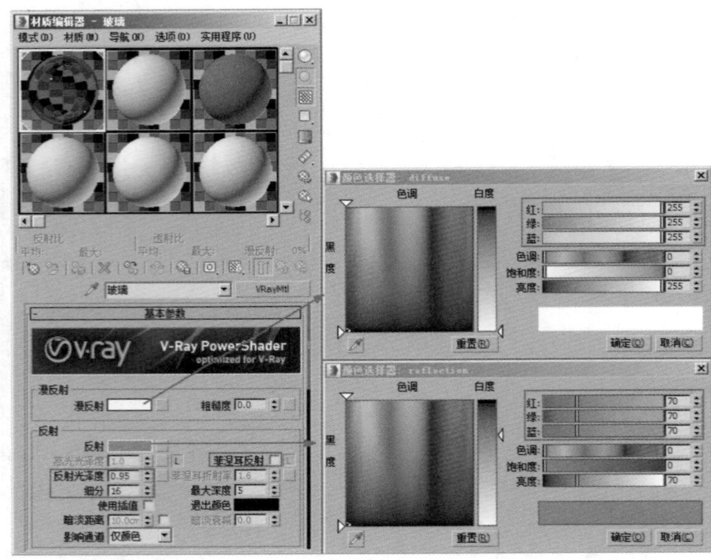

图 12-21

03 在“折射”组内，设置“折射”的颜色为白色（红:255，绿:255，蓝:255），设置“烟雾颜色”为浅绿色（红:237，绿:238，蓝:237），选中“影响阴影”复选项，设置“烟雾倍增”的值为0.3，如图12-22所示。

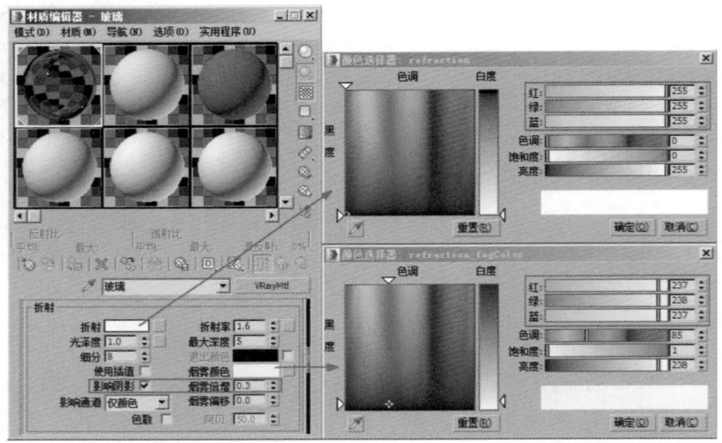

图 12-22

04 制作完成后的玻璃材质球显示效果如图12-23所示。

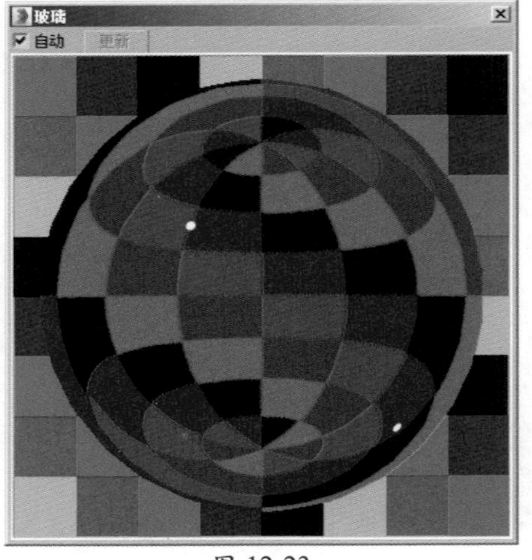

图 12-23

12.3.4　制作建筑墙体材质

本案例中建筑墙体材质的渲染效果如图 12-24 所示。

01 按下快捷键 M 键，打开“材质编辑器”面板，选择一个空白材质球，将其更改为 VRayMtl 材质，并重命名为“墙体”，如图 12-25 所示。

图 12-24

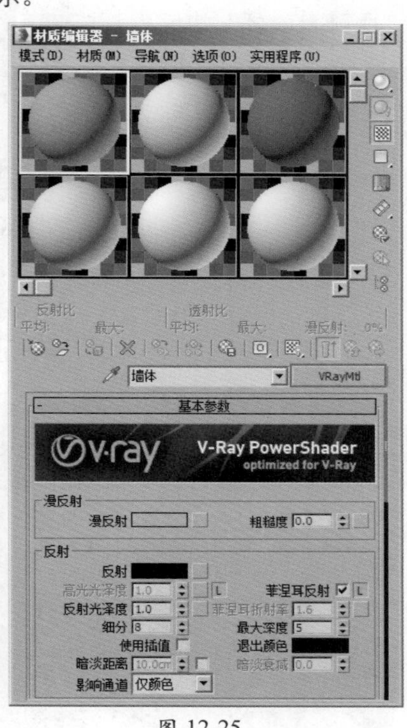

图 12-25

02 在“漫反射”组中，在“漫反射”通道上加载一张“花岗岩贴图.jpg”贴图文件，如图 12-26 所示。

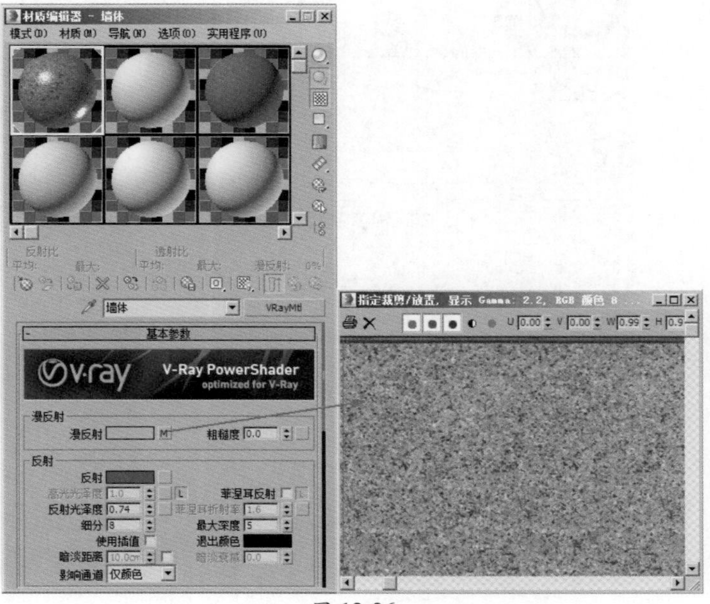

图 12-26

03 在“反射”组中，设置“反射”的颜色为灰色（红:23，绿:23，蓝:23），取消勾选“菲涅耳反射”选项，设置“反射光泽度”的值为0.74，制作出墙体材质的反射及高光效果，如图12-27所示。

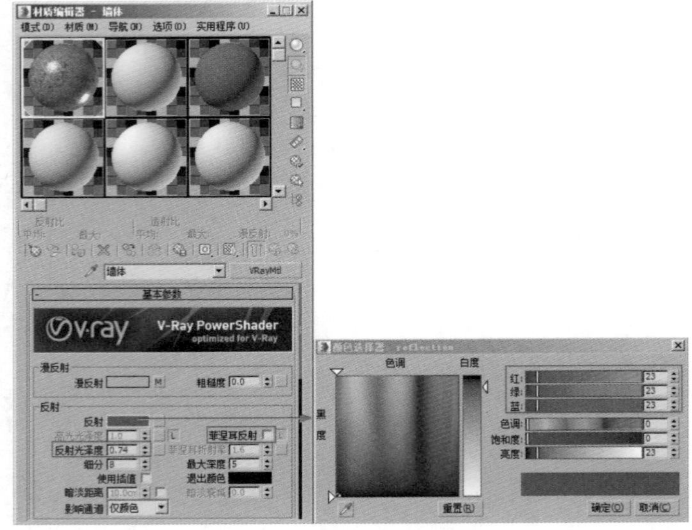

图 12-27

04 单击展开“贴图”卷展栏，将“漫反射”贴图通道中的贴图拖曳至“凹凸”贴图通道上，并设置“凹凸”的强度值为30，制作出墙体材质的凹凸质感，如图12-28所示。

05 制作完成后的墙体材质球显示效果如图12-29所示。

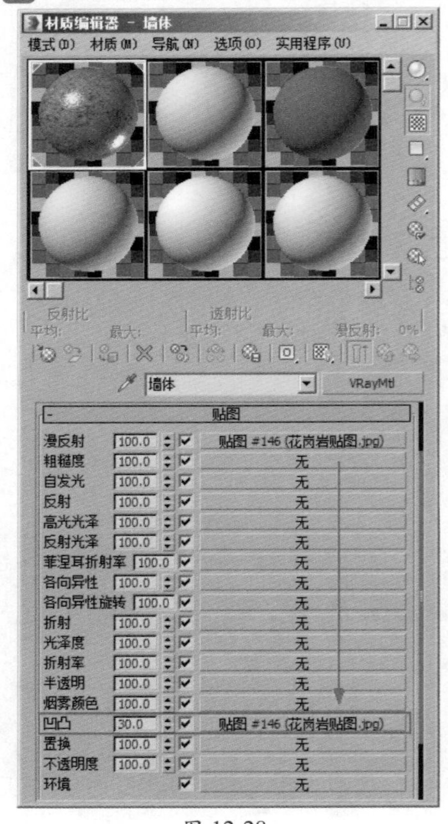

图 12-28

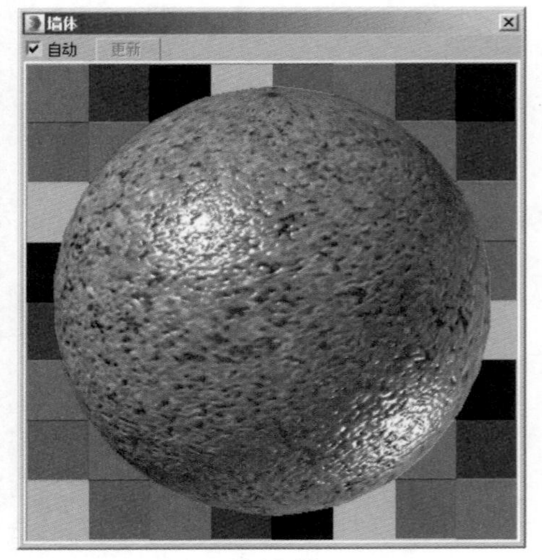

图 12-29

12.3.5 制作银色车漆材质

本案例中所体现出来的车漆材质渲染效果如图 12-30 所示。

01 按下快捷键 M 键，打开“材质编辑器”面板，选择一个空白材质球，将其更改为 VRayMtl 材质，并重命名为“车漆”，如图 12-31 所示。

图 12-30

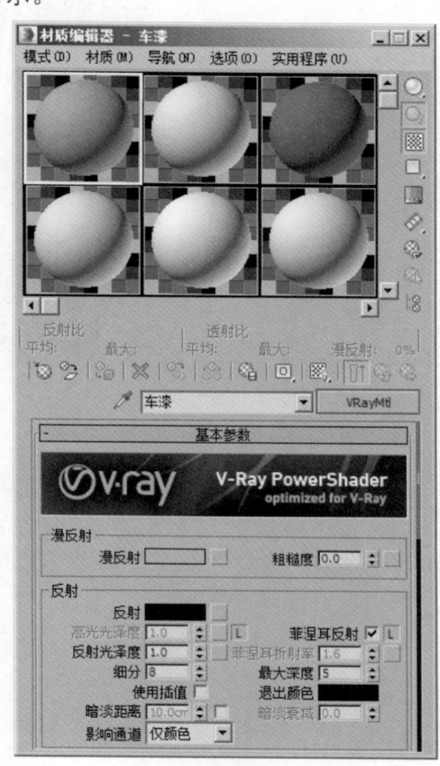

图 12-31

02 在“漫反射”组中，设置“漫反射”的颜色为蓝灰色（红:137，绿:139，蓝:140），在“反射”组中，设置“反射”的颜色为灰色（红:40，绿:40，蓝:40），设置“反射光泽度”的值为 0.75，取消勾选“菲涅耳反射”选项，如图 12-32 所示。

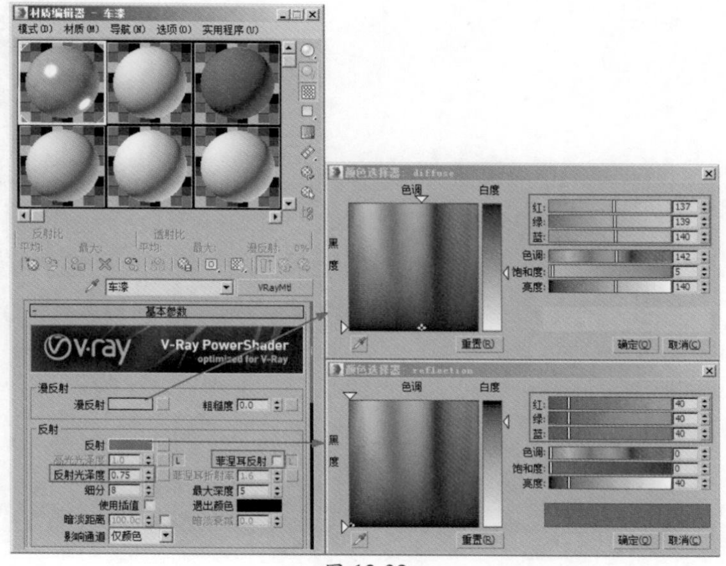

图 12-32

03 制作完成后的车漆材质球显示效果如图 12-33 所示。

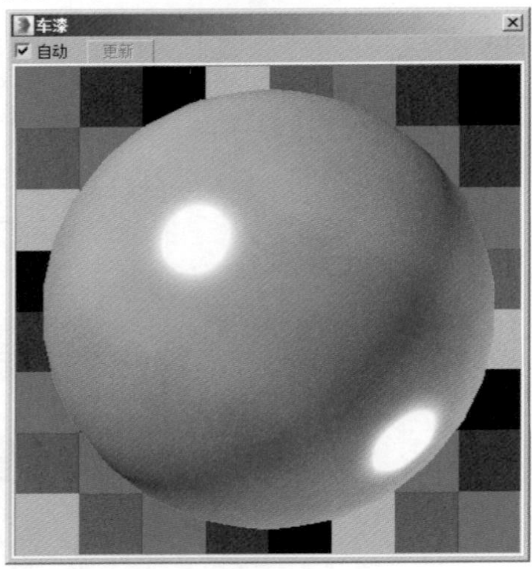

图 12-33

12.3.6 制作积雪材质

本案例中所体现出来的积雪材质渲染效果如图 12-34 所示。

01 按下快捷键 M 键，打开“材质编辑器”面板，选择一个空白材质球，将其更改为 VRayMtl 材质，并重命名为“积雪”，如图 12-35 所示。

图 12-34

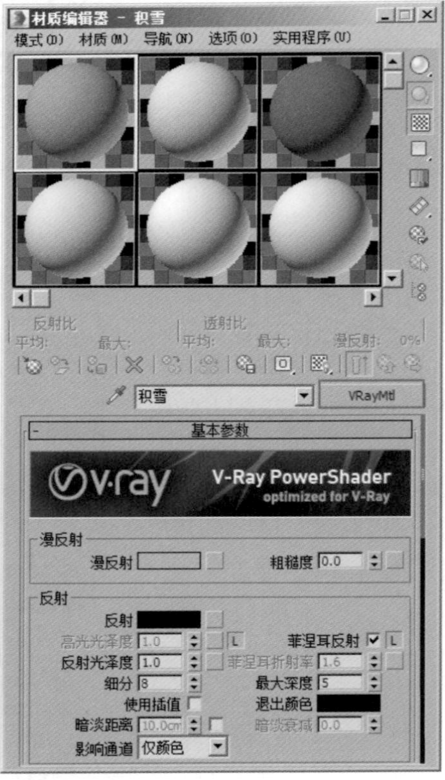

图 12-35

02 设置“漫反射”的颜色为白色（红:254，绿:254，蓝:254），在“反射”的贴图通道中添加“衰减”程序贴图，设置“反射光泽度”的值为0.1，设置“细分”值为12，取消勾选“菲涅耳反射”选项。在“衰减参数”卷展栏内，在“侧”贴图通道中添加“渐变坡度”程序贴图，设置“衰减类型”为Fresenl，设置“衰减方向”为“查看方向（摄影机Z轴）”。在“渐变坡度参数”卷展栏内，调整颜色渐变如图12-36所示，在“噪波”组中，设置“数量”的值为0.25，设置“大小”的值为1。

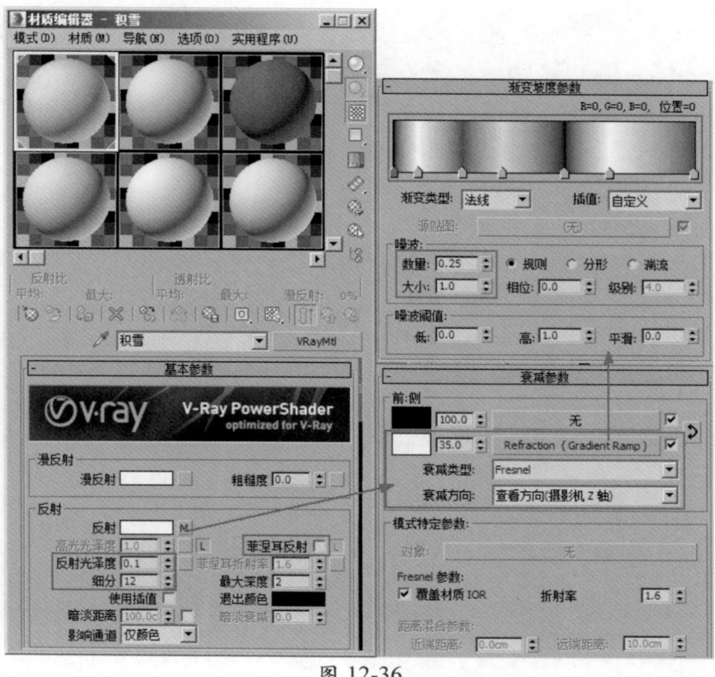

图 12-36

03 在“折射”组中，设置“折射”的颜色为灰色（红:28，绿:28，蓝:28），设置“光泽度”的值为0.25，设置“折射率”的值为1.4。在“半透明”组中，设置“背面颜色”为蓝色（红:89，绿:187，蓝:255），设置“厚度”的值为7.874，设置“灯光倍增”的值为200，如图12-37所示。

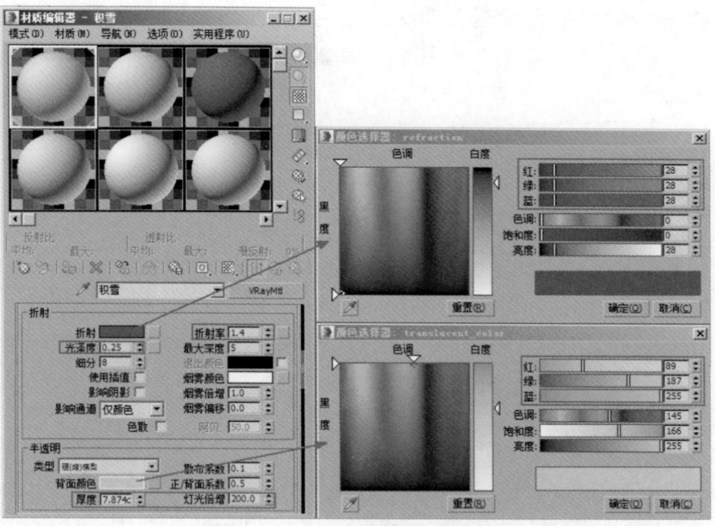

图 12-37

04 制作完成后的车漆材质球显示效果如图12-38所示。

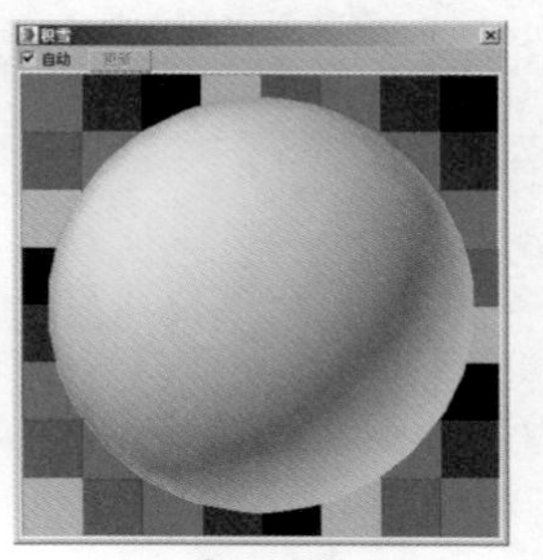

图 12-38

12.4 使用粒子系统制作雪特效

将“创建”面板的下拉列表切换至“粒子系统”，下面我们将使用“粒子系统”中的“雪”粒子来进行雪花特效的制作模拟，如图 12-39 所示。

01 单击“雪”按钮 雪 ，在“顶”视图中创建一个“雪”粒子，粒子图标大小如图 12-40 所示。

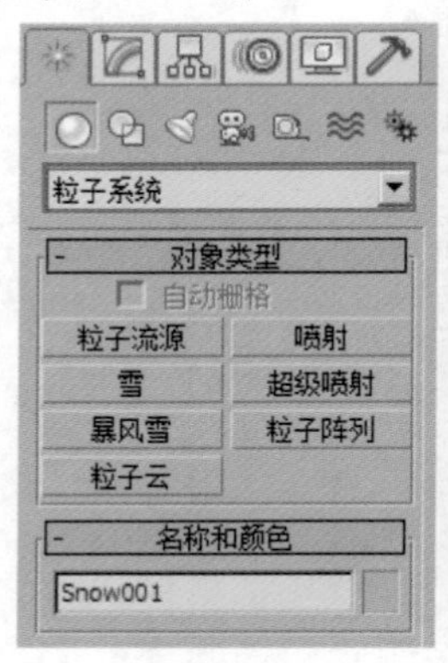

图 12-39

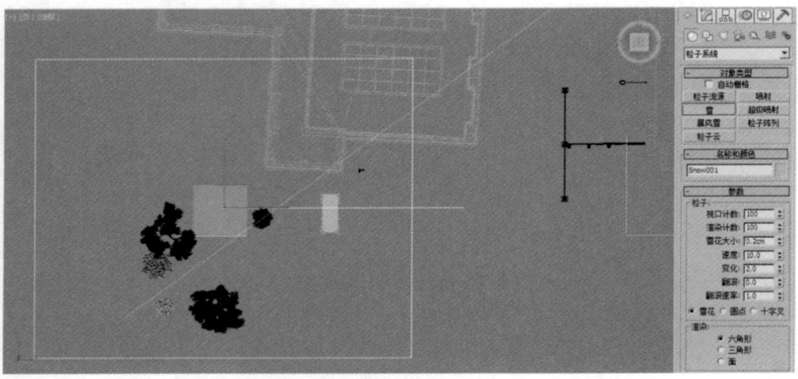

图 12-40

02 在“前”视图中，调整“雪”粒子的位置及角度，如图 12-41 所示，使得雪粒子将以一个倾斜的角度进入镜头。

03 在“修改”面板的“参数”卷展栏中，设置“视口计数”的值为 500，“渲染计数”的值为 500，“雪花大小”的值为 53.125cm，“速度”值为 2000，“变化”的值为 500。在“计时”组中，设置粒子的“寿命”值为 100，如图 12-42 所示。

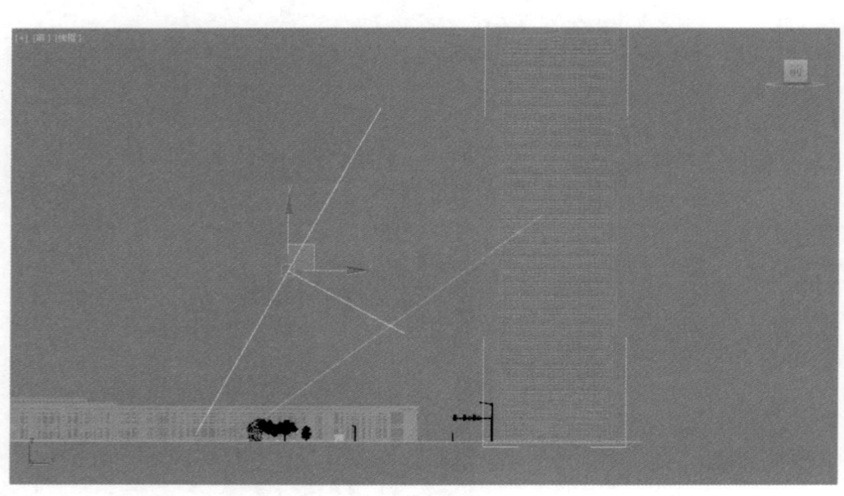

图 12-41

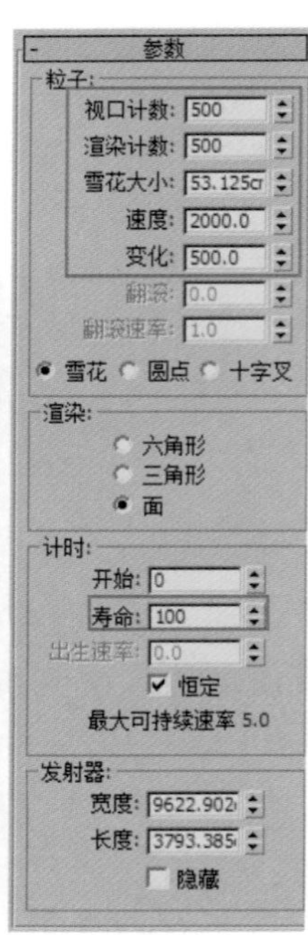

图 12-42

04 设置完成后，拖曳“时间滑块”按钮，即可在视图中看到“雪”粒子模拟的雪花预览结果，如图 12-43 所示。

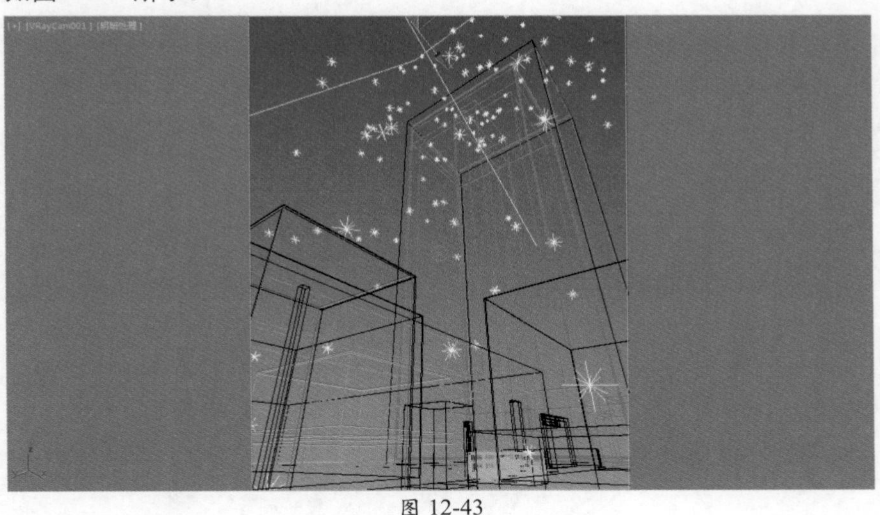

图 12-43

05 设置完成后，渲染场景，可以看到雪花下落的渲染结果，如图 12-44 所示。

图 12-44

12.5　制作日光照明

本案例中的灯光表现模拟的是室外天空照明效果，故在灯光的使用上选择的是 VRay 渲染器提供的“VR- 太阳”来进行照明制作。

01 在创建“灯光”面板中，将灯光的下拉列表切换至 VRay 选项，如图 12-45 所示。

02 单击“VR- 太阳”按钮，在“顶”视图中创建一个“VR- 太阳”灯光，灯光位置如图 12-46 所示。

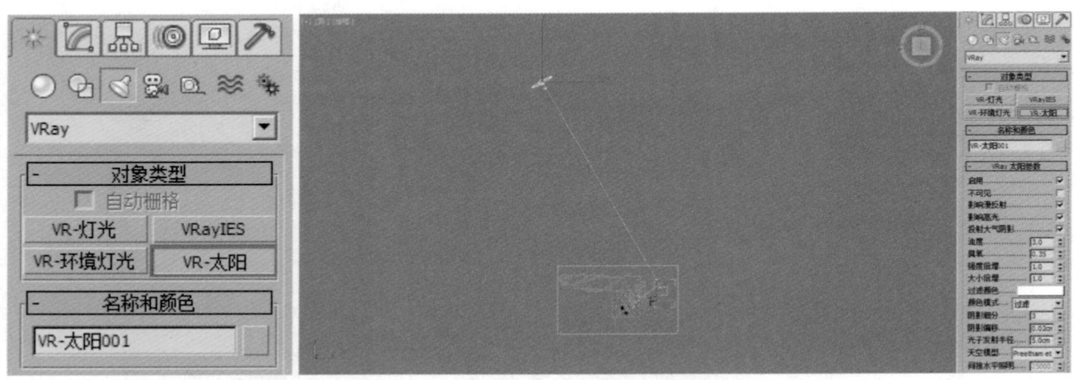

图 12-45　　图 12-46

03 创建灯光时，系统会自动弹出“VRay 太阳”对话框，询问用户是否在场景中添加 VR 天空环境贴图，单击“是”按钮，完成灯光的创建，如图 12-47 所示。

04 按下快捷键 F 键，在“前”视图中，调整“VR- 太阳”灯光的位置至图 12-48 所示。

图 12-47　　图 12-48

05 单击“泛光”按钮，在“顶”视图中创建一个点光源作为提亮高层办公楼的辅助照明，如图 12-49 所示。

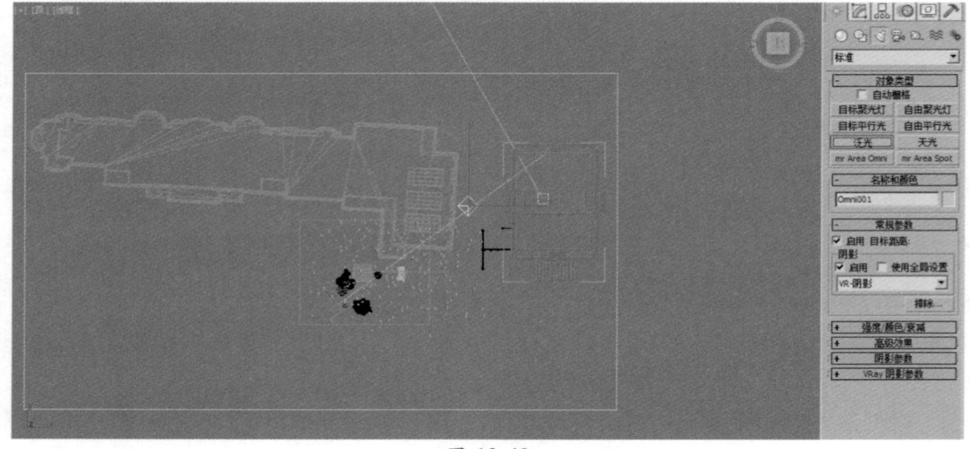

图 12-49

06 在“前”视图中，调整“泛光”灯光的位置至图 12-50 所示。

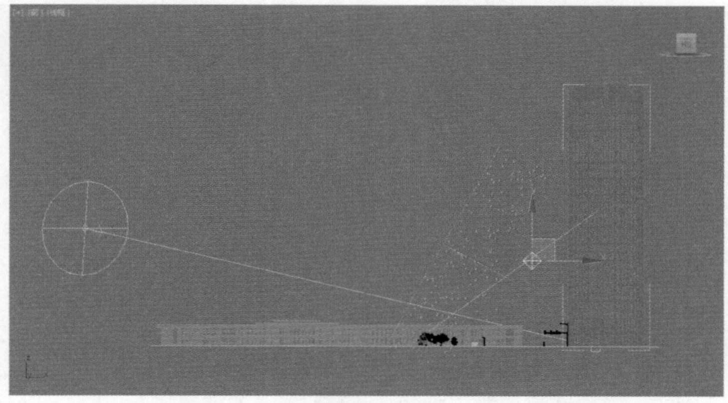

图 12-50

07 在“修改”面板中，展开“常规参数”卷展栏，勾选“阴影”组内的“启用”选项，设置“阴影”的类型为“VR- 阴影”。在“强度 / 颜色 / 衰减”卷展栏中，设置“倍增”的值为 10，设置灯光的“颜色”为橙色（红 :233，绿 :143，蓝 :0），如图 12-51 所示。

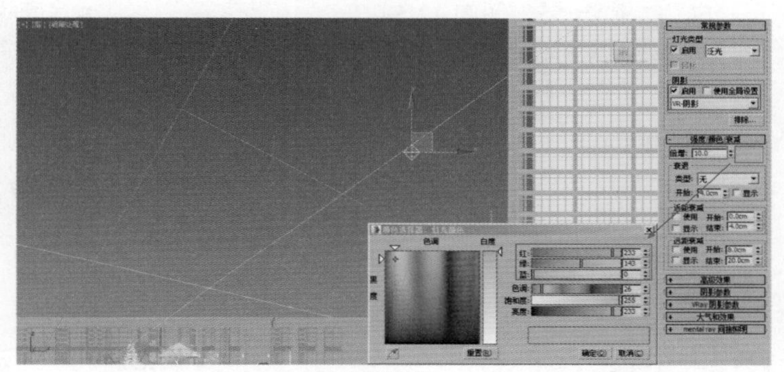

图 12-51

12.6　渲染设置

对场景进行摄影机和灯光创建完成后，就可以开始设置渲染了。

01 在“主工具栏”上单击“渲染设置”按钮，打开“渲染设置”面板，将渲染器设置为使用 VRay 渲染器，如图 12-52 所示。

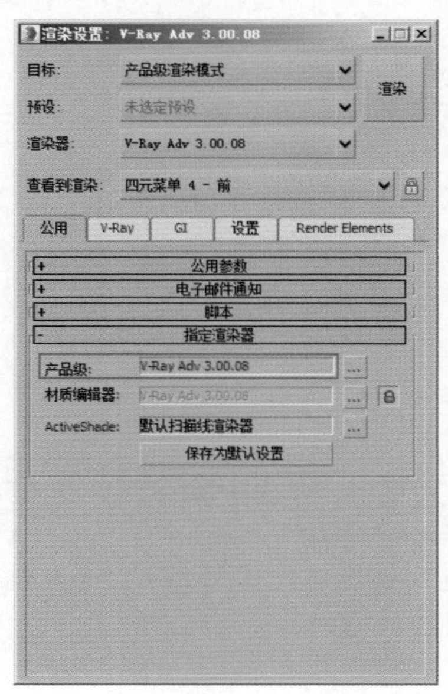

图 12-52

02 单击 GI 选项卡，勾选“启用全局照明（GI）”选项，设置“首次引擎”为“发光图”，设置“二次引擎”为“灯光缓存”，如图 12-53 所示。

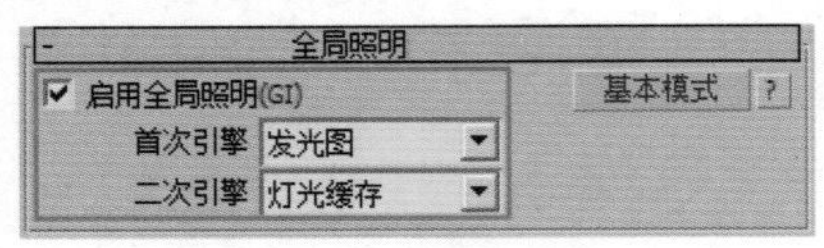

图 12-53

03 展开“发光图”卷展栏，将“当前预设”更改为“自定义”选项，设置“最小速率”的值为 -2，设置“最大速率”的值为 -2，设置“细分”值为 55，如图 12-54 所示。

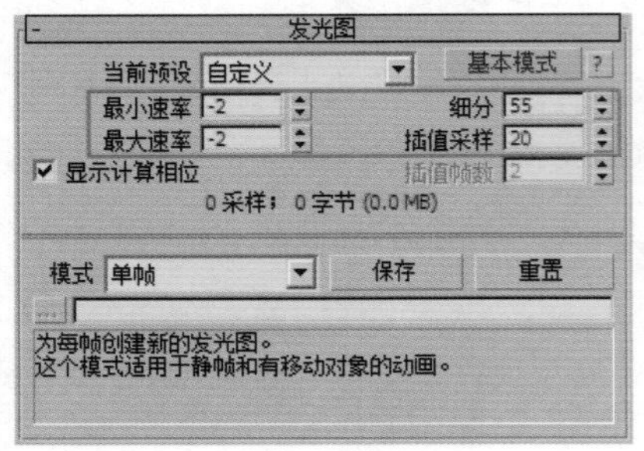

图 12-54

04 展开“灯光缓存”卷展栏，设置“细分”的值为 1100，如图 12-55 所示。

图 12-55

05 单击 V-Ray 选项卡，展开“图像采样器（抗锯齿）”卷展栏，设置“类型”为“自适应”选项，设置“过滤器”为 Catmull-Rom 选项，如图 12-56 所示。

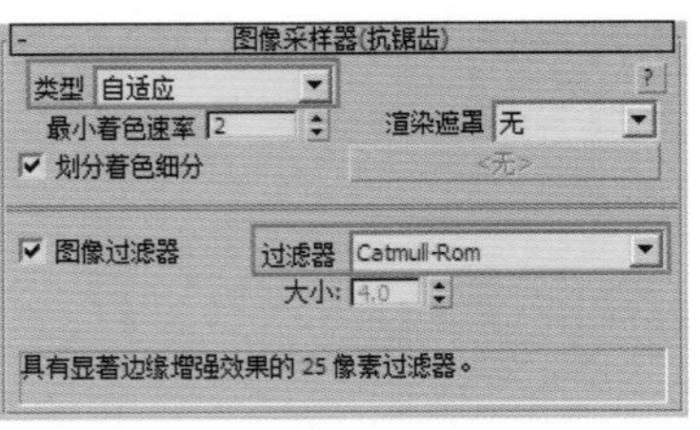

图 12-56

06 展开“自适应图像采样器”卷展栏，设置“最小细分”的值为 1，设置“最大细分”的值为 24，如图 12-57 所示。

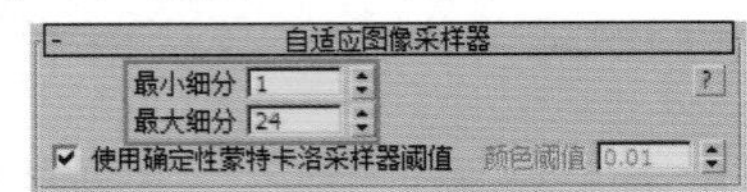

图 12-57

07 展开“全局确定性蒙特卡洛”卷展栏，设置“自适应数量”的值为 0.75，如图 12-58 所示。

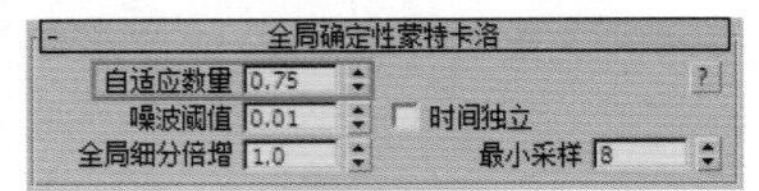

图 12-58

08 设置完成后，渲染场景，渲染结果如图 12-59 所示。

图 12-59

12.7 后期调整

01 在 VRay 渲染窗口中，单击左下角的“显示校正设置”按钮，打开 Color corrections（色彩校正）对话框，如图 12-60 所示。

图 12-60

02 单击 Exposure（曝光）卷展栏上的 Show/Hide（显示 / 隐藏）按钮，展开 Exposure（曝光）卷展栏，设置 Contrast（对比度）的值为 0.15，提高图像的层次感，如图 12-61 所示。

图 12-61

03 展开 Hue/Saturation（色相 / 饱和度）卷展栏，调整 Saturation（饱和度）的值为 0.10，提高图像的色彩饱和度，如图 12-62 所示。

图 12-62

04 展开 Curve（曲线）卷展栏，调整曲线的弧度如图 12-63 所示，提高图像的明亮程度。

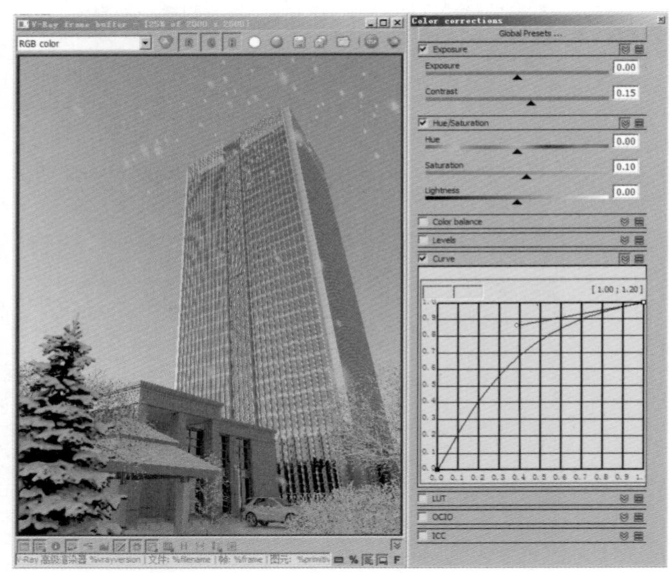

图 12-63

05 图像调整完成后，最终结果如图 12-64 所示。

图 12-64